図説 わかる公園緑地計画

森田哲夫・木下　剛・赤澤宏樹・塚田伸也 編著
武田史朗・小野良平・村上暁信・加我宏之
福岡孝則・水庭千鶴子・武　正憲・丸谷耕太 著
村上修一・竹田和真・柳井重人

学芸出版社

はじめに

本書は、公園や緑地に関する大学学部や学校の初学者、自治体や団体の職員、コンサルタント技術者向けの基礎的なテキストです。

公園は、まちなかの公園、住宅地の公園、大規模な公園、運動公園、国立公園・国定公園などを思い浮かべてください。緑地は、公共施設や学校の植栽や庭園、道路の植樹帯、緑道、社寺の緑や庭園、ビルの屋上緑化、工場の緑地などをイメージしてください。本書ではこれらの公園や緑地について学びます。

公園や緑地に関しては、大学・学校の造園学、農学、土木工学、建築学、都市・社会工学、観光学、環境学などの多くの分野で学ばれています。学ぶ内容は、公園緑地の歴史、計画の理論・制度、調査・計画・設計手法、緑化・植栽、公園緑地の再整備・管理運営、自然公園、防災計画とのかかわり、市民参画、公園緑地をめぐる新しい考え方など広範におよびます。

近年は、地球環境問題の深刻化、都市環境問題への対応の必要性、少子高齢化社会や人口減少下における地域づくり、歴史・文化を活用したまちづくり、自然災害の多頻度・激甚化、市民参加や産官学連携による地域づくり、地域づくりにおける公園緑地の位置づけの高まり、福祉や健康づくりにおける公園緑地への期待などの社会情勢から、公園緑地の重要性がますます高くなっています。

大学・学校における公園緑地に関連する授業科目は、造園学概論、公園・緑地デザイン、公園・緑地マネジメント、緑地環境、都市緑化計画、緑の都市計画など様々です。本書は、これらの科目の基礎的な内容を広くカバーしています。

本書の特徴は、次の３点です。

(1) 公園緑地を学ぶ人に最も基礎的な内容を伝えていること

(2) 図表を多く用い、わかりやすい文章で解説していること

(3) 授業と社会の関わりを理解してもらうため実際の事例を紹介していること

読者の皆さんが公園緑地に興味をもち、公園や緑地について考え、公園緑地に関する仕事に就きたくなってもらえれば望外の幸せです。

森田 哲夫

先生方へ

近年、アクティブラーニング（active learning）の導入が進められています。本書は、他書に比べ、平易かつ丁寧に記述し、事例を多く掲載しましたので、学生が予習することも可能な内容となっています。アクティブラーニングには様々な形態がありますが、そのうちの１つ、「反転授業（flipped classroom）」にも使用できるように執筆しました。

本書には、次のような使用方法が考えられます。授業時間前に、学生が本書を読み、加えて、他の書籍、インターネット上の情報を調べながら章末の演習問題を解答してきます（予習）。授業時間内には、学生が演習問題の解答を発表し、学生同士で議論したり、先生方が情報提供や助言をします。授業後は、議論の内容や新しい情報を加え、演習問題の解答を修正したり、レポートを作成します（復習）。

演習問題の答えは１つではありません。授業の際には、本書で紹介しきれていない公園緑地の考え方や事例を、学生に紹介していただけますと幸いです。

もくじ

※出典表記のない図版・写真は著者作成もしくは撮影による

第Ⅰ部　公園緑地の構成と歴史

1章 都市の構成と公園緑地

1 公園緑地とは？

皆さんは、公園緑地と聞いて何を思い浮かべるでしょうか。少し固い内容になりますが、辞書や法律で、「公園」や「緑地」について調べてみましょう。

広辞苑第七版（新村出編、岩波書店）によると、公園とは「公衆のために設けた庭園または遊園地。法制上は、国・地方公共団体の営造物としての公園（都市公園等）と、風致景観を維持するため一定の区域を指定し、区域内での種々の規制が加えられる公園（自然公園）とがある」、緑地とは「草木の茂っている土地」とあります。

次に、本書に関係の深い３つの法律をみてみましょう。都市公園法（昭和三十一年法律第七十九号）によると、「都市公園」とは、都市計画法による都市計画施設としての公園または緑地であって地方公共団体が設置するものと、都府県の区域を超えるような広域の見地から設置する公園または緑地であって国が設置するものがあるとしています。都市公園には、修景施設（植栽、花壇、噴水等）、休養施設（休憩所、ベンチ等）、遊戯施設（ぶらんこ、滑り台、砂場等）、運動施設（野球場、陸上競技場、水泳プール等）、教養施設（植物園、動物園、野外劇場等）、便益施設（飲食店、売店、駐車場、便所等）を含むものとしています。

自然公園法（昭和三十二年法律第百六十一号）によると、「自然公園」とは、国立公園、国定公園および都道府県立自然公園を指すとされています。国立公園は「我が国の風景を代表するに足りる傑出した自然の風景地」、国定公園は「国立公園に準ずる優れた自然の風景地」、都道府県立自然公園は「優れた自然の風景地」です。

都市緑地法（昭和四十八年法律第七十二号）によると、「緑地」とは、「樹林地、草地、水辺地、岩石地若しくはその状況がこれらに類する土地（農地であるものを含む。）が、単独で若しくは一体となって、又はこれらに隣接している土地が、これらと一体となって、良好な自然的環境を形成しているもの」とされています。

このように公園緑地に関して様々な定義があることがわかります。それに加え、社寺仏閣の境内の緑地や

表 1･1　本書で主に扱う公園緑地に関連する空間（太字部分）

公的空間 ↕ 私的空間	
公的空間	**○公共施設** **・公園、緑地、広場、墓園、運動場 等** **・道路、街路樹、河川 等** **・官公庁施設の緑地 等**
	○自然公園：国立公園、国定公園、都道府県立自然公園 等 **○生物圏保存地域（ユネスコエコパーク）、ユネスコ世界ジオパーク 等**
私的空間	自然空間：山林、原野、農地、池沼、海岸 等 公開空間：社寺境内・墓地・庭園等、公益施設緑地、レジャー施設緑地 等 共用空間：学校運動場、共同住宅緑地、メンバー制施設緑地、企業厚生施設 等 企業庭園、個人庭園

庭園、住宅の庭やマンションの緑地、大規模開発地区の緑地、民間の遊園地・レジャー施設の緑地、屋上・壁面緑化、工場の緑地、公共施設や学校の緑地、畑や田、森林、河川敷の緑地、防風林・防砂林、街路樹、高速道路や緑地等もあります。私たちの生活の場には、多くの公園や緑地が存在します。

公園や緑地は、私たちの生活を豊かにするとともに、安全で安心な生活を支えます。本書では、公共施設の公園緑地、自然公園、ユネスコエコパーク・ジオパーク等を主に扱います（表1·1）。

2　都市空間と公園緑地

1　グレーインフラからグリーンインフラへ

都市や地域の社会基盤、すなわちインフラストラクチャー（infrastructure、以下インフラ）を、我われは長年にわたり築いてきました。このインフラには公園緑地も含まれますが、インフラのうち主にコンクリート構造物である道路、鉄道、港湾、ダム、上下水道等は「グレーインフラ」とも言われます。

わが国は、高度経済成長期、安定成長期を経て、低成長期に入っており、これまで整備してきたグレーインフラを効率的に維持・管理していくことが求められています。また、急激な少子・高齢化により人口減少が顕在化し、予算縮減の時代を迎えグレーインフラの維持が困難になることが予想されています。そのため、多くの都市においてコンパクトなまちづくりへ向けた取り組みが課題となっています。国土交通省では、医療・福祉施設、商業施設や住居等がまとまって立地し、高齢者をはじめとする住民が公共交通によりこれらの生活利便施設等にアクセスできるなど、福祉や交通も含めて都市全体の構造を見直し、「コンパクト・プラス・ネットワーク」の考えで進めていくことが重要としています。

グレーインフラに対し、近年、「グリーンインフラ」が注目されています。グリーンインフラとは、自然環境や緑地が有する多様な機能（生物の生息の場の提供、良好な景観形成、気温上昇の抑制等）を活かした都市や地域のインフラです。2015年に閣議決定された国土形成計画、第4次社会資本整備重点計画では、「国土の適切な管理」「安全・安心で持続可能な国土」「人口減少・高齢化等に対応した持続可能な地域社会の形成」といった課題への対応の1つとして、グリーンインフラの取り組みを推進することが盛り込まれました（国土交通省総合政策局環境政策課「グリーンインフラストラクチャー～人と自然

図1·1　自然排水システム（ビレッジホームズ）

図1·2　バイクパス（ビレッジホームズ）

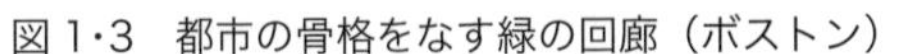

図 1･3　都市の骨格をなす緑の回廊（ボストン）　図 1･4　清渓川の復元（ソウル）

環境のより良い関係を目指して～」2017 年 3 月)。

グリーンインフラは、欧米で議論や取り組みが始まりました。アメリカのカリフォルニア州デイビス市にマイケル・コルベットが設計し、1981 年に完成した住宅地「ビレッジホームズ」は、自然の生態系と人間の快適な生活の共存を目指しています。住宅地内の道路の両側をコンクリートで覆わず、雨水が吸収され小川に流れる自然排水システムを採用しました。これにより下水道への負荷が小さくなるとともに、修景にも活用されています（図 1･1)。また、住宅地内にはバイクパスが整備され、自動車に出会わず自転車や徒歩で地区内を移動できます（図 1･2)。

アメリカのボストン市では、都心部を貫く高架の高速道路を地下化し、都市空間を再生しました（図 1･3、2005 年完成)。地上には、都市の骨格をなす緑の回廊を配置し、公園とオープンスペースを整備しました。韓国のソウル市では、都心を流れる清渓川（チョンゲチョン）に高架の高速道路が整備されていましたが、道路の老朽化、悪臭等の環境問題、歴史・文化的な河川空間の消失の問題から、高速道路を撤去し河川の復元工事（2005 年完成、図 1･4）をしました。わが国においても、高度経済成長期に日本橋川上空に架けられた首都高速道路を地下化し、歴史・文化的に貴重な日本橋周辺の景観を取り戻すための整備が始まっています。このように、都市空間を人間に取り戻し、公園や緑地を整備する事例が見られるようになってきました。

グリーンインフラとグレーインフラは対立する概念ではありません。グレーとグリーンの施設の特性は連続体（図 1･5）であり、グリーンに近い施設もグレーに近い施設もあります。グレーが多い住宅団地にグリーンを多く配置すればグリーンに近づくように、施設の設計によって特性は変化します。欧米の議論では、双方の特性を踏まえ、都市空間を形成していくべきであるとされています。

2 緑のネットワーク化

緑の基本計画（4 章、p.55 参照）は、市町村が、緑地の保全や緑化の推進に関して、その将来像、目標、施策等を定める基本計画です。緑

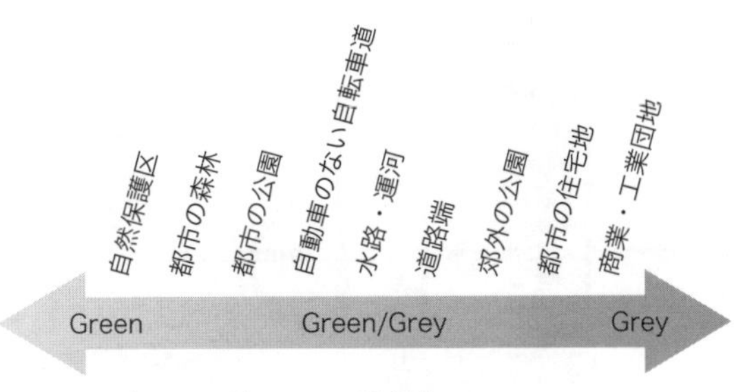

図 1･5　グレーとグリーンの連続体
（出典：C Davies, R MacFarlane, C McGloin, M Roe[1]、著者翻訳）

の基本計画を定めることにより、緑地の保全及び緑化の推進を総合的、計画的に実施することができます。図1･6に、国土交通省が示している緑の基本計画の将来像イメージを示しました。都市内において範囲が限られた緑地、点としての都市公園等の保全・整備だけでなく、緑の拠点（公園や緑地）をつなぐ軸線を設定し、緑で都市を構成していこうという考え方です。

神奈川県鎌倉市の緑の基本計画[3]は、「山と海の自然と人・歴史が共生する鎌倉」を基本理念として策定されました。緑のネットワークと緑の質の充実を基本的な考え方とし、流域界を構成する樹林地に囲まれた地域において、公園、浸水公園、ビオトープ、緑豊かな住宅地を歩行空間でネットワークしていこうという計画です（図1･7）。緑の基本計画は鎌倉市の部門別計画の1つであり、関連計画

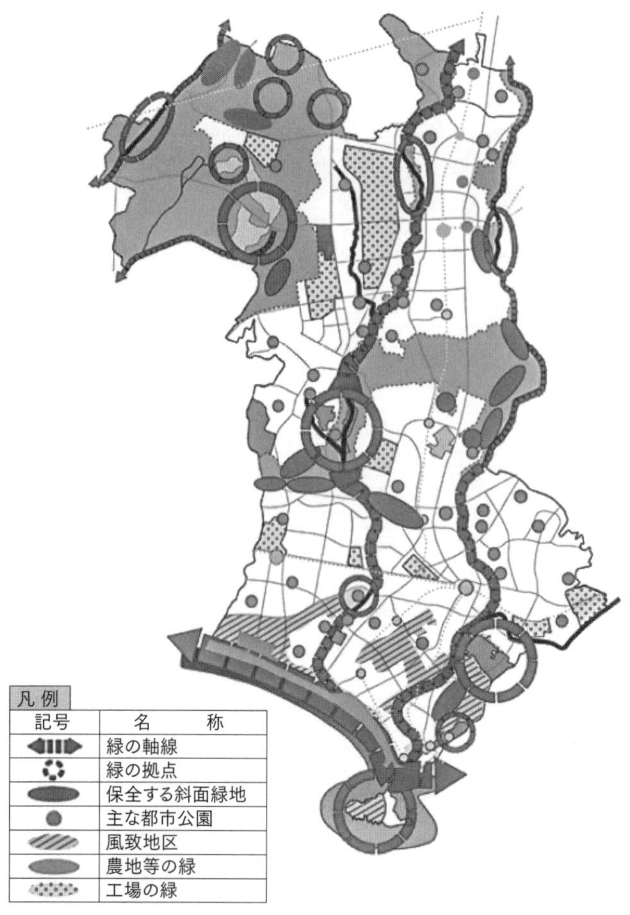

図1･6 「緑の基本計画」の将来像イメージ
（出典：国土交通省緑の基本計画ホームページ[2]）

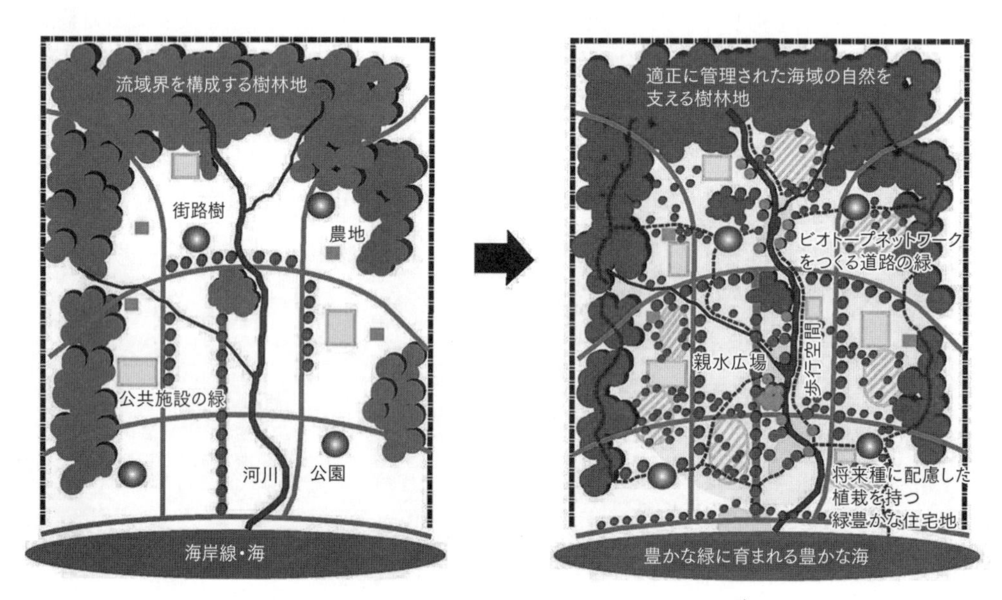

図1･7 鎌倉市が目指す緑のネットワークの考え方（出典：鎌倉市[3]）

である都市計画マスタープランと整合がとられます。

3　地域の歴史・文化と公園緑地

1　歴史まちづくり

地域では人々の生活が営まれ、長い時間をかけて固有の歴史や文化が育まれてきました。まちづくりにおいては、その地域の歴史や文化を踏まえた計画を策定することが重要です。中国雲南省の南西部の大理市は少数民族である白（ペー）族の歴史や文化を伝える都市であり、大理古城周辺の水路や街路樹を復元し、緑と水を活かしたまちづくりを進めています（図1･8）。水路際には、かつての水路を使った生活の様子を伝える像が設置されています（図1･9）。

わが国においては、城や神社や仏閣、武家屋敷や町家等による地域固有の風情、情緒、たたずまいなど、歴史を活かしたまちづくりに取り組んできました。2008年には「歴史まちづくり法（地域における歴史的風致の維持及び向上に関する法律）」を制定しました。この法律は、地域におけるその固有の歴史及び伝統を反映した人々の活動とその活動が行われる歴史上価値の高い建造物及びその周辺の市街地とが一体となって形成してきた良好な市街地の環境の維持及び向上を図ることを目的としており、公園や緑地の計画とも深い関係があります。「風致」とは、その土地らしさと理解してよいでしょう。

佐賀城の城下町には、城郭建築、武家屋敷、町家等の建築物、城下町の用水を確保するために整備さ

図1･8　水と緑のまちづくり（中国・大理市）

図1･9　かつての生活を伝える像（中国・大理市）

図1･10　城下町の水路（佐賀市）

図1･11　武家屋敷のまち並み（秋田県横手市）

れた水路が残されています。水路はかつての生活の歴史を伝えており（図1･10）、現在でも地域住民による清掃活動が行われています。佐賀市では、佐賀城周辺地域の緑や水辺を活用した歴史まちづくりに取り組んでいます[4)]。秋田県横手市の歴史まちづくりでは、横手城の武家屋敷の保全・整備を行っており（図1･11）、緑が重要な要素となっています[5)]。

2 景観まちづくり

2004年に制定された景観法は、都市、農山漁村等における良好な景観の形成を促進するため、美しく風格のある国土の形成、潤いのある豊かな生活環境の創造及び個性的で活力ある地域社会の実現を図ることを目的としています。この法律に基づき、都道府県、市町村が景観行政団体となり、景観計画を策

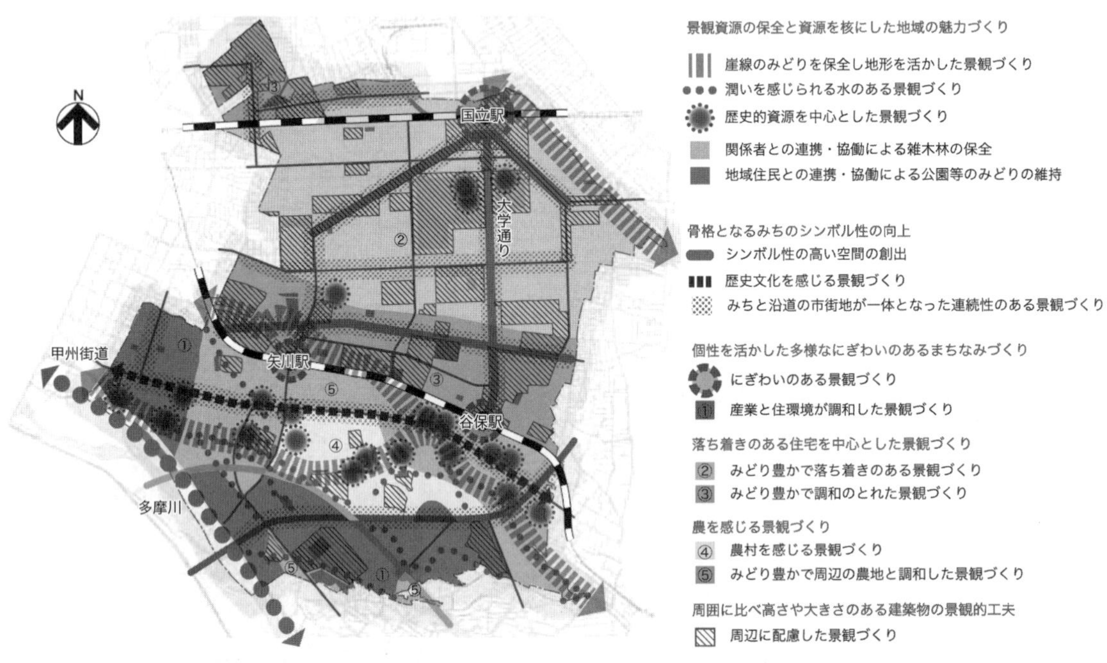

図1･12　国立市の景観づくりの方針（出典：国立市[6)]）

図1･13　国立市の大学通りの景観（3月）

図1･14　国立市大学通りの植樹帯（6月）
（出典：宮崎友裕氏撮影）

定します。

東京都国立市（景観行政団体）は2020年に景観づくり基本計画[6]を策定し、「都市とみどりが共存した美しい文教都市くにたち」を景観づくりの将来像として定めました。景観づくりの方針（図1･12）には、歴史・文化的な資源を活かしながら、緑や水により景観を形成していくことが示されています。国立駅南側は、一橋大学をはじめとする文教施設、郊外住宅を計画的に整備した市街地です。国立駅から南に延びる大学通りには緑地帯が設けられ、国立のシンボルとなるみどり豊かな空間が広がっています（図1･13、1･14）。計画では、沿道のまちなみと道路が一体となった景観を目指すことでシンボル性をさらに高めるとしています。

4 公園緑地への期待

2章の公園緑地の歴史と理論Ⅰ（海外）、3章の公園緑地の歴史と理論Ⅱ（日本）で解説するように、世界各地、そして日本で公園や緑地の整備が行われてきました。ここでは、近年、わが国の社会状況やまちづくりの課題に対応した公園や緑地への期待について解説します。

1 豊かな地域づくりへの対応

地域の歴史、文化を伝える公園や緑地は、地域の活性化、観光、地域間の交流・連携のための資源として大きな役割を果たします。図1･15は、国立駅の駅前広場に立つ旧駅舎（1926年建築）です。JR中央線の連続立体交差事業に伴い旧駅舎は2006年に解体されましたが、市民から解体を惜しむ声があがり、全国から寄付金が寄せられ、2020年にほぼ現地に再建・復元されました。緑豊かな大学通りの入口に位置し、建築当時の武蔵野台地の生活の記憶を今に伝えています。赤い三角屋根の駅舎はまちのシンボルであり、現在はまちの魅力発信拠点として利用されています。

図1･16は、日本の公園の父といわれる本多静六博士（章末の計画事例、p.14参照）を顕彰して整備された「本多静六博士の森」です。埼玉県には9カ所の博士の森が整備されており、埼玉県に生まれた本多静六博士の思想を今に伝えています。

図1･15　復元された国立駅旧駅舎（東京都国立市）
（出典：宮﨑友裕氏撮影）

図1･16　本多静六博士の森（埼玉県本庄市、森と泉公園）

2 地球環境問題等への対応

図 1･17　持続可能な開発目標 SDGs
（出典：国際連合広報センターホームページ）

地球温暖化の防止、ヒートアイランド現象の緩和、生物多様性の確保等に資する公園や緑地の確保はわが国の大きな課題です。図 1･17 は、2015 年 9 月の国連サミットで加盟国の全会一致で採択された「持続可能な開発のための 2030 アジェンダ」に掲載された持続可能な開発目標（SDGs：Sustainable Development Goals）です。17 の目標の中で公園や緑地に関係するものは、「ゴール 3：すべての人に健康と福祉を」「ゴール 6：すべての人に水とトイレを世界中に」「ゴール 11：住み続けられるまちづくりを」「ゴール 13：気候変動に具体的な対策を」「ゴール 15：陸の豊かさを守ろう」があります。公園緑地計画には世界規模の視点からも大きな期待が寄せられているのです。

3 災害への対応

近年の激甚化、頻発化する災害に対し、災害に脆弱な都市構造の改善を進めていくことが必要です（12 章参照）。1995 年 1 月に発生した阪神･淡路大震災では、六甲山地の斜面崩壊や地割が多数発生し、1996 年 3 月に「六甲山系グリーンベルト整備基本方針」が定められました（図 1･18）。六甲山系の一連のグリーンベルト（植樹帯）を守り育て、土砂災害に対する安全性を高めるとともに、1）良好な都市環境、風致景観、生態系および種の多様性の保全育成、2）樹林の適切な管理による健全なレクリエーションの場の提供、3）都市のスプロール化の防止を目的としています。

国土交通省では、災害時および復旧期における拠点として防災公園の整備を推進しています。新規あ

図 1･18　六甲山系グリーンベルト整備事業（出典：国土交通省近畿地方整備局六甲砂防事務所ホームページ）

るいは既存の都市公園等に、避難者の収容や救援活動の拠点となる芝生広場、緊急輸送に対応するヘリポート、消火用水や雑用水として活用できる池、飲料水・生活用水を供給する貯水槽、延焼防止・輻射熱の遮断のための植栽、備蓄倉庫を備えた管理施設等を整備する事業です。図1・19は、防災公園として整備された藤岡市防災公園（群馬県）であり、災害時には、住民の緊急避難の場や、食料や飲料水、毛布などの災害支援物資の集配の拠点、応急仮設住宅用地などとして活用されます。

図1・19　藤岡市防災公園（提供：藤岡市）

5 市民参加社会へ

これまでに整備された都市公園の中には、画一的な計画・デザインのものも見られましたが、公園整備がある程度進んできた今日、その地域の歴史や文化、地域の意向を踏まえた公園にするためには、公園緑地の計画、運営、管理のそれぞれの段階で、地域住民やNPO等の参加が求められています。

朝霞市（埼玉県）の「基地跡地暫定利用広場 朝霞の森」は、市の中心部に残された米軍基地跡地を活用し、2012年9月に供用された広場です。市民の望む利用が実現できるよう、供用の前から市民参加方式で広場の活用方針や利用ルールを検討してきました。その結果、原則として禁止事項を設けず、市と市民の合意のもとで利用者の責任を明確化することとし、多くの公園で禁止されているボール遊びや火

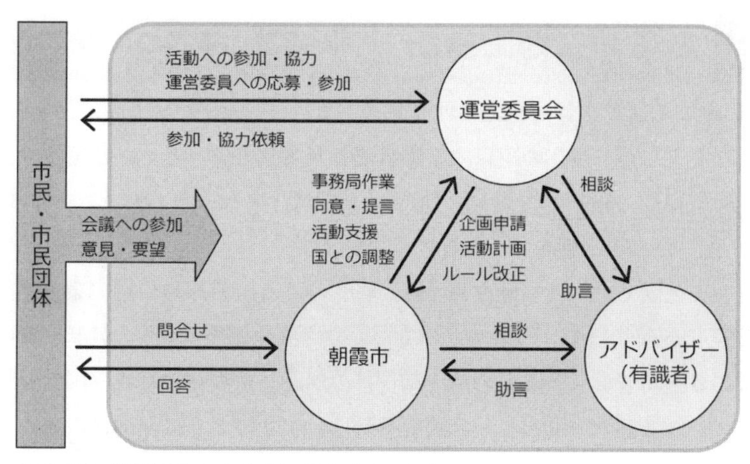

図1・20　朝霞の森の市民参加体系（提供：朝霞市）

図 1·21　こんぶくろ池自然博物公園（千葉県柏市）

の使用が認められました。供用後は、「使いながらつくる つくりながら考える」というモットーに基づき、「朝霞の森運営委員会」で市民が主体的に参加し意見交換を行い、必要に応じ利用ルールを見直しています。運営委員会には市民や市民団体が参加し、朝霞市と連携し有識者の助言を受けて、毎月 1 回開催されています（図 1·20）。

千葉県柏市の柏の葉地区では、千葉県が施行する約 273ha、計画人口 2 万 6000 人の土地区画整理事業が行われています。地区内には国道 16 号が通り、常磐自動車道柏インターチェンジが近く、地区の中心にはつくばエクスプレス柏の葉キャンパス駅があります。地区周辺には、県立柏の葉公園、東京大学柏キャンパス、千葉大学環境健康フィールド科学センター、国立がん研究センター東病院、県立柏の葉高校等が立地しています。地区北側には貴重な湧水機能をもつ「こんぶくろ池」とその周辺の樹林地が残されていました。2005 年につくばエクスプレスの開業にあわせ、地区の中心部から高層集合住宅の整備が急速に進みました。住民や地域団体は、貴重な里山空間であるこんぶくろ池と樹林地の価値について千葉県と柏市に訴え、何度も話し合いがもたれました。その結果、こんぶくろ池と樹林地の区域は整備事業を最小限に抑えることとなりました。現在は、「こんぶくろ池自然博物公園」として供用されており、「NPO 法人こんぶくろ池自然の森」が公園管理業務を受託し管理を担っているとともに、調査・研究活動を行っています（図 1·21）。

計画事例 1　本多静六博士探訪—公園設計とまちづくり

本多静六は、1866 年に埼玉県久喜市菖蒲町河原井に生まれました。幼いときに父を亡くし苦学のすえ、本多家の婿養子になりました。現在の東京大学農学部を卒業した後、ドイツに留学し、ミュンヘン大学で国家経済学博士を取得し、1899 年には日本で最初の林学博士となりました。本多静六は日本の造林学、造園学の基礎を築き、「日本の公園の父」と称されています。

本多静六の設計した公園では、日本最古の洋風公園[7]である「日比谷公園（東京都千代田区）」、自然の力で樹林が世代交代を繰り返す「明治神宮の森づくり（東京都渋谷区）」がよく知られています。また、青森県野辺地の鉄道防雪林、千葉県の清澄演習林の創設、水源林の育成、国立公園設置運動への貢献も知られています。本多静六の関わった公園設計は、図 1·22 のように全国に数多く存在します。皆さんも、機会をみつけて訪ねてみてください。また、久喜市には、旧菖蒲町の議事堂を利用した「本多静

中部地方		
①	城山公園	館山市
②	臥竜公園	須坂市
③	懐古園	小諸市
④	舞鶴城公園	甲府市
⑤	遊亀公園	甲府市
⑥	卯辰山公園	金沢市
⑦	芦山公園	越前市
⑧	養老公園	養老町
⑨	岐阜公園	岐阜市
⑩	清州公演	清須市
⑪	中村公園	名古屋市
⑫	鶴舞公園	名古屋市
⑬	定光寺公園	瀬戸市
⑭	岡崎公園	岡崎市

北海道		
①	春採公園	釧路市
②	室蘭公園	室蘭市
③	大沼国定公園	七飯町

中国地方		
①	城山公園	松江市
②	宮島公園	廿日市市
③	日和山公園	下関市

東北地方		
①	松島公園	松島町
②	鶴ヶ崎公園	会津若松市

関東地方		
①	敷島公園	前橋市
②	偕楽園	水戸市
③	森林公園	秩父市
④	羊山公園	秩父市
⑤	大宮公園	さいたま市
⑥	日比谷公園	千代田区
⑦	清水公園	野田市
⑧	南房総国定公園	鴨川市
⑨	大磯公園	大磯町

九州地方		
①	帆柱公園	北九州市
②	清滝公園	北九州市
③	大濠公園	福岡市
④	東公園・西公園	福岡市
⑤	キリシマ公園	霧島市

近畿地方		
①	箕面公園	箕面市
②	住吉公園	大阪市
③	浜寺公園	堺市
④	大津森林公園	大津市
⑤	奈良公園	奈良市
⑥	和歌山公園	和歌山市

図1・22　本多静六が設計に携わった主な公園（出典：久喜市[8]）

六記念館」が整備されています。本多静六を知るには格好の施設です（図1・23）。

本多静六の偉大な点の1つは、公園設計にとどまらず周辺を含めたまちづくり計画を提案していることです。その一例として、大分県の由布院温泉のまちづくりを紹介します[7]。本多静六は、1924年に、由布院小学校で、「由布院温泉発展策」と題する講演を行い、ドイツの小さな温泉地バーデン・バーデンを紹介しながら、「由布院町全体を1つの森林公園にして、その中で保養保健のための温泉地として発展させる」という提案をしました。現在は、磯崎新氏の設計した由布院駅舎から、土産物店、レストラン、宿泊施設のあるメインストリートを経て、金鱗湖（図1・24）へと続くまちに多くの観光客が訪れています。メインストリートには市民が植えた樹木、店舗・宿泊施設の緑地が配され（図1・25）、温泉街全体を由布岳をはじめとする山地の森林が取り囲んでいます。

図 1･23　本多静六記念館（埼玉県久喜市）

図 1･24　金鱗湖（大分県由布市）

図 1･25　由布院温泉の料理店の緑地（大分県由布市）

計画事例 2　都市開発における公園緑地

JR 新橋駅から浜松町駅の間に広がっている「汐留シオサイト」（東京都港区）の都市開発の事例を紹介します。旧国鉄の汐留貨物駅の跡地を開発したものであり、ビジネス、アミューズメント、ショッピングゾーンからなる複合開発です（2002 年から順次オープン）。同地には旧新橋停車場があり、駅舎が復元され、現在は鉄道歴史展示室として利用されています。中心的な施設である「汐留シティセンター」の緑の考え方は、「緑のつながりを意識し、強風を弱め、そよ風を通す」であり、風の通り道に樹木を配し、風速を緩和し、夏にも地区内を涼しく保つように工夫されています（図 1･26、1･27）。

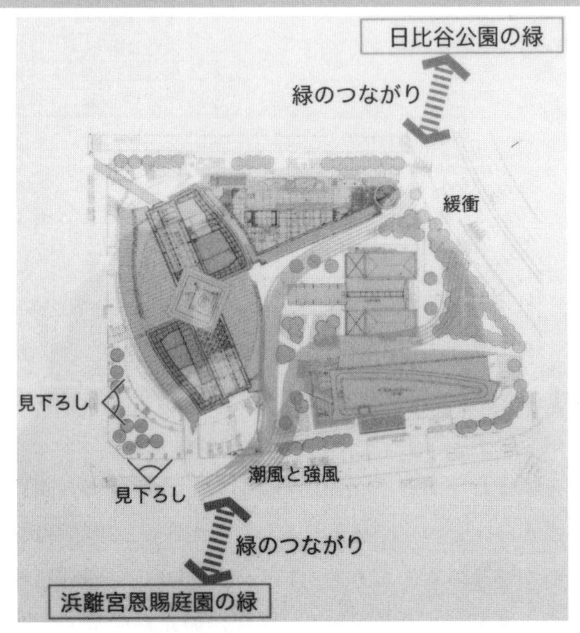

図 1･26　汐留シティセンターの緑の考え方（東京都港区）
（出典：現地の看板を撮影。設計・管理は愛植物設計事務所）

次に、竹島客船ターミナルのある竹芝地区（東京都港区）の「東京ポートシティ竹芝」の都市開

図1･27　汐留シティセンターの緑と風の道（東京都港区）

図1･28　東京ポートシティ竹芝 オフィスタワーのステップテラス（東京都港区）

発の事例を紹介します。同地区は、浜離宮恩賜庭園、旧芝離宮恩賜庭園に近接し、東京都心部にありながら自然環境に恵まれています。JR浜松町駅から竹芝旅客ターミナルはペデストリアンデッキで結ばれ、その中間に東京ポートシティ竹芝が建設されました。オフィスタワーのステップテラス（図1･28）には、雨・水・島・水田・香・菜園・蜂・空からなる「竹芝新八景」が整備されました。この竹芝新八景は、緑に囲まれた働き方を提案しており、「竹芝新八景を通して緑豊かな環境づくりに努めると同時に環境教育、地域交流、情報発信を行うことで、日本の都市における生物多様性の取り組みを発信していきます（開発者ホームページ）」としています。この他、グリーンカーテンや壁面緑化が施されています。

最後に、東京都豊島区の取り組みを紹介します。日本創成会議が2014年に公表した「消滅する市町村523」[9]に、東京23区で唯一、豊島区が掲載されたこともあり、子育てしやすいまちづくりを推進しています。区では、育児支援制度や施設を整備するとともに、公園の整備に力を入れています。JR池袋駅の東口から徒歩15分の造幣局東京支局の跡地に、2020年、「としまみどりの防災公園（愛称：IKE・SUNPARK）」が整備されました。防災公園として避難場所やヘリポート、災害用物資の集積所として活用されるほか、カフェや休憩スペースが設置されています（図1･29）。また、園内には、池袋周辺の4つの公園やサンシャイン60などの賑わい施設を結ぶ「IKE BUS」が運行されています（図1･30）。

図1･29　としまみどりの防災公園（東京都豊島区）

図1･30　IKE BUS（東京都豊島区）

■ **演習問題１** ■　あなたの住むまちの「緑の基本計画」について、以下を調べ、考えてください。策定されていない場合は近隣のまちの計画を調べてください。

(1) 計画の内容を調べてください。計画の位置づけ、緑に関する現状・課題、計画の目標・基本方針、基本計画、施策展開、緑化重点地区の計画、計画の推進などが示されているはずです。

(2) 計画の内容について、以下について考えてみてください。

・あなたのまちの歴史や文化、地域の意向を踏まえた計画になっていますか。

・まちのグリーンインフラ、緑のネットワークを推進する内容になっていますか。

・関連する計画である「都市計画マスタープラン」「交通計画」との整合が図られていますか。

(3) 緑化重点地区を訪ね、以下について考えてください。写真を撮影するとよいでしょう。本多静六が設計に携わった公園があったら、その公園を訪ねるのもよいでしょう。

・あなたのまちの歴史や文化を感じますか。

・利用者はどのような人ですか。家族連れですか、若い人ですか、１人ですか。楽しそうですか。

・問題や課題、改善点はありますか。

参考文献

1) C.Davies, R.MacFarlane, C.McGloin, M.Roe, *GREEN INFRASTRUCTURE PLANNING GUIDE, Version:1.1*, 2015, p.3
2) 国土交通省緑の基本計画ホームページ、https://www.mlit.go.jp/toshi/park/toshi_parkgreen_tk_000075.html
3) 鎌倉市『鎌倉市緑の基本計画 グリーン・マネジメントの実践』2019、p.41
4) 佐賀市『佐賀市歴史的風致維持向上計画（第２期）』2022
5) 横手市『横手市歴史的風致維持向上計画（変更）』2023
6) 国立市『国立市景観づくり基本計画』2020、pp.58-59
7) 遠山益『本多静六 日本の森を育てた人』実業之日本社、2006
8) 久喜市『久喜市（仮称）本多静六記念 市民の森・緑の公園 基本計画』2017、p.12
9) 中央公論新社『中央公論、平成 26 年 6 月号』2014、p.37

2章
公園緑地の歴史と理論Ⅰ（海外）

1　海外の歴史を学ぶ意義

1章では、本書で扱う公園緑地の制度的な位置付けを確認するとともに、都市の構成の中でそれがどのような役割を果たすものであるかを解説しました。2章と3章では、具体的な計画論や技術論の解説に先立って、現在のそのような考え方にいたる過程で、都市のオープンスペースや、都市を取り巻く自然環境などに対して、どのような課題や価値が議論されてきたのか、歴史的な流れを追います。こうした歴史を学ぶことには理由があります。それは、現在の公園緑地の計画や保全について考える時、それがなぜ、今、必要なのか、あるいはかつてほど必要ではないのではないか、といったことを常に問い直し、現代におけるその意義を明確化するために歴史的な理解が大変重要になるからです。特に、わが国では近代化の過程で都市計画にかかわる多くの思想を海外から移入しており、現在でもその影響が色濃く残っています。また今日でも、海外の新しい動向に常に注意を払って公園緑地の適切なあり方に関する議論が行われています。そのため、本章では最初に海外における公園緑地の歴史について解説します。

2　近代の公園緑地の発生

1　王室園地の開放

公共的な市民のための空間である現在の「公園」へと直接的につながるオープンスペースの形式は、19世紀のヨーロッパで生まれました。イギリスでは、17世紀の名誉革命による王室権力の低下、18世紀の産業革命による資本家の台頭といった市民社会の発達を背景に、ロンドンではハイドパーク（図2･1）などのように王室が所有していた園地（park）が公園として市民の利用に開放されます。19世紀前半には、リージェンツ・パーク（1933）のように、市民に開放された公園を中心にした、上流階級の市民が居住す

図2･1　ハイドパーク（ロンドン）（出典：木下剛撮影）

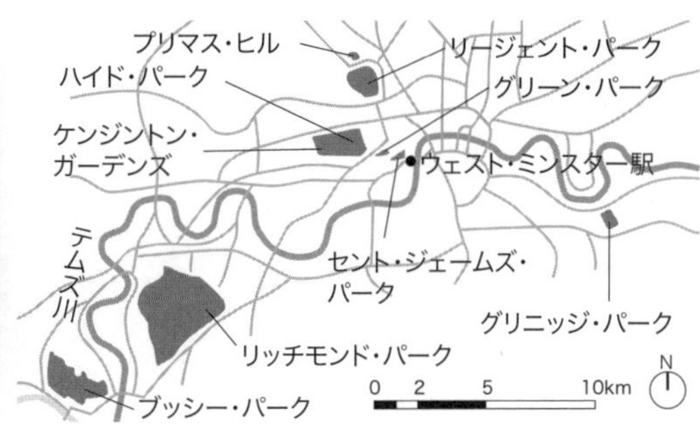

図2･2　ロイヤル・パークスの配置（ロンドン）

る壮麗な街並みに改造する事業が王室によって行われます。イギリスでは、こうして王室の所有地を市民に開放して生まれた公園群を、王立公園（ロイヤル・パークス）と呼んでいます（図2･2）。ドイツでは、ヘレンハウゼン王宮庭園などのように、18世紀初頭から啓蒙思想の影響のもとに君主の園地を市民に開放する動きがありました。ドイツの美学者ヒルシュフェルトは『造園理論』(1785）で「フォルクス・ガルテン」という概念を提唱し、公園を設けることによって得られる、市民に対する自然を通した啓蒙的、民衆教化的な効果を論じ、以後のドイツの公園のあり方に大きな影響を与えました。

2 都市環境の改善のための「公園」

いち早く工業化が進んだロンドンでは労働者の移入による都市人口の爆発的な増加が生じます（図2･3)。労働者の過密で非衛生的な住環境は、19世紀の前半に都市全体にコレラの大流行を招き、低所得者層の居住地を含めた都市全般の衛生を改善する必要が認識されます。そしてビクトリア公園（1845）のように、もともと王室の園地ではなかったところにも、市民の生活環境を改善するための公園が行政によって計画、建設されるようになります。こうした公園では王立公園で一般的であった、芝生と木立と池を組み合わせたイギリス風景式庭園のデザインが多く適用されました。このような公園づくりはフランスでも取り入れられ、パリでは19世紀のセーヌ県知事ジョルジュ・オスマンによる都市改造の一環として、緑化された広幅員街路の他に、採石場の跡地を利用して変化に富む風景をつくり出したビュット・ショーモン公園（1867、ジャン＝シャルル・アルファン設計）などが建設されました。

3 様々な種類の都市緑地の発生と定着

イギリスでは、上述した公園の発達と並行して、スクエア、コモンというオープンスペースの形式も都市の構成要素として位置づけられていきます。スクエアは、ロンドンのコヴェント・ガーデン（1637、図2･4）にはじまる形式で、建物で囲まれることで半ば閉ざされながらも四辺が道路の役割を果たす広場状の共同庭園で、18世紀以降に

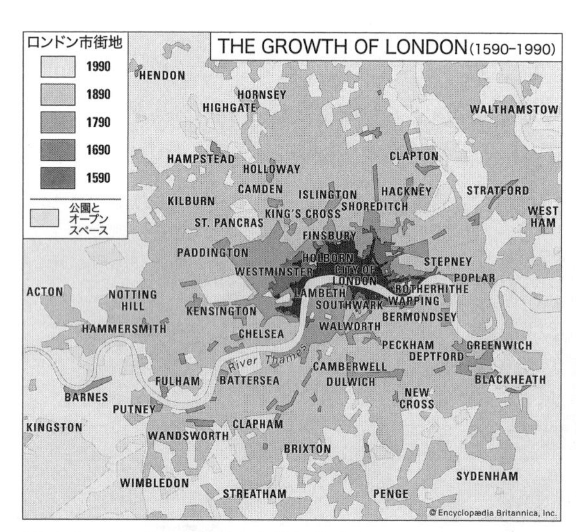

図2･3　ロンドン市街地の急激な拡大
(出典：*Encyclopedia Britannica*,Inc.)

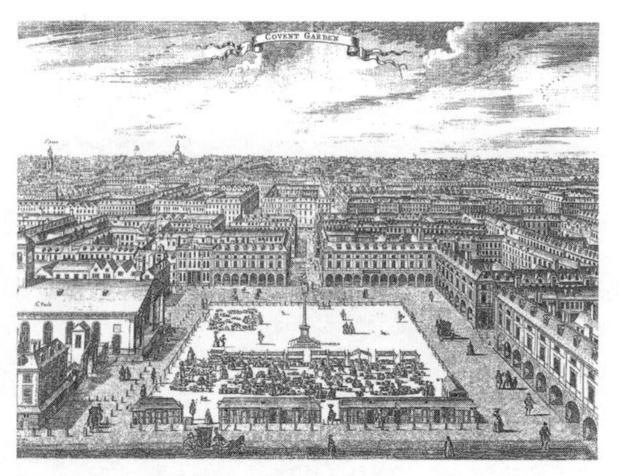

図2･4　18世紀前半のコヴェント・ガーデン
(出典：Michael Webb, *A Historical Evolution City Square*, Thames and Hudson Ltd., London, 1990, p.93)

は積極的に緑化が施されました。また、コモンは田園地域における共有地に由来する公共的な草地空間です。これは19世紀以降の入会地の地主による囲い込みに対し、コモンズ保存協会が反対運動を行い、公衆に開かれたリクリエーションの場として受け継がれるようになったもので、ハムステッドヒースはその代表的な例の1つです。国によって制度的な背景は異なりますが、以上のように公園緑地の原型には様々な種類があり、それが現在の多様な公園緑地の姿に影響を与えていることを理解しておくことは、わが国の公園緑地について考える上でも極めて重要です。

3 都市の基盤としての公園緑地

1 都市の基盤としての公園

北アメリカ大陸には17世紀からイギリスによる植民地化が行われ、18世紀後半にはアメリカ合衆国（以降、アメリカ）が独立します。それまでに都市化がされていなかったアメリカでは、イギリスで明らかになっていた都市における公園の必要性を踏まえ、新しい都市の建設にあたって公園緑地がその基盤としての役割を持つ計画方法をつくりあげます。

ニューヨークのセントラルパーク（1859）（図2･5、2･6）はその最初で代表的な例です。約340haに及ぶ巨大な公園には豊かな樹林に加えて大きな芝生や池があり、多様な文化とレクリエーションの機能が配置されています。また、歩車の立体交差を用いて公園による都市の分断を回避し、貯水池も含まれるなど、都市の多機能的なインフラとして大きな役割を果たしています。また、設計者の一人であるフレデリック・ロー・オルムステッドはその後もアメリカの多くの都市の大公園を設計し、近代都市計画の体系化に先んじて公園緑地による都市デザインを多く手がけたランドスケープ・アーキテクトとしても有名です。

2 パークシステムと都市の拡大

その後のアメリカでは、豊かな公園緑地を備えることは都市のあるべき姿の1つの基準となり、公園と交通や排水のインフラに沿った緑地（パークウェイやブールバールと呼ばれました）を組み合わせた系統

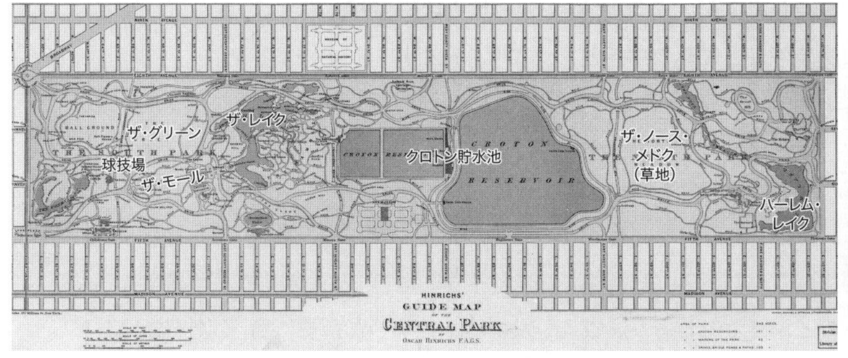

図2･5　ニューヨークのセントラルパーク（平面図）
（出典：Hinrichs'guide map of the Central Park, Hinrichs, Oscar. New York: Mayer, Merkel & Ottmann, Lithographers,1875）

図2･6　セントラルパークの鳥瞰
（出典：Clemens Steenbergen and Wouter Reh, *Metropolitan Landscape Architecture Urban Parks and Landscapes*, THOTH, 2011, 表紙）

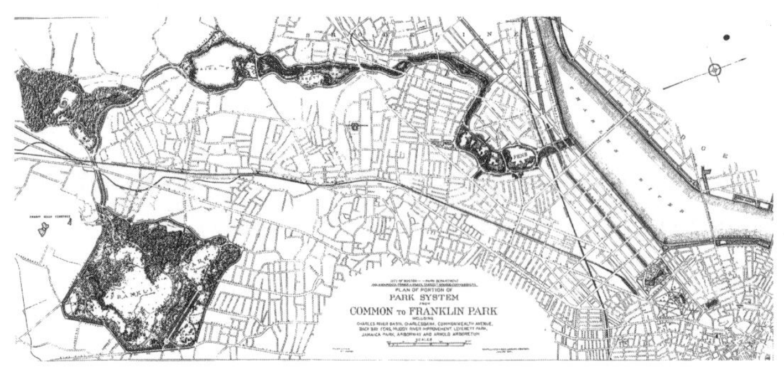

図 2·7　ボストンのパークシステム（エメラルドネックレス）
湿地や河岸公園、大学の樹木園、大規模な都市公園など多様な緑地が緑化された道路（パークウェイ）によって接続された緑地の系統が、都市の骨格をかたちづくる
（出典：Charles E.Beveridge and Paul Rocheleau, *Frederick Law Olmsted: Designing the American Landscape*, Rizzoli Lnternational, 1995, p.98）

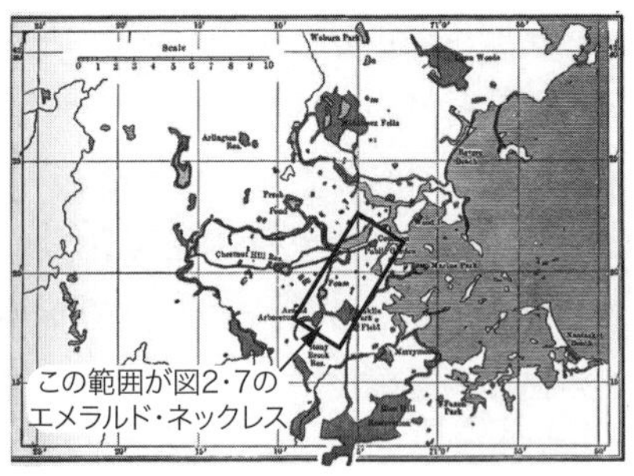

図 2·8　ボストンの広域パークシステム
市街地のアメニティのためだけでなく、水源の涵養など自然環境資源の保全を目的にした広域の緑地系統が計画された（出典：Charles W. Eliot, *Charles Eliot Landscape Architect a Lover of Nature and of His Kind Who Trained*, Houghton Mifflin Co., 1902）

的な配置によって、都市の拡大を許容しながらも常に質の高い市街地をつくりだす方法、パークシステムを編み出します。「エメラルドネックレス」（図 2·7）と呼ばれるボストンのパークシステムはその代表的な例で、埋め立てによる都市の拡大と、水系に沿った系統的な緑地の保全と建設によって都市に明確な骨格を与えるとともに表情豊かなまちにすることに成功しました。その後 19 世紀末から 20 世紀の初頭にかけ都市の拡大がさらに進む中、より広域的に保護される緑地のネットワークをつくり、水源の涵養や公共オープンスペースの長期的な確保に繋げる広域パークシステムの考え方がランドスケープ・アーキテクトのチャールズ・エリオットの働きかけによって生まれ（図 2·8）、アメリカの諸都市に広まりました。

3 田園都市とグリーンベルト

一方、田園景観を 1 つの原風景にもつイギリスでは、エベネザー・ハワードが『明日の田園都市』（1898）の中でパークシステムとは全く異なる考え方を提案します。それは、中心に公園を持つ職住近接型の市街地の周囲を 2,000 ha の共同所有の田園地帯で囲んだまとまりを、人口 3 万 2 千人の都市の単位とする田園都市論（Garden City）でした。そして、実際にレッチワース（1905、図 2·9）やウェルウィン（1920）といった田園都市が、レイモンド・アンウィンなどによってロンドン近郊に計画され、建設されました。これらの田園都市は今も美しく存在しますが、当時のロンドンの拡大はあまりに早く、これらはロンドン大都市圏という、より大きな市街地のまとまりの中へとすぐに取り込まれてしまいました。

様々な議論を経て、1944 年に既成市街地の外縁部からおよそ 16km 幅の範囲を開発から守られた田園地帯として指定する「グリーンベルト・リング」（図 2·10）が、大ロンドン圏計画の中で制度化されます。これが、今日もイギリスの各都市の周囲に存在し、都市間の連坦を防いでいるグリーンベルトの始まりです。人口 1,200 万人を超えるロンドン大都市圏を囲むグリーンベルトは、ハワードが構想した田園都市のそれとは比較にならない規模です。しかし、都市というものの在り方に対して、アメリカとは異なるイギリスの姿勢を明確に形にしたものと言えるでしょう。こうした制度が実現した背景には、田園を緑地としての市民共有の財産とみなすイギリス固有の考え方があり、それは上述したコモンズの考え方や、私有地を含む田園景観を市民が散策できるパブリック・フットパスなどの仕組みによく現れています。

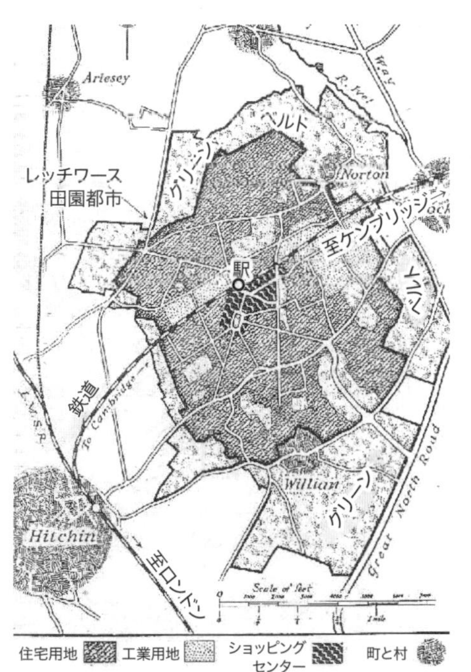

図2･9　レッチワースガーデンシティ平面計画図（1946）
（出典：*NORTH HERTFORDSHIRE URBAN DESIGN ASSESSMENT LETCHWORTH GARDEN CITY SEPTEMBER*, 2007, p.8）

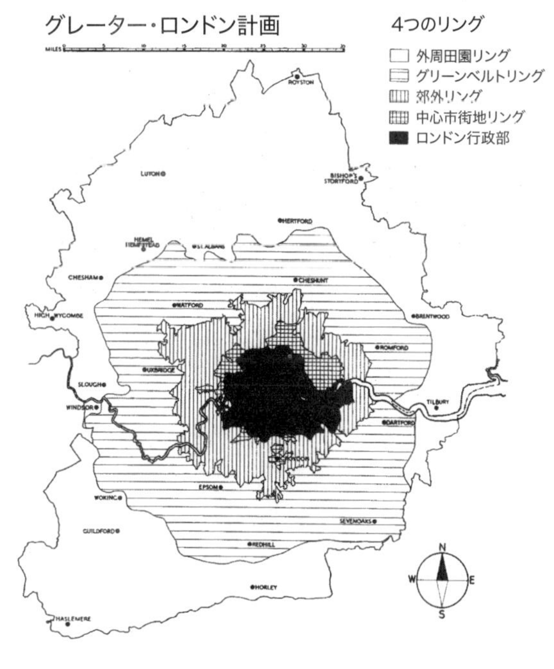

図2･10　大ロンドン圏計画におけるグリーンベルト・リング
（出典：Patrick Abercrombie, *Greater London Plan 1944*, His Majesty's Stationary Office, London.）

4 郊外住宅地と近隣住区理論

20世紀には鉄道網と自動車交通の発達によって、人々は自宅から、働くための「都心」へと長距離の通勤をするようになります。そして「郊外」という、住宅地を中心に構成される市街地の形式がひろまりました。アメリカのクラレンス･ペリーは1924年に、半径約400mの中に人口4千人から5千人が住み、小学校区を単位とする「近隣住区」を計画の適正単位として提案しました。そして、その内部には、学校のほか、教会、ショッピングセンター、さらに近隣生活の要求を充たす小公園とレクリエーション･スペースを配置しなければならないものとしました。ラドバーン（1929）はこの考え方を用いつつ、クラレンス・スタインとヘンリー・ライトが計画した住宅地で、当初は自立した都市としての田園都市を目指しましたが、世界恐慌のために住宅地部分のみの計画に終わりました。近隣住区理論は、多くの国での後のニュータウン建設における計画的な公園緑地の設置に影響を与えました。

4 自然や景観を保護する思想と制度

1 アメリカの国立公園

アメリカでは1869年に大陸横断鉄道が開通し､その道すがら多くの間欠泉を持つイエローストーンが発見されました。それは1872年にはアメリカの最初で最大の国立公園（8,980m^2）として国有化されます（図2･11）。1864年には、外交官で文献学者であったジョージ・パーキンス・マーシュが、地中海地域の観察から樹林伐採が沙漠化を引き起こすことを指摘し『人間と自然』(1864) で自然環境の保護の必要性を主張します。こうした中、ジャイアントセコイアの森が有名だったヨセミテ州立公園 (1864 年指定) では鉄道の開通により観光客が大幅に増加し、その弊害から守るために 1890 年に国立公園となりました (図 2･12)。当時アメリカでは、新大陸の広大な大地と自然を勇ましく開拓することで国の発展をみた一方で、同時に、多様性と一貫性を同時につくり出す、人知を超えた自然の力と、人間の精神との根源的なつながりを強く意識する思潮が生まれていました。このような考え方を先導した哲学者 R・W・エマソンの思想は、ナチュラリストの先駆と言える H･D･ソローや、シエラ・ネバダ山脈に住み込んだ自然保護活動の創始者ジョン・ミューアにも大きな影響を与えました。ミューアは、ヨセミテ国立公園の指定に強い働きかけを行って貢献し、1892 年には、今に続く自然保護団体シエラ･クラブを初代会長として設立し、国際的な自然保護運動の礎をつくりました。

図 2･11　イエローストーン国立公園
(出典：D.Muench (Photo) and S. Udall and J. R. Udall(Essays), *National Parks of America*, Graphic Ceter Publishing, 1993, p.78)

図 2･12　ヨセミテ国立公園
(出典：同上、p.60)

2 イギリスのナショナル・トラスト

イギリスでは 1895 年、市民の憩いのために必要なオープンスペースを取得し、将来の人々のために残していくことを目的として、今に続くナショナル・トラストが設立されました。3 人の創始者の一人である社会改良家オクタビア・ヒルは、当初、子どもの遊び場をスラム街のそばに設けるための募金活動や、ハムステッドヒースに連なるコモンの保存運動など、ロンドンの労働者階級が安価にレクリエーションを楽しめる場の確保を目的に活動していました。この活動はオープン・スペース運動と呼ばれ、前述のフットパスやコモンを保護する広範な運動へとつながります。湖水地方 (図 2･13) など歴史的な景観や建造物の保護などもナショナル・トラストの中心的な目的に含まれるようになり、土地本来の要素や特徴、動植物の生態を保存することも重要視されるようになりました。

1907 年には「ナショナル・トラスト法」として、保護を目的に取得した資産の譲渡の禁止や、取得した土地への非課税など、活動を支援する制度が整えられました。このようにイギリスの環境保護の始まりは、アメリカの場合よりもより文化的な側面が強いものでした。しかし、本節 1 項で見たようなアメリカで自然という概念が持った哲学的な意味を考えると、環境や自然の保護のモチベーションの根本が文化的視点にあった、という点で共通していたと言えるでしょう。

図 2･13　イギリスの湖水地方
(出典：Robin Whiteman and Rob Talbot, *The English Lakes*, Weidenfeld & Nicolson, London, 1989, p.34)

3 ドイツの郷土保護運動

ドイツでは18世紀以降、林業の合理化によって森には収益性の高い樹種が偏って植えられるようになったため、希少となった動植物種の保護への希求が芽生えます。20世紀の初頭、古生物学者のフーゴ・コンヴェンツは残存種を保護するための天然記念物、自然保護区域という考え方を導入しました。一方、音楽家であったエルンスト・ルドルフは、1904年に「郷土保護連盟」を設立し、コンヴェンツのように希少性に基づく価値づけは現在の自然を過去の遺物として「博物館化」し、自然と文化を切り離すものだと批判しました。そして、自然に対する美意識に基づく郷土保護を固有文化の表現として唱導しました。

ヴァイマル共和制下の各州で自然保護法や郷土保護法が成立したのち、1935年にドイツ帝国自然保護法として統一されます。ナチス政権下の自然保護はナショナリズムの高揚に伴う負の側面があったことも記憶すべきですが、一方で、こうした過程を通して自然保護の科学と文化の多様な側面と、都市や空間の計画が、稀有な統合を果たしました。1976年に成立したドイツ連邦自然保護法は、「集落・市街地の内外を問わず“自然と景域”を、人間の生存基盤として、また自然と景域でのレクリエーションに対する前提として、継続的に保証されるように、保護し、維持し、発展させる」ことを目的としたもので、総合性の高い制度として現在も広く認識されています。なお、景域（landschaft）とは、景観（landscape）よりも文化的な色合いが強いドイツ語特有の意味合いをもつ用語で、「人間の生活・生産活動が行われている動的な地域」と説明されることがあります（井手・武内、1985）。

以上のように、自然環境や景観の保護に関する歴史を振り返ると、それは科学的な尺度だけでも、文化的な尺度だけでも測りきれず、そのどちらかに視点が偏ることは、大きな危険を孕むものでもあるとわかります。絶えずその2つを横断した議論を続けることが重要だと言えるでしょう。

5 都市における歩行者空間の再生

1 歩行者モール・ポケットパーク・人工地盤上の公園

第二次世界大戦後には多くの先進国で活発な都市開発が進み、自動車交通もかつて以上に盛んになります。そして、その反面、都心部からは歩行者のための空間が減少しました。1960年代以降はそれを再生する近代的なランドスケープデザインの事例が多く生み出されます。アメリカを例にとれば、ガレット・エクボの設計によるカリフォルニア州フレズノのフルトン・ダウンタウンモール（1964、図2・14）はその代表的な例です。また、ニューヨークではロバート・ザイオンの設計によるペイリー・パーク（1967、図2・15）などによって、セントラルパークのような大公園だけでなく小規模な歩行者空間（ポケット・パーク）こそが重要であるということが示されました。さらに、州間高速道路によって分断された既存の市街地の連続性を取り戻そうとするシアトルのフリーウェイ・パーク（1976、ローレンス・ハルプリン設計、図2・16）など、都市空間に対して土木的なスケールで人工的に挿入される立体的な公園緑地の事例も見られるようになります。

図 2･14　フルトン・ダウンタウンモール
（出典：「ガレット・エクボ：ランドスケープの思想」『プロセスアーキテクチュア』90、1990、p.86）

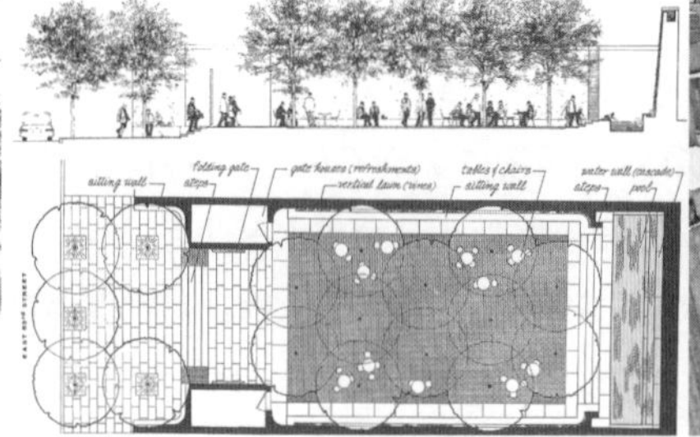

図 2･15　ペイリー・パーク
（出典：「ランドスケープの達人：ロバート・ザイオン」『プロセスアーキテクチュア』94、1991、p.40）

図 2･16　フリーウェイ・パーク
（出典：Ellis Post Card Co. の絵はがきより）

2 屋外空間の生活とデザイン

デンマークの建築家・都市デザイナーのヤン・ゲールは 1971 年に『Life between Buildings』（邦訳：北原理雄『建物のあいだのアクティビティ』2011、図 2･17）を著し、交通空間を含む都市のオープンスペースを自動車よりも歩行者のためにデザインすることの重要性を論証しました。表題にある通り必ずしも公園緑地の設計理論ではありませんが、世界中の都市がウォーカブルな街を目指そうとする現在の潮流を先導した研究成果であり、実際にゲールの監修によって、コペンハーゲンだけでなく、ロンドン、ニューヨーク、メルボルンなど国を超えて多くの都市が歩いて暮らせる街への再生を遂げています。公園緑地と他の公共空間とを融合的に考える視点の有効性が実践的に明らかにされた例と言えるでしょう。

図 2･17　『Life between Buildings』
（出典：Jan Gehl, *Life between Buildings*, Van Nostrand Reinhold,1987）

6 エコロジーとアーバニズムと公園緑地

1 ランドスケープの層状理解と土地適正分析

4節で見た自然保護の思想は、都市開発自体から守られる国立公園などの成果を生み出しました。それに対して、都市開発をしながら行う自然環境の保全の指針を探求したのが、イアン・L・マクハーグでした。マクハーグは、特に水文学の視点を重視しながら、ランドスケープを地質や地下水位、植生、生物の生息状況、勾配、方位など多くの層（レイヤー）に分けて評価し、それらを重ね合わせることで建設により適する土地と緑地としての保全により適する土地とを判別する土地適正分析の方法を考案し、それによって対象となる土地に対して緑地を計画的に保全することで、自然環境の価値を損ねずに、ひいてはその保全された緑地環境が居住環境に対しても付加価値になるような開発計画の方法論（『デザイン・ウィズ・ネイチャー』1969、図 2･18）を提案し、ウッドランズ（1974、テキサス）の住宅地計画などでは実際のプランニングにも適用しました。

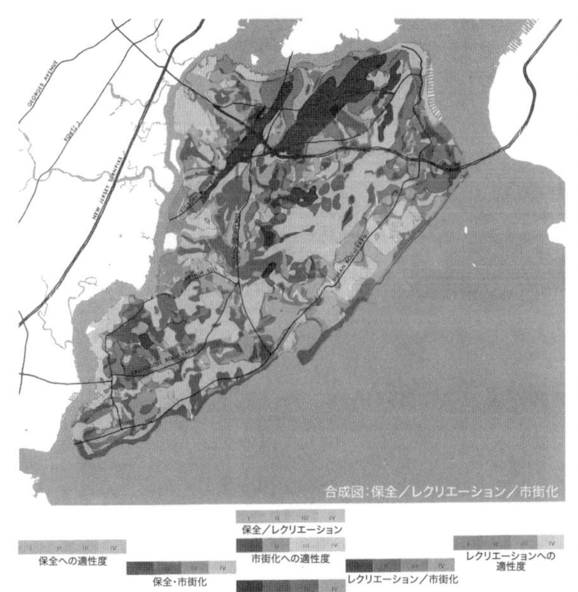

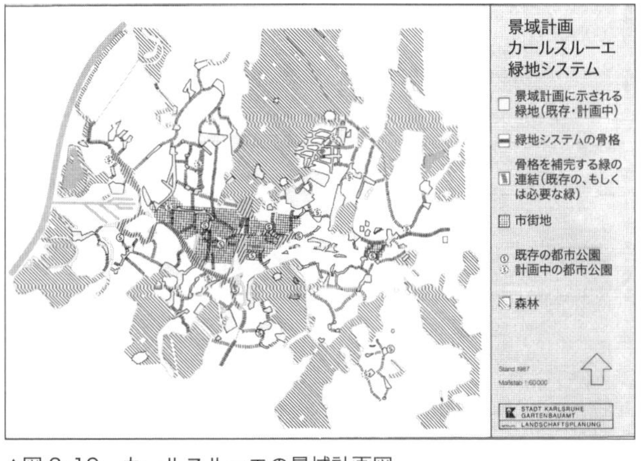

▲図 2･19　カールスルーエの景域計画図
（出典：Stad Karlsruhe Gartenbauamt, Landschaftsplanung（カールスルーエ市園芸局景観計画課）による資料（1987）より）

◀図 2･18　「デザイン・ウィズ・ネイチャー」の中の土地適正分析の図　マクハーグは、多様な側面を評価した複数のレイヤーを重ね合わせることで、異なる目的の土地利用に対する適性度を色の違いとして表現する方法を考察した（出典：Ian L. McHarg, *Design with Nature*, John Willey & Sons, Inc.,1992, p.114）

2 エコロジカルネットワーク

どのような開発でも建設部分の計画は人間の視点から検討しやすいですが、緑地の保全については生態学的（エコロジカル）な観点から検討する必要があります。1970 年代以降、景観生態学を中心とする研究を通じて、生物生息地としての緑地などをできるだけ広域にネットワーク上に連結して配置すること（エコロジカルネットワーク）により、生物個体群の移動や分散、遺伝子の交換を促進し、生物多様性が高められることで各種生物の個体群が絶滅せずに生き残る可能性が高まることが明らかにされました。この考え方は EU のエコロジカルネットワーク計画である Natura2000 にも援用されるなど広く普及し、ドイツの各都市における景域計画（図 2･19）をはじめとする都市の公園緑地のマスタープランなどにおいて頻繁に活用される考え方となりました。

3 ランドスケープ・アーバニズム

主に 1990 年代以降、欧米では産業跡地や荒廃した都市空間の再生事業などにおいて、中長期的には大きな都市の変化を促すような、オープンスペースを対象とした部分的なリノベーションの試みが多くなります。こうした事業では公園緑地の計画やデザインが重要な役割を果たしました。その成功の大きさとともに有名な事例として、ニューヨークの廃線高架上を公園化したザ・ハイライン（2009、ジェームズ・コーナー・フィールド・オペレーションズ設計、図 2･20、2･21）が挙げられます。このように、それまでの建築や土木が主導した静的な完成形を目指す都市計画とは対照的な、公園緑地を起爆点とする動的な都市再生のアプローチを、チャールズ・ウォルドハイムは『ランドスケープ・アーバニズム』（原書：2006、邦訳：岡昌史、2010）と呼んで理論化しました。このようにして、21 世紀の都市における公園緑地の役割は単なる都市を構成するブロックの 1 つではなく、都市のダイナミックな変化を誘導する媒体として注目されるようになります。

図 2・20　ザ・ハイラインの鳥瞰
（出典：J. David and R.Hammond, *High Line :The Inside Story of New York City's Park in the Sky*, Farrar, Straus and Giroux, New York, 2011, p.255）

図 2・21　ザ・ハイラインの風景
（出典：James Corner Field Operations, Diller Scofidio +Renfro, *The High Line*, PHAIDON, 2015, p.347）

7 気候変動と緑地の多面的機能への期待

1 地球規模の環境保全と気候変動適応

本章4節で見た自然や景観の保護や保全に関する議論とは異なる流れとして、1972 年の国連人間環境会議（ストックホルム会議）以来、地球規模での環境の保全は人類の生存と発展のために欠くことができないという認識が世界的に広まります。1992 年にはブラジルのリオデジャネイロで国連環境開発会議（通称、地球サミット）が開催され、気候変動、生物多様性といった、人間の生存環境の持続可能性に関わって特に重要であると認識される、より具体的な事柄に関する国際的な条約が締結されました。6節2項で紹介したエコロジカルネットワークの考え方も、こうした潮流の中で形成された方針です。

近年、気候変動と、豪雨災害や旱魃の激甚化との関連性が明らかになるに伴い、豪雨から都市を守るために、また河川の水位を下げるために河川を拡幅したり、流域全体のあらゆる土地で雨水の流出を抑制したりする考え方（流域治水）が主流になっています。

2 気候変動適応のための公園緑地

こうした中、従来の都市生活のための空間や運動のための空間としてだけでなく、雨水貯留のための空間としての公園緑地の役割も期待されるようになってきました。デンマークのコペンハーゲンでは、クラウドバースト・マスタープランという計画をもとに、気候公園（クライメート・パーク）と呼ばれる雨水貯留の仕組みが内蔵された公園緑地（図 2・22、2・23）や、地下や表面に雨水を貯留する道路などが計画され、順次整備されています。また、オランダでは、2015 年までに、河川の水位を低減し洪水のリスクを低下させるために、全国 34 カ所での河川拡幅などの対策と合わせてより魅力的で安心安全な都市へと更新する、河川と公園緑地、また農地や都市の計画にまたがる大規模な国家事業、ルーム・フォー・ザ・リバー・プログラム（図 2・24）が実施され、国際的な注目を集めました。1 章で紹介したグリーンインフラという近年

図 2・22　エングへーヴ気候公園の模型
（出典：Landezine International Landscape Award のホームページ内 Enghave Climate Park by Third Nature (Tredje Natur in Danish) by Third Nature より、https://landezine-award.com/enghave-climate-park-by-third-nature-tredje-natur-in-danish/）

図 2・23　エングへーヴ気候公園の風景

図 2・24　ルーム・フォー・ザ・リバー・プログラムの事例（ナイメーヘン＝レント地区）
（出典：Johan Roerink Aeropicture, in *"Room for the River, Nijmegen"* in Landezine、https://landezine.com/room-for-the-river-nijmegen-by-hns-landscape-architects/）

の公園緑地でよく考慮される技術体系も、こうした時代の要請に応えて開発されてきたものです。このように、近年では緑地の多面的機能への期待が様々な文脈で高まっています。

3　分野横断的な都市のコントロールポイントとしての公園緑地

前述したランドスケープ・アーバニズムの議論などとも重ね合わせ、以上の歴史全体を振り返るとき、近代の都市拡大にともなって人間的で豊かな生活空間を形成するために発明された公園緑地は、その当初の目的に加えて、人間が生存する環境自体の持続可能性を維持向上しながら、すでに成熟し時に老朽化した都市を健全に更新していくための、分野横断的なコントロールポイントとして重要な役割を担うものになってきていると言えるでしょう。

計画事例 1　リージェンツ・パークとリージェンツ・ストリート（ロンドン、イギリス）

①狩猟地としてのパーク

現在リージェンツ・パークのあるこの地域は、もともとメリルボーンパークと呼ばれる広大な樹林の一部で、斜面は深い森で、低い開けた土地には鹿などが住んでいました。1538 年にこの 554 エーカーがヘンリー 8 世の狩猟地として囲いこまれロイヤル・パークス（Royal Parks）の 1 つとなります。17 世紀中頃のピューリタン革命の後、連邦政府の管理下で多くの樹木を伐採されますが、クロムウェルが死去するとパーク（park）は王室に返還され、その後 150 年間は小作農地となります。

②都市改造としてのプロジェクト

1811 年、後にジョージ 4 世となるリージェント王子はロンドン北部に夏の宮殿が欲しいと考えます。そこで、この土地でそのデザインを検討するために建築家たちが招聘されます。宮廷建築家のジョン・ナッシュの大胆なデザインが王子の気に入り、池と運河と王室の住宅を内部に備えた巨大な円形の庭園としてリージェンツ・パークがデザインされました（図 2・25）。また、ここからセント・ジェームズ宮殿までの道を、パレードに適した美しい道路として整備することも計画されます。ナッシュはその費用を捻出するため、公園の中に56のヴィラと、今日リージェンシー・テラスとして知られる集合住宅群を計画します。その後、王子の関心はバッキンガム宮殿の改修へと移り、宮殿の計画は中止となりますが、8つのヴィラが実現しました。ヴィラの住人たちが自分の所有地にいるように感じられるよう、1つひとつのヴィラが樹木に囲まれ、当時はテラスから田園景観のような風景が見晴らせました。セント・ジェームス宮殿までのパレードのルートも現在のリージェンツ・ストリートとして実現されています（図2・26）。

図2・25　リージェンツ・パークの平面図（1820）
（出典：Clemens Steenbergen and Wouter Reh. *Metropolitan Landscape Architecture Urban Parks and Landscapes*, 2011, THOTH, p.121）

③「公園」になったリージェンツ・パーク

当初、パークを利用できるのはヴィラとテラスハウスの住民、そして毎週行われる馬車の乗車会の乗客だけに限られていましたが、1835年に、パークの東半分が公衆に開放され、最終的にはパーク全体と、近接するプリムローズ・ヒルを誰でも訪れることができるようになりました。未利用地として残された土地にはその後、動物学会、王立アーチェリー協会などが、それぞれの施設を導入し、芝とインナー・サークルと呼ばれるエリアが形づくられていきました。そこには様々な庭園やレクリエーション施設などが建設されて現在に残っています。1930年代には野外劇場が開設され、今も続いています。

図2・26　現在のリージェンツ・ストリート
（出典：同上、p.137）

計画事例2　ルーム・フォー・ザ・リバー（ノールトワールト地区、オランダ）

①洪水リスクを低減する自然保全型の農地公園

ノールトワールト地区は、オランダのニューウェ・メルウェデ川とビースボス国立公園との間に位置します。ここは20世紀に苦労して干拓された農地でしたが、気候変動の影響で周辺地域の洪水リスクが高まる中、前述のルーム・フォー・ザ・リバー・プログラムの一環で2015年に干拓が解除されます（図2・27、2・28）。高水位時にこの地区の表面を川の水が流れることで、豪雨時にも、周辺や上流の地域を浸水から防ぐ役割を果たしています。ランドスケープの設計はロバート・デ・コニングです。

②水位の変動を活かした生態系の保全とレクリエーションの供存

水が入り込むのは農地としては不都合ですが、代わりに空間や景観の質を向上し、水辺のレクリエーションの機会を増やし、また自然環境を育成することが目指されました。浸水頻度の高いエリアは変化に富む湿地とし、コウノトリのための人工的な巣も配置されています。氾濫原の植生の管理は、半野生の大型草食動物が草を食むことによっても行われています。こうした空間が自然保護地であるビースボス国立公園と連続することで、地域の生態学的な価値を大きく高めることが期待されます。約1,500ha

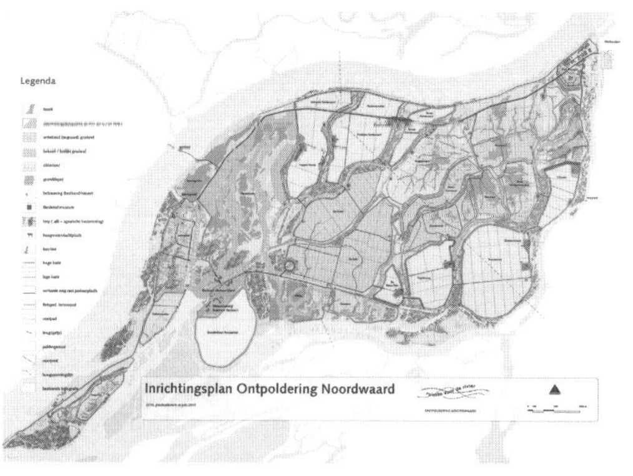

図 2･27　ルーム・フォー・ザ・リバー・プログラム（ノールトワールト地区）の平面図（出典：オランダ政府資料より）

図 2･28　ルーム・フォー・ザ・リバー・プログラム（ノールトワールト地区）の鳥瞰（出典：オランダ政府資料より）

の土地は通年誰でも入って散策などをすることができますが、水位が高い時には入場は禁止されます。

③分野を横断する管理で育むランドスケープ

現在ここは、稚魚やビーバーの貴重な生息地であるだけでなく、散策者とサイクリストにとっても魅力的な場所となり、湿地や草原に住む希少な鳥類を見ることができます。土地の管理は最低でも 2032 年まで、水運水利局と森林局が共同で行うことになっており、こうした共同管理のオランダで最初の事例の1つです。水運水利局は土地の所有者で技術的な管理を担当し、森林局は自然と植生の管理の責任を負います。こうして質が高く効率的な氾濫原の管理を行うことで、洪水リスクの管理と生態学的な質向上が同時に目指されています。

■ 演習問題 2 ■

2-1　海外の公園について、以下の問題に回答してください。

(1) あなたが訪ねたことのある、あるいは訪ねてみたいと思う海外の都市を３つ選び、それぞれの都市にある、最も大きな市街地の中の公園について、それぞれの公園の概要（位置、規模、開設年、土地の所有者、管理者、設計者、計画の特徴など）を調べ、わかったことを整理して、比較考察してください

(2) 前問と同じ３つの公園について、成立経緯（時代背景、必要とされた理由、実現の過程など）について同様の方法で調べ、わかったことを整理して、比較考察してください。

(3) 前問と同じ３つの公園について、設立後の経緯と現在の状況（設立後にあった課題やその解決方法、周辺の都市環境の変化、改修の有無や内容、利用状況の変化、運営方法の変化など）について同様の方法で調べ、わかったことを整理して、比較考察してください。

2-2　自然保護のための海外の公園緑地について、以下の問題に回答してください。

(1) あなたが訪ねたことのある、あるいは訪ねてみたいと思う海外の国を３つ選び、それぞれの国で自然保護のために最初に指定された公園緑地について、それぞれの概要（位置、規模、開設年、土地の所有者、管理者、もしいれば設計者、運営方法の特徴など）を調べ、わかったことを整理して、比較考察してください。

(2) 前問と同じ３つの公園緑地が成立当時に、それぞれの国で交わされていた自然保護の必要性に関する議論や思想について調べ、わかったことを整理して、比較考察してください。

(3) 前問と同じ３つの公園緑地の成立を担保している法制度の概要と成立年代、また具体的な仕組みについて調べ、わかったことを整理して、比較考察してください。

2-3 公園のあり方に関する国ごとの特徴について、以下の問題に回答してください。

(1) 海外の国にある、あなたが良いと思う公園の中で、最も「公園らしくない」と感じる公園を見つけて、その公園の概要（位置、規模、開設年、土地の所有者、管理者、設計者、計画の特徴など）を整理した上で、あなたにその公園が「公園らしくなく」思える理由を明らかにしてください。

(2) そのような公園らしくない特徴を持つにもかかわらず、なぜその公園は公園として見なされてきたのか、その公園の成立経緯などについて調べたことに基づき、考察してください。

(3) (2) の考察からわかる、その国固有の公園観と、あなたの公園観との間の違いと共通点。また、そうした違いと共通点が生じている歴史的な理由について考察してください。

2-4 公園緑地が果たし得る社会的な意義について、以下の問題に回答してください。

(1) 新聞やインターネットの記事などから現代の世界の各国の状況に関する情報を渉猟し、それをもとに、これからの公園緑地がその解決に貢献し得るような、現代もしくは今後の社会的な課題として、どのようなものがあるか、挙げてください（できるだけ、他の人が挙げなさそうなことを考えてください)。

(2) そのような課題を、これからの公園緑地がこれまでとは異なるどのような計画やデザインによって解決できるのか、あなたの考えを述べてください。

(3) そのような公園緑地が成立するために、これまでと異なるどのような制度や技術、考え方が求められるか、あなたの考えを述べてください。

参考文献

・武田史朗・山崎亮・長濱伸貴『テキスト ランドスケープデザインの歴史』学芸出版社、2010
・武田史朗『自然と対話する都市へ―オランダの河川改修に学ぶ』昭和堂、2015
・中島直子『オクタヴィア・ヒルのオープン・スペース運動』古今書院、2005
・自治体国際化協会「ロンドンの公園とオープン・スペース」『CLAIR REPOT』NUMBER 024、1991
・石川幹子『都市と緑地―新しい都市環境の創造に向けて』岩波書店、2001
・Clemens Steenbergen and Wouter Reh, *Metropolitan Landscape Architecture Urban Parks and Landscapes*, THOTH, 2011.
・井出久登・武内和彦『自然立地的土地利用計画』東京大学出版会、1985
・チャールズ・ウォルドハイム著、岡昌史訳『ランドスケープ・アーバニズム』鹿島出版会、2010
・イアン・L・マクハーグ著、インターナショナルランゲージアンドカルチャーセンター訳『デザイン・ウィズ・ネイチャー』集文社、1994
・ヤン・ゲール著、北原理雄訳『建物のあいだのアクティビティ』（SD選書)、鹿島出版会、2011
・エベネザー・ハワード著、山形浩生訳『「新訳」明日の田園都市』鹿島出版会、2016
・白幡洋三郎「ヒルシュフェルトの造園論」『造園雑誌』49（5)、1986、pp.7-12
・George Perkins Marsh, *Man and Nature; or, Physical Geography as Modified by Human Action*, S.Low,Son and Marston, London, 1864.

3章 公園緑地の歴史と理論II（日本）

1 日本の歴史を学ぶ視点

公園とは、人間が集まって暮らす環境の中で、広場、庭園、あるいは森や水辺のような遊びや休息の空間を、基本的には誰もが使えるように、意図的に確保して整備し、管理している土地や場所であると言えます。土地は様々な生産活動のもとになる要素ですから、自由な経済活動の中では公園のような存在は意識的に確保しなければなくなってしまいます。言い方を変えれば、今では一見当たり前のようにある公園というものは、いつからとも知れず存在してきたわけではなく、社会の求めにも応じながら、主に行政により制度化され提供されてきたもので、それは世界的にみても近代以降のことです。

海外の状況を扱った前章に続いて、この章ではこのような公園が、日本においてどのように成立し、どのような議論があり現在に至っているのかについて概説します。公園の大きな意味は冒頭のとおりですが、社会がそのような公園に何を期待するのかというのは不変ではないため、そこには歴史があります。造園の歴史ならば庭園の様式の歴史を思い浮かべるかもしれません。しかしここで扱うのは、それとも無縁ではありませんが、公園をどのような存在と位置づけ、それをどのように確保していくかという「考え方」の歴史です。「公園緑地計画」という、これからの計画を学ぶのに昔の話は必要ないと思うかもしれませんが、むしろこれからのことを考えるには、これまで何を考えてきたのかを知ることに意義があるといえます。本章では時間の流れに沿って以下のように大きく5つに分けて解説します。

まず公園が生まれる前の近世までの状況について、公園を生み出す素地になるものはあるためここから話を始めます。次いで近代、日本では明治時代からを指すのが一般的ですが、そこで生まれた公園制度についてその狙いや特徴を紹介します。そして続く大正時代くらいまでには、今でいう都市計画と関わりながら、明治初期とはまた異なった理論で公園の計画や設計が行われるようになるのでこれを述べます。さらに関東大震災や太平洋戦争などの大きな社会変動要因も関わりながら、公園は緑地という概念に拡大されていき、その中で新しい制度、理論、計画などが登場しますので、高度経済成長期あたりまでを範囲としてこれらについて触れます。最後は現在に至る公園緑地に関する議論の流れについても簡単に紹介し、本書の特に第I部や第II部を理解する前提にしていただきたく思います。

なお、すでに挙げた「緑地」という概念は、その定義は1つではありませんが、ここでは後にも紹介する、建物で覆われることのない、かつそれが一時的なものではない状態の土地という意味で用います。それは農地なども含む、公園よりも広がりのある概念ですが、必ずしも植物・緑がなくともその土地が空いていることを積極的に評価する考え方であり、英語ではOpen spaces（オープンスペース）に相当します。また本章のタイトルにもある「公園緑地」という言葉もよく使われますが、これは内容的には緑地と同じ意味ながら、少し公園を強調した、公園とその他の緑地の総称ということになります。

2 日本のオープンスペース 1)～3)

1 広場

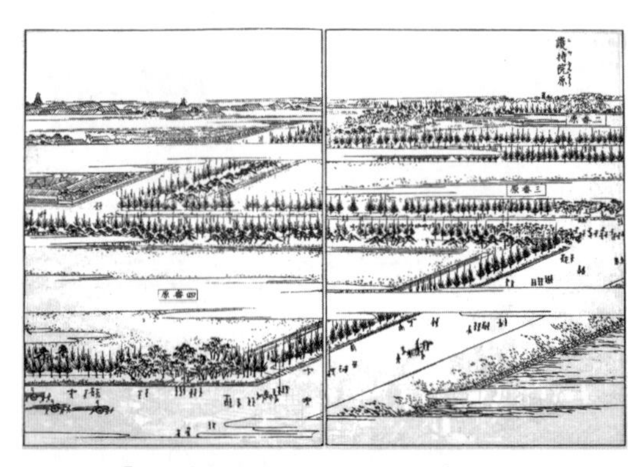

図 3・1 『江戸名所図会』より護寺院が原
(出典：国立国会図書館デジタルコレクション)

ここでは、公園と呼ばれる制度が生まれる前の近世（概ね江戸時代）までの、日本のオープンスペースについて、広場、名所、入会地、アジールという観点から捉えます。これはこれら4種類の空間があったということではなく、後の公園と関わる4つの側面であり、同じ土地・場所にこれらの性格のいくつかが重なることもあったと考えてください。

まず広場に関して、「日本には広場がない」とはよく言われることです。確かに日本には建物で囲まれた西欧の都市のような広場の伝統はありませんが、古くから地域によっては集落の中に広場が存在したほか、定期的に市が開かれる場所や一時的に広場として機能する道など、状況的に広場が成り立つこともありました。中でも特徴的な日本の広場は神社や寺院の境内です。境内は単に社殿の前の信仰の場というだけでなく、コミュニティの集会の場となり、縁日には賑わいも見せる広場でもあることは現在でも見られることです。江戸のような大都市では、防火のための火除地（ひよけち）、広小路（ひろこうじ）といった空地が設けられていましたが、火除地（図3・1）も季節に応じて開放されるなど、人の集まる広場であったといえます。

2 名所

神社や寺は、台地の上や麓、あるいは川の近くなど、自然への信仰とも関わり、地形の変化点に立地する傾向がありますが、そうした場所は眺めが良く湧水が出るなど、境内や周辺が縁日だけでなく物見遊山の場ともなりました。さらにそれらの土地は社寺以外も含め、中世までは和歌などで、近世からは絵画などでも描かれることで社会的な評判となり、さらに人を集める場となりました。こうした名高い場所を「名所」といいます。やはり高台にあった中世の古城址なども近世には名所化していました。

さらにこうした名所を意図的に創出した例が18世紀初めの江戸でみられます。八代将軍徳川吉宗が、江戸の近郊の数カ所に桜の園地を整備しました（隅田堤、品川の御殿山（図3・2）、王子の飛鳥山等）。これは近郊の農村、農民の統制を図る政策の一環でしたが、庶民のための花見などの行楽の空間を創出したことは公園の先駆けともいえ、西欧の公園と比べても早い時代のできごとです。

図 3・2 『東都名所　御殿山花見　品川全図広重』広重画
(出典：国立国会図書館デジタルコレクション)

3 入会地

イギリスの公園の源流の1つにコモン（コモンズ）という、農業等のための植物資源の共同利用地がありますが、日本の場合はどうだったでしょうか。日本にも農村中心に同様の土地があり、入会地（いりあいち）、入会林などと呼ばれます。コモンズも入会地も、資源採取だけでなく人々の遊び場でもあったようですが、イギリスの場合、近代以降囲い込まれて資源が使えなくなっていく中でも、遊ぶという公益のための権利は別途守られることで後の公園の1つに繋がります。対して日本の入会地は明治以降公有化される傾向にありましたが、その際に人々の遊ぶ権利までの議論にはならなかったようです。

4 アジール

最後に、アジールというのは「避難地」の意味ですが、ここでは、社会から疎外された下層民や旅人などの生活と関わる都市の中のあいまいな場所を指します。人と人の様々な「縁」が繋ぐ有縁の社会の外側には、「無縁」の世界や場所があります。たとえば都市周縁の山林、河原、橋、坂などの多様な境界部は、貧者や病者などが隠れるように暮らす地であることもありました。ただし無縁の場は必ずしも疎外という面だけではなく、むしろ自由な性格を持つことも注目されます。先に挙げた市は、農民以外の多様な遍歴するよそ者も行き交う場として、川辺や海辺がその典型でした（図3･3）。かつてはあいまいだったそれらの土地の管理区分は、近代以降に身分制度の解体や土地制度の変革とともに合理化されていきます。公園もその過程で生まれた一例ですが、公園の賑わいも、一方で無宿者の問題も、人の集まる場所の「無縁」で自由な性格とも関わっており、それは常に公園のあり方を問い続けます。

図3･3 『一遍聖絵』（写本）より福岡の市
（出典：国立国会図書館デジタルコレクション）

3 公園制度の誕生[3)、4)]

1 制度の背景と意義

多様なオープンスペースの中から、明治になり「公園」が明確に社会に誕生してきます。世界的にみても公園のはじまりは19世紀前半であり、日本の公園も少し遅れて始まりますが、ただしそれは文明開化としての欧化政策とは少々異なるものです。明治6年（1873）、太政官布達と呼ばれる、今でいう政府から地方への数ある通達の1つから公園制度は始まります。それは江戸期の社寺境内や名所などのまさに「人の集まる場所」を、明治政府が「公園」という新しい性格の土地として経営することを府県に促すものでした。

その背景には、同年に実施された地租改正という、土地の所有関係を明確にして課税する現代に繋がる土地制度があります。江戸期には特権的に免税されていた社寺領などは、維新に伴い上地（知）といって官有化が進められていました。ただし境内などはまだ所有関係があいまいな状態であったようで、そのうち人々の遊観の場でもあった土地を公園という新しい地目にするのがこの布達の趣旨でした。社寺の特権を弱める狙いがありながら、人が集まり店なども出てその地域が繁盛していることは維持させようと公園という仕組みを考えたとみられます。またもう１つの背景には、維新期の廃仏毀釈などにより社寺をはじめとした名所や旧跡の環境が失われることへの危惧があったとみられます。そうした土地を私有化すれば自由な開発の可能性が高かった中で、新たな官有地にして歴史ある環境や資源を守り、それまでの名所としての役割を保つために公園という仕組みを考えたとみられます。その際に官有地では課税ができないため、店を出す者などから借地代などを得ることも考えられました。

このように始まった日本の公園は、社寺境内に公園という名前を与えただけであったと低く評価されることもあります。しかし土地を経済的に取引できるようにして流動性を高め、無縁の場も役割の明確な土地に替えていこうとしていた時代の中で、昔からの人々の遊び場をその自然や歴史的環境とともに維持するために公園という制度を生み出したことは、極めて大きな意義があったといえます。

2 太政官布達による公園の特徴

この布達に従い、各府県では公園開設の検討を行いました。東京府（現在の東京都）では同年に上野（寛永寺）、芝（増上寺、図3･4）、浅草（浅草寺）、深川（富岡八幡）および飛鳥山の５公園を決めています。いずれも江戸期の名所で、飛鳥山は先述の通り創出された名所、他はいずれも社寺の土地です。全国的に見れば、まずすべての府県が直ちに対応したわけではありません。そして府県によっては、必ずしも社寺とは直接関わらず、浜寺公園（大阪府、図3･5）や鞆公園（広島県）のような景勝地や、偕楽園（茨城県）や栗林公園（香川県）のような既存の大名庭園なども公園となっています。また廃藩置県で廃城となった城址を公園とした、鶴岡公園（現山形県、図3･6）、高岡公園（富山県）、高知公園（高知県）などの例もあり、府県の対応によって多様な公園が生まれています。

明治20年（1887）までには全国で80カ所ほどの公園が開設されたとされますが、その土地は単に旧来の名所というよりも、そもそもそこに都市が成立・発展してきた歴史の中での拠り所であった土地であることが少なくありません。たとえば奈良公園（図3･7）は、興福寺や春日大社から若草山にまで及ぶ広大なエリアであり、奈良の街と一体の存在です。あるいは新潟市の白山公園は、白山神社を要に現在の中心繁華街が発展してきた新潟の都市史そのものに関わる土地です。東京の芝公園や上野公園も、江戸市街地の南北を守る広大な寺院の土地であり、東京の都市構造に深く関わっています。また旧藩の城址も同様です。こうしたそれぞれの都市のいわばアイデンティティに関わる土地が、公園を通して近世から近代に継承されていることは、各都市の現在、将来を考える上でも注目されます。

もう１つ、太政官布達で生まれた公園の特徴は、すでに触れた地域経済・土地経営的側面で、公園は収益を上げる存在として想定されていたことです。その代表例が東京の浅草公園です。この公園は戦後に政教分離により廃止され今は存在しませんが、浅草寺とその門前町がそのまま公園となったものに近いものでした。現在の「公園」のイメージからはわかりにくいのですが、いわゆる盛り場が公園に含ま

図 3･4　芝公園（出典：『風俗画報 143』1897 年より）

図 3･5　浜寺公園（1873 年開園）

図 3･6　鶴岡公園（1884 年開園）

図 3･7　奈良公園（1880 年開園）

れていました。ここで商売をするものから得た借地料などが浅草公園の収入となり、それは明治大正期の東京の公園に関わる財政全体を賄っていたといいます。これは一方ですべての公園で収益があるわけではなく、多様であったことも意味します。このような公園やその周辺地域を経営する対象として考える観点は、続く時代からは徐々に弱くなっていき、現代になりまた注目を集めています。

4　都市計画のはじまりと公園 3)～5)

1　市区改正と公園

明治中期から新しい動きが始まります。全国ではなく東京から始められたのですが、後の「都市計画」に相当する「市区改正」として、道路などのインフラストラクチュアの１つとして公園が計画・整備されるようになります。明治初期の公園が、すでに人の集まる場所であったところを公園としたのに対して、この時代からは行政が計画し土地を取得し、新たに公園を整備するということが始められます。

そこには東京をパリのような街にしたいという欧化の思惑も根底にはあったのですが、まだそこにはない公園を新たに造るのですから、公園はなぜ、何のために必要なのかという公園の機能が改めて問われることとなりました。先の太政官布達にも「遊観」などの役割は示されていましたが、なにしろすでにそのように使われていたところを公園にするわけですから、そのことを改めて考える必要もありませんでした。しかし市区改正の議論では、当時公園の専門家というものは存在しない中で、この「遊び」自体がまず問題とされ、日本人の不健康な遊びをやめ、一人ひとりが健康となり国力を上げるような合理的な遊び場として公園が必要であるという、盛り場的公園への批判ともいえる主張がなされました。これを唱えた内務省衛生局長は、「衛生」機能を主眼に公園配置計画などを検討し提案します。

この衛生的観点は、公園を「都市の肺」に例えるものとしてよく知られています。ただしその意味は現代からは少々想像しにくいものです。明治期は世界的にコレラなどによるパンデミックが大きな社会問題となっていましたが、この病因としての有力な学説は、西欧医学でも伝統を持つ、土地に滞る悪い空気（瘴気）によるというものでした。この瘴気は乾いた土地を開くことで逃がせると考えられていたようで、つまり都市の肺とは都市の換気装置ということです。この瘴気論は同時期にコレラ菌が発見され後退していくのですが、土地から汚れた水を排出する下水道の必要性の根拠にもなるなど、日本に限らず、都市のインフラ整備を進めることとなりました。そしてこの衛生的観点から、市街地になるべく均等に公園を配置していく考え方が始まります。公衆衛生では人口当たりの罹患者数などを扱いますが、その発想が一人当たり公園面積といった後の時代の公園計画論にも繋がっていきます。また市区改正では当初、公園の規模を大小二段階に分けて計画していました。検討の中でその区別はなくなりましたが、公園のスケールに応じた配置の体系を考えることもこの時に始まっているといえます。

2 日比谷公園の誕生

明治22年（1889）に49公園が示された市区改正案（図3·8）は財政難のためなかなか実現に至らず、公園では日比谷公園のほかわずかな公園が整備されたことに留まりました。その日比谷公園は、首都を代表する公園として、西欧風のものが期待されたのですが設計案がなかなか決まらず、明治36年（1903）にようやく開園しました。最終的な設計案は、林学者の本多静六がドイツ留学時に手に入れた造園設計図集から何点かの園地の図案を参照し、主要園路で区画したエリアにそれらを割り当てたものでした（図3·9）。このような図面としては西欧風の設計案のもとで、実際の日比谷公園はこれら園地や奏楽堂などが整備されたものの、一方では江戸城の遺構も活用した空間として現れました。

当時は自身も公園の専門家ではなかった本多による日比谷公園の設計は、何もない敷地に一から計画された公園として初期のものといえます。その特徴は、園路によって敷地全体をエリア分けしつつ繋ぎ、各エリアにそれぞれ役割をもった園地を配置したもので、ゾーニングと動線計画という、その後現在までよく行われる公園の計画設計術の走りということができます。

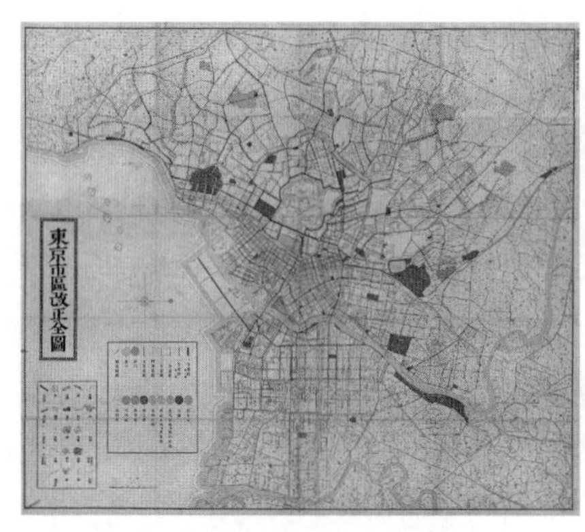

図3·8　東京市区改正全図1890年
（出典：東京都立図書館TOKYOアーカイブ）

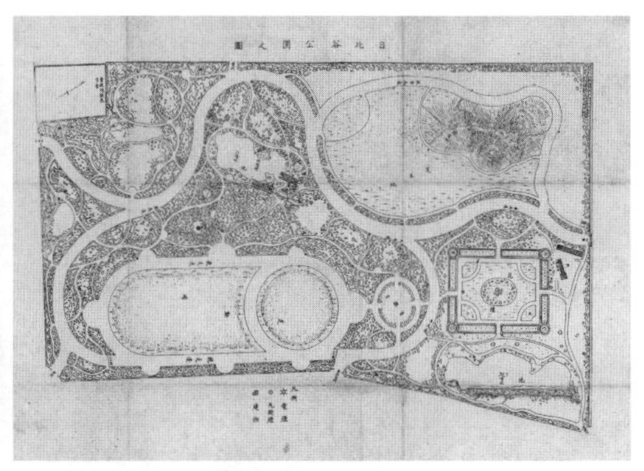

図3·9　日比谷公園之図1903年
（出典：（公財）東京公園協会）

3 大規模イベントと公園

ところで同じころ、都市計画的な文脈とは別に生まれる公園がありました。その代表が博覧会場跡地を公園とした例です。政府は明治10年（1877）以降、内国勧業博覧会を上野公園内で3回開催しましたが、その後第4回を明治28（1895）年に京都で、36年（1903）には大阪で開催し、それぞれその会場跡地が明治37年（1904）に岡崎公園、同42年（1909）に天王寺公園として開園しました。また同年名古屋では地方博覧会の跡地に鶴舞公園が開園しています。このほかに明治22年（1889）には憲法発布式に合わせて東京で皇居の前に宮城前広場（現・皇居外苑）が整備されています。これらに共通するのは、国家級の大きな催事に関わり新たに整備されていることで、後から都市計画に位置付けられはしますが、特別な成り立ちにはじまり現在も重要な公園であるものも少なくありません。

4 都市計画法と震災復興

明治後期からは、東京などで工業化に伴い人口流入が顕著となり、都市の急激な過密・拡大が進みますが、それまでの市区改正はインフラ計画に限られていたためこうした問題に対応できませんでした。そこで市街地の範囲を定め土地の用途に応じた建築規制をするなど、都市の総体的な制御を狙いとした（旧）都市計画法が大正8年（1919）に制定されました。ここで公園は都市計画の「施設」として全国に適用される法的位置付けを得ました。また同時期には公園計画などの理論の導入も進められました。その代表は米国での「パークシステム」概念です。これは公園を道路や水系などでネットワーク化しつつ社会基盤に据えるもので、周辺域の資産価値の上昇を財政に還元する発想も含まれていました。

こうした中で実績としての公園の新設は東京でも限られたものでしたが、大正12年（1923）に発生し東京・横浜に甚大な被害を与えた関東大震災は、結果として都市計画法後も変化の乏しかった都市の大幅改造の契機となりました。復旧を超えた復興が目指され、焼失地域全体の街区を再整備し、広幅員道路や公園の用地を得る土地区画整理の手法で事業が進められました。延焼防止や避難地・仮設住宅用地などの公園の役割が図らずも実証され、ここで「防災」という公園の機能が大きく注目されました。

復興事業は財政難で余儀なく計画が縮小されネットワーク化には至らなかったものの、国による東京・横浜の各3大公園と、東京市による52小公園が昭和6年（1931）までに整備されました（図3･10～12）。それぞれ折下吉延、井下清という行政内の専門家がこれらを統率しました。大公園は川や海に臨む

図3･10　山下公園
（出典：『横浜復興誌』1932より）

図3･11　元町公園
（出典：『帝都復興記念帖』1930より）

図3･12　元町公園

親水性や、工場労働者の多い環境を考慮した運動施設の充実などに特徴のある近代公園でした。小公園は小学校とユニットで配置され、防災拠点を含む地域のコミュニティ中心に位置付けられ、広場を基本に児童の遊び場を併設し、パーゴラや壁泉などの修景施設も導入するなど、デザインにも工夫を凝らした空間が短期間に多数出現しました。さらには公園の使い方について行政から市民への啓発活動も行われ（図3･13）、施設整備に留まらないマネジメントへの意識もみられます。

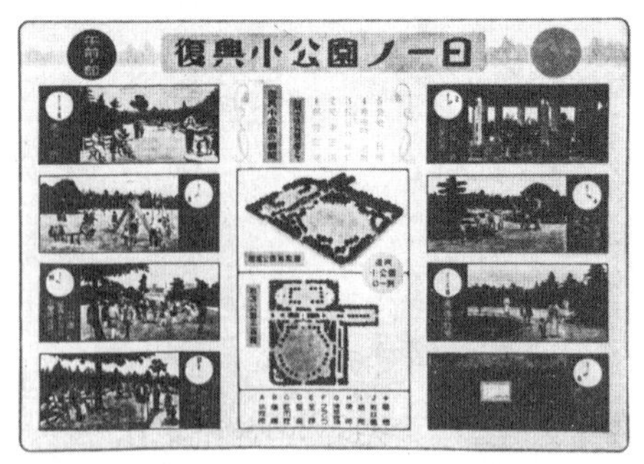

図3･13　復興小公園ノ一日
（出典：『復興事業大観』1930より）

5　公園から緑地へ [3)、6)、7)]

1　風致地区制度

時代が前後しますが、大正8年の都市計画法は、土地利用コントロールのために、「地域制」と呼ばれる、所有権に関わらず一定領域の土地に規制をかけることを可能とする基本的仕組みをもつものでした。その1つとして都市内の一定範囲を定めて開発を抑制し自然や歴史環境を維持する「風致地区」と呼ばれる制度が設けられ、大正末以降、東京（図3･14）、京都などで実際の地域指定が行われたのを皮切りに、昭和初期に地方都市でも指定が進み、昭和15年（1940）までに108都市に及びました。

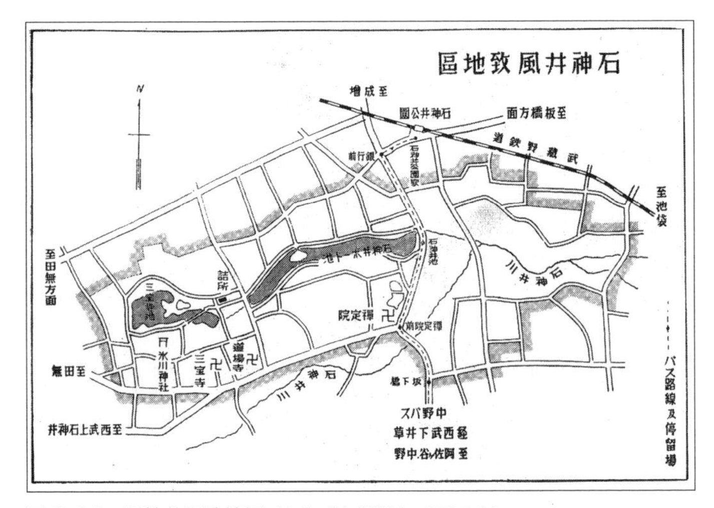

図3･14　石神井風致地区（出典：『皇都勝景』1942より）

2　公園計画理論

また先に触れたように、大正期には都市計画や公園に関する理論が積極的に輸入され国内でも研究が進みつつありました。公園などの価値を「存在価値」と「利用価値」の二つから捉える認識がこのころから始まり

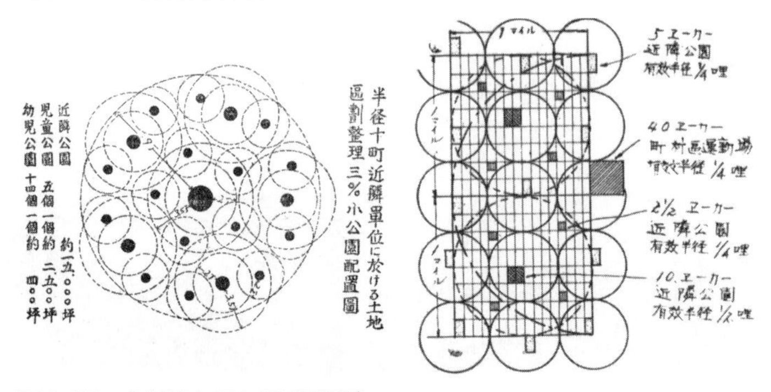

図3･15　北村徳太郎の公園配置論
（出典：左『都市公論』16(6) 1933、右『都市公論』15(12) 1932より）

ます。そして東京では関東大震災の直前には「東京公園計画」として都市計画面積の1割を公園に充て、児童公園、近隣公園、運動公園等の公園の種別を設定しそれぞれ一人当たり面積や誘致距離の目安を定めた、郊外まで含めた体系的な計画が作成されていました。震災によりそのまま実行には至りませんでしたが、昭和2年（1927）には土地区画整理の際に3％の公園地を確保することや、昭和8年（1933）には内務省「公園計画標準」として先の東京での計画の理論化を進めたものが全国に示されました。このころ理論化された公園計画論（図3･15）は現在も基本的には継承されているものです。

3 東京緑地計画

これら風致地区や公園計画論の理論化の中心にいたのが内務省の北村徳太郎です。さらに北村は、昭和7年（1932）に東京市が概ね現在の23区の範囲に拡大される機に、「緑地」を通して大都市とその周辺を含めた地方計画を検討する協議会を立ち上げました。ここで緑地とは、本来の目的が空地で建物に覆われずかつ永続的なものと定義されました。検討は広域に及びますが各地の水系などを読み解いた自然環境に基づいた計画が特徴的です。隣接県内にかけて「景園地」を設け、それらを河川などの水系に沿った「行楽道路」でつなぐ市民の郊外レクリエーション地が計画されました。さらに1924年のアムステルダム国際都市計画会議で注目された、都市の過大化防止の機能が見込まれるグリーンベルト論の影響も受けて、景園地の一部はこの目的を主とする「環状緑地帯」に拡充されました。これに加えて従来の公園を含めた各種の緑地を盛り込んだ「東京緑地計画」が1939年に発表されました（図3･16）。同計画は法に基づくものではありませんでしたが、緑地によって保健休養から都市膨張の制御までを意図した多面的な地方計画と位置付けられます。その実現のために翌年には都市計画法に施設としての緑地が追加され、また戦時下にあって大緑地を「防空緑地」と位置付けることで財源を得ながら一部では用地買収なども進められました。防空緑地は地方都市においても決定、取得が進められました。

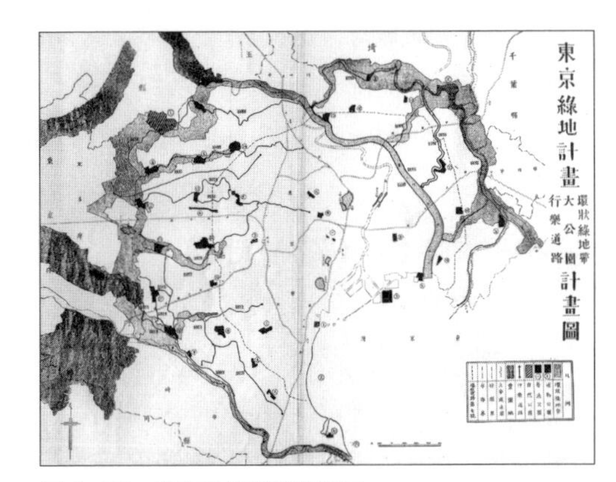

図3･16　東京緑地計画計画図
（出典：『公園緑地』3(2,3) 1939より）

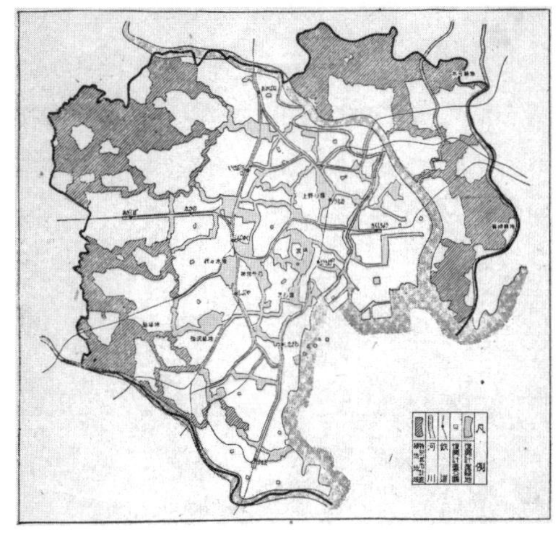
図3･17　東京復興計画緑地及公園図
（出典：『公園緑地』9(1) 1946より）

4 戦災復興計画

戦後の政府による戦災地復興基本方針では、都市の土地利用計画の策定が方向づけられ、公園を系統的に配置し緑地を市街地の1割以上確保することなどが示されました。そして特別都市計画法のもとで戦災都市において防空空地を活かし環状・放射状の緑地を確保する地域制の「緑地地域」制度が生まれ、東京（図3・17）及びいくつかの地方都市で緑地地域が指定されました。しかし厳しい建蔽率の制限もあり違反建築が横行するなか、経済優先の政策や世論にも押されて大幅に解除されていきました。さらに戦前に買収した緑地の多くが、農地解放策のもとで現況農地とみなされ払い下げられました。緑地地域制度はしばらく継続の後、昭和43年（1968）年の新都市計画法の施行に伴い翌年廃止されました。広域の緑地帯は昭和31年（1956）の首都圏整備法でも「近郊地帯」として制度化されましたが実効性が低く、より限定的な保全に留まる「近郊緑地」として昭和41年（1966）首都圏近郊緑地保全法に位置付けられるものの、地方計画手段としての緑地計画論は停滞することなります。

なお戦災地復興基本方針では防災や美観形成の目的も含んだ広幅員道路の整備も示され、東京ではごく断片的にしか実現しませんでしたが、仙台、名古屋、広島などの都市では区画整理とともに都市の軸となるプロムナードが整備されました。

5 都市公園法

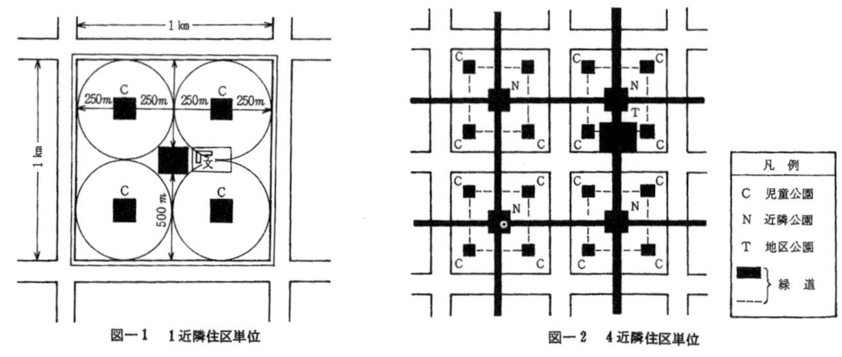

図3・18　住区基幹公園の配置基準（出典：日本公園緑地協会『公園緑地マニュアル』（初版）1979より）

敗戦に伴う政教分離政策により、公園は社寺境内との両立が困難となりました。先の浅草公園もこの際に廃止され、明治以来の「稼げる土地」としての公園の性格は大きく後退しました。また戦後の混乱も関わり、公園が空き地として他の公共施設用地などに使われていく事態にもなりました。このことも関わり、昭和31年（1956）に公園が公園であることを保つための都市公園法が制定されました。そこでは公園にふさわしくない施設の出現を防ぐため、公園に設けられる施設として「修景施設」「休養施設」「遊戯施設」等々の種類が規定され、建築の制限として建蔽率2%などが定められました。あわせて同法施行令では、一人当たり都市公園面積$6m^2$（1993年に$11m^2$）という基準や、米国の近隣住区理論も取り入れながら、戦前から検討されていた児童公園、近隣公園などの公園の種類とその誘致距離による計画体系が示されました（図3・18、2003年に誘致距離は廃止）。同法には公園の定義がないという指摘も良くなされますが、定義よりも仕様を直接示すことで公園とは何かを示したといえます。

6 現代社会と公園緑地[3)、8)、9)]

1 法と計画制度の拡充

戦後復興に続く高度経済成長期における全国的な開発の裏面で、1960年代を中心に公害など環境問題が深刻化しました。そうした中で昭和48年（1973）には、先の「近郊緑地」では地域が限定されていた緑地保全を全国で可能にする都市緑地保全法が定められました。ここでの緑地は、樹林、草地、水辺などが形成する自然環境と位置付けられており、オープンスペースとしての緑地に比べて限定的です。そして新都市計画法で市街化区域／調整区域の制度が始まったこととも関わり、この緑地や公園だけでなく農地や社寺も含むオープンスペースを都市ごとに総合的に計画する「緑のマスタープラン」の策定が、昭和51年（1976）に政府から都道府県に通達されました。さらにこれは平成6年（1994）に都市緑地保全法（現・都市緑地法）の改正により「緑の基本計画」として、法に基づいた確かな計画とするとともに、地域の特性を活かしやすいよう市町村が定めるものへと制度改革がなされています。

またこのようにこの時期は、公園緑地の機能として「環境」が注目されましたが、公園の機能についてはその後時代とともに変化・拡大をみせ、現在では、都市公園法運用指針によれば「レクリエーション」「景観」「環境」「防災」「生物多様性」「交流」など多様なものとして位置付けられています。

2 大規模開発とオープンスペース計画論

こうした計画を、複雑な自然・社会・歴史条件から成り立つ現実の地域に当てはめるのは大変難しいものですが、一方で、戦後の開発の波の中では深刻な住宅不足問題の解消として、住宅団地、さらにその規模の大きなニュータウンの建設が大都市圏で進められました。これは公園緑地にとってはまとまった計画理論を適用できる良い機会ともなり研究が進められました。造園学の田畑貞寿による「グリーンマトリックス」手法がその例です。これは、自然の保全を基本としながら土地利用のシステムと緑地保全のシステムを重ねて最適解を探すことで、多様なオープンスペースの連携からなる緑地を基軸とした新しい都市像を示すもので（図3･19）、実際に港北ニュータウン（横浜市）の開発に応用されました。戦前の東京緑地計画や現在のグリーンインフラの思想とも重なるところもみられます。

3 市民の参加・協働

先の田畑も指摘していましたが、オープンスペースという人々の生活に関わる場所は、単に行政に管理を任せるのではなくそこに市民が関わることが重要であるという認識が、1970年代あたりから高まっ

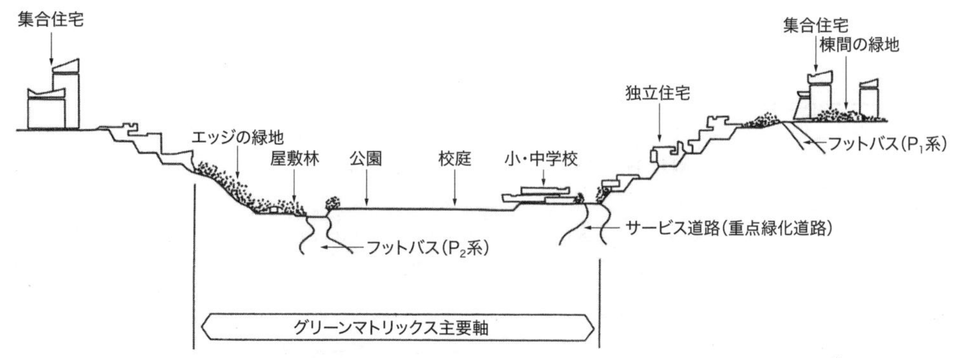

図3･19　グリーンマトリックス概念の一例（出典：田畑貞寿『都市のグリーンマトリックス』1979[8]より）

てきます。東京の世田谷区における冒険遊び場（プレーパーク）などがその早い実践事例です。1990年代になると身近な公園の計画時には大抵の場合ワークショップが開かれるなど、公園緑地の計画などへの市民参加は一般的になります。計画だけでなく、施工や管理に携わる場合もあり、「市民参加」というだけでなく行政との連携を行う「市民協働」という呼び方もされます。

4 管理から経営へ

2000年代あたりからは、公園緑地は管理するものから経営するものという考えに変わってきます。これは社会資本として公園緑地を整備することが量的にはかなり成果を挙げてきたこととも関係しており、新たに造るよりもその「ストック」をどのように活かすかというマネジメントが重視されるようになりました。そこで多様な主体の関与、特に民間の知恵を活かすための制度も様々生まれ、平成15年(2003）には、公園だけではありませんが公共施設の管理を民間事業者が可能とする指定管理者制度が創設されました。また公園内に民間が飲食店などを置くことは従来から可能でしたが、その積極化が進み、さらに平成29年(2017)には公募のもとで民間事業者の収益増と公園の魅力向上の相乗効果を狙うPark-PFI制度が都市公園法の改正で始められました。これらの官民連携・公民連携を通し、公園が単独で賑わうだけでなく、地域全体の活性化につながるエリアマネジメントの核になることも期待されています。このような経営への志向は、明治初期の公園誕生期と重なる部分もあるといえます。

■ 演習問題3 ■　あなたの住んでいる街や地域、あるいはなじみや興味のある街や地域の中で、その地域の自然や歴史と関わりの深そうな公園をインターネット等で調べてください。そして以下の点を調べ、その地域の公園の特徴を考察してください。

(1) 地形や水系など自然環境と立地の関係
(2) 地域の歴史など社会環境と公園の土地との関係（公園になる以前から）
(3) その公園が開設された経緯と公園における現在までのできごと
(4) それ以外の周囲の公園の種類や規模、配置等

参考文献

1) 網野善彦『無縁・公界・楽――日本中世の自由と平和』平凡社、1978（1987増補）
2) 平松紘『イギリス緑の庶民物語』明石書店、1999
3) 小野良平「公園・広場」『ビルディングタイプ学入門』誠文堂新光社、2020、pp.212-234
4) 小野良平「太政官布達と公園の未来」『公園緑地』83（4)、吉川弘文館、2023、pp.19-22
5) 小野良平『公園の誕生』吉川弘文館、2003
6) 石川幹子『都市と緑地』岩波書店、2001
7) 真田純子『都市の緑はどうあるべきか――東京緑地計画の考察から』技報堂出版、2007
8) 田畑貞寿『都市のグリーンマトリックス』鹿島出版会、1979
9) 国土交通省都市局「都市公園法運用指針（第4版)」2018年3月

4章
都市計画と公園緑地

1 都市を計画するとは？

都市計画とは都市を計画することです。では都市とは一体何でしょうか。マックス・ウェーバーは『都市の類型学』[1] の冒頭で、「すべての都市に共通していることは、ただ次の一事にすぎない」として、「一つの（少なくとも相対的に）まとまった定住— 一つの「聚落」—であり、一つまたは数ケの散在的住居ではないということのみである」と述べています。この定義は、「都市」の本質を表しています。都市とは、一定の範囲の中に存在する政治や経済、文化の中核的役割を担う人口が集中した地域を意味します。そこでは、どれだけの人が集まれば都市と呼ぶのか、中核的役割とはどの程度の役割かについては曖昧にされています。実際の都市計画においては人口密度を使って都市と考えられる場所を区切ることもありますが、都市とは本来曖昧な概念であることは留意すべき点です。

都市計画を構成するもう一つの言葉、計画とは何でしょうか。何かを行うにあたって、方法や順番を考えて企てることを意味しているといえます。これも極めて曖昧な表現です。日本における都市計画の発展に多大な影響を与えた井上孝（1917 ～ 2001）はもっとわかりやすく説明しています[2]。「“計画する”ということは、これは未来に関することでございます。われわれの日常生活に常につきまとっている生活そのものであるといってもいいかと思います。われわれは一歩踏み出すのにも何か意図をもって足を踏み出す。その一歩を踏み出す足がすなわち計画である」と述べています。踏み出す一歩には大きな一歩も小さな一歩もあります。そのどれもが計画と呼べるものです。本章では都市計画について解説していきますが、捉えどころのない都市について、大きな一歩も小さな一歩も含めて踏み出そうという行為のことを議論しているのだと思って読んでください。

もう1つ、最初に考えておくべき重要な点があります。都市計画とは都市をより良い方向に改善していくために踏み出す一歩一歩のことです。では何をもって良いと考えるのでしょうか。都市には様々な問題、課題があります。かつての日本の都市がそうであったように、衛生上の問題を有していることもありますし、大都市の至るところで見られる交通渋滞も都市の大きな課題といえます。これらのマイナスの面を少なくしていくことは、都市をより良くしているといえます。しかしそれだけで十分でしょう

図 4･1　読者の皆さんの都市のイメージはどのようなものでしょうか

か。課題や問題が少ないだけでは魅力的な都市にはなりません。歴史性や文化的特徴を有していることも魅力につながりますし、都市での経済活動が活発化することも広く求められることです。災害に対しては安心安全であることが求められますし、犯罪を少なくすることも同様です。また今日では気候変動といった地球環境問題に対して負荷を出さない持続可能な都市が求められています。「より良い」という評価の基準はこれらの点を全て含む、複合的なものです。以下ではこれからの都市はどうあるべきなのかを考えつつ、これまでの都市計画では何を「より良い」と考えて、改善の方策を講じてきたのかを読み取ってもらえればと思います。ところで読者の皆さんの都市のイメージはどのようなものでしょうか(図4･1)。

2 都市計画制度のフレーム

1 国土利用計画

前節では、人々の生活が営まれている都市の範囲は曖昧であるとしましたが、実際の都市計画では都市の範囲が設定されています。わが国の国土は、国土利用計画法に基づく土地利用基本計画により、都市地域、農業地域、森林地域、自然公園地域、自然保全地域の5つの区分が設定されています（図4･2)。この5つの地域区分は、都市地域と農業地域などの重複することがあることに注意が必要です。このうち都市地域は、都市計画法に基づく都市計画区域として指定されている地域に相当します。本章では、主に都市計画区域における公園緑地について解説します。農業地域は、農用地として利用すべき土地があり、総合的に農業の振興を図る必要がある地域です。自然公園地域は、優れた自然の風景地で、その保護および利用の増進を図る必要がある地域であり、10章で扱います。

各地域は、都市計画法、農業振興地域の整備に関する法律、森林法、自然公園法、自然環境保全法というそれぞれの個別法にもとづいて管理運営し、それによって総合的･計画的な都道府県土の利用を図っています。つまり日本では個別の規制法に基づく計画制度を組み合わせて対応することになっています。そのため制度間の調整が不可欠な仕組みとなっています。特に都市地域と農業地域の重複の調整が重要になります。

2 都市計画のレイヤー構造

都市計画に関わる中心的な法律は都市計画法です。図4･3は、都市計画法に基づく主な制度の構成を示したイメージ図です。都市計画区域における区域区分、地域地区、都市施設・市街地開発事業、地区計画のレイヤーが積み重なって、都市全体の計画の見取り図が構成されています。

都市計画制度の適用範囲は、公共の観点からその必要性が明確な区域に限定されるべきとされています。そこで都市計画法では最初に「都市計画区域」を指定することとされています。都市計画区域は都市計画の法律制度を適用する地理的な範囲を指します。日本の都市計画区域の指定面積は国土面積の概ね4分の1に相当します。人口割合で見ると、日本国民の約93%が都市計画区域の内側で生活しています。

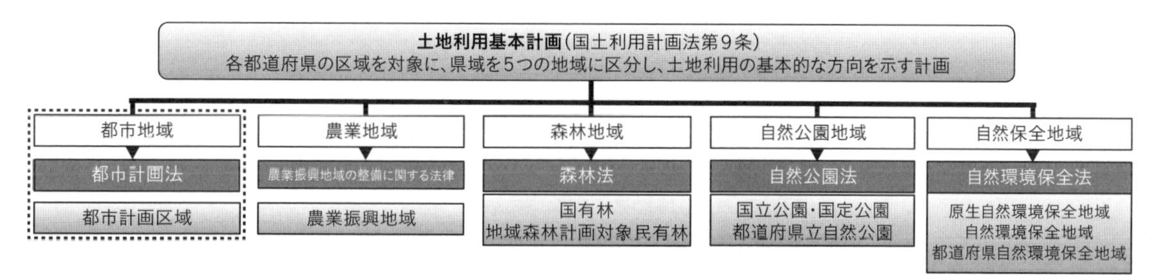

図 4･2　土地利用基本計画（出典：都市計画法制（国土交通省都市局都市計画課、2024.3）より一部改変）

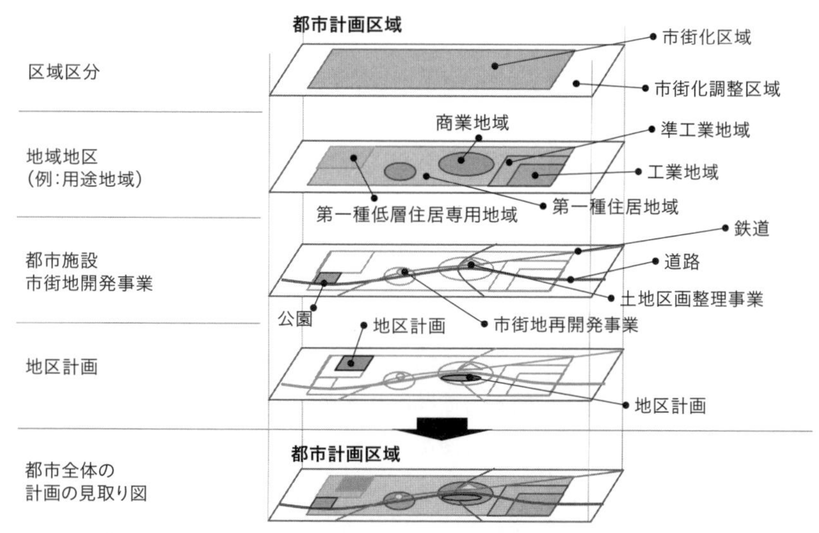

図 4･3　都市計画のレイヤー構造（出典:国土交通省都市局都市計画課「都市計画法制」2024 年 3 月）

都市計画区域については、都道府県等（策定区域が指定都市の区域内に限られる場合は指定都市）が、都市計画区域マスタープラン（都市計画区域の整備、開発及び保全の方針）を作成し、都市計画区域ごとに都市計画の基本的な方向性を示すことになっています。個々の都市計画（地域地区、都市施設等）は、当該方針に即したものでなければなりません。具体に定める事項として、①都市計画の目標、②区域区分（市街化区域と市街化調整区域の線引き）の決定の有無及び区域区分を定めるときはその方針、③土地利用、都市施設の整備及び市街地開発事業に関する主要な都市計画の決定の方針が挙げられます。さらに市町村は、市町村マスタープラン（市町村の都市計画に関する基本的な方針）を作成し、住民の意見を反映しつつ、まちづくりのビジョン（方針）を明らかにします。そこでは市町村のまちづくりの基本方針、地区ごとの整備・開発・保全に関する目標、課題及び方針、土地利用、公共施設の整備及び市街地開発事業に関する都市計画の方針などが定められます。

3 区域区分

都市計画のレイヤー構造の１番上の区域区分（または線引きと呼びます）は、都市計画区域を市街化区域と市街化調整区域の２つの区域に分けることであり、都市計画の基本になっています（図 4･4）。市街化区域は、すでに市街地を形成している区域および概ね 10 年以内に優先的かつ計画的に都市施設の整

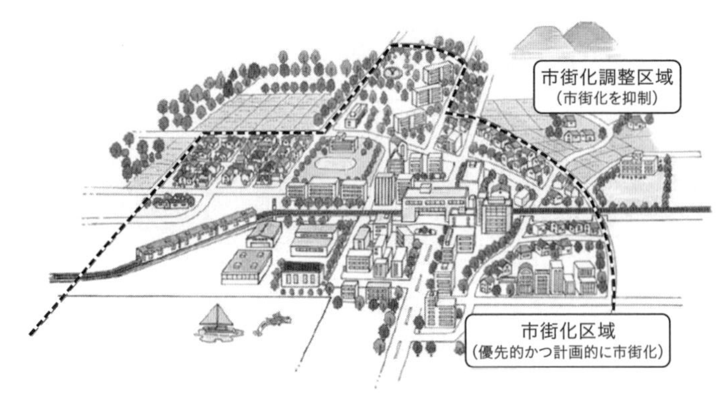

図4･4　区域区分（線引き）のイメージ（出典：国土交通省都市局都市計画課「土地利用計画制度」2024年3月）

備と市街地開発事業を推進し、市街化を図るべき区域とされています。市街化区域は、国土面積のわずか3.8%に過ぎませんが、日本の人口の約3分の2がその内側で暮らしています。

一方、市街化調整区域は乱開発防止のため、当分の間は市街化を抑制すべき区域であり、農地や森林が優占する場所です。区域区分制度は、都市の無秩序な拡大を抑制する必要性から創設されました。宅地開発は制限せずに放置しておくと市街地の外側に虫食い状に拡散していきます。しかし、適切な生活を実現するためには、道路、公園、上下水道、学校などの公共施設が必要となります。無秩序に拡大した都市域にこれらを整備していくことは効率的ではありません。そのため、重点的に整備を行う範囲を区域区分によって定めています。市街化調整区域を設定し、開発を制限することによってスプロールを防止するとともに、反対に市街化区域内においては、用途地域を指定して秩序ある市街地を形成し、都市インフラの整備を優先的に行い、公共投資の効率性を確保することを目指しています。

農業振興地域の整備に関する法律は、農業の健全な発展を図ることを目的とする法律です。農業地域において農業振興地域を指定した上で、農業振興地域整備計画を策定し、その中で農用地区域の設定を行います。農用地区域においては、農用地、農業用施設等の用途の指定を行っており、農用地区域内の開発行為は制限されています。都市計画区域のうち市街化区域は農業振興地域に指定されません。用途指定がある非線引都市計画区域も同様です。一方、市街化調整区域や用途指定のない非線引区域では農業的利用が主となることから、都市計画区域と農業振興地域が重複しています。これら重複地域のうち、都市近郊の農業集落では虫食い的な農地転用が進み、農業以外の産業や農家以外の居住者が混在しやすくなっています。

4　地域地区と用途地域

区域区分のもとに土地利用に関する計画と規制が課されますが、その中心となる手法が、都市計画のレイヤー構造の上から2番目の地域地区制度です。地域地区とは、用途の適正な配分、都市再生の拠点整備、良好な景観の形成等を実現するために設定する地域または地区のことです（表4･1）。

地域地区のうち代表的なものが用途地域です。用途地域には、計13の区分があります（図4･5）。用途地域が指定されると、住宅、店舗、飲食店、学校、病院、劇場、工場等など建築物の用途により立地が制限されます。また、容積率、建ぺい率などの建築物の形態についての規制も受けます。

表 4･1　地域地区の種類

類型	地域地区
用途	用途地域、特別用途地区、特定用途制限地域、特定用途誘導地区、居住環境向上用途誘導地区、居住調整地域
防火	防火地域、準防火地域、特定防災街区整備地区
形態	高度地区、特定街区、高度利用地区、高層住居誘導地区、特例容積率適用地区、都市再生特別地区
景観	景観地区、伝統的建造物群保存地区、風致地区、歴史的風土特別保存地区、第一種歴史的風土保存地区、第二種歴史的風土保存地区
緑	緑地保全地域、特別緑地保全地区、緑化地域、生産緑地地区
特定機能	駐車場整備地区、臨港地区、流通業務地区、航空機騒音障害防止地区、航空機騒音障害防止特別地区

図 4･5　用途地域のイメージ（出典：国土交通省都市局都市計画課「土地利用計画制度」2024 年 3 月）

5 緑地の保全に関する規制

地域地区には用途地域のように建築物の設計に対する規制と、緑地の保全を目的とする規制の2種類があります。緑地の保全に関する規制には、緑地保全地域、特別緑地保全地区、緑化地域、生産緑地地区があります。特別緑地保全地区は、豊かな緑を未来へ継承するために、都市において良好な自然的環境を形成している緑地を指定するものです。税金の優遇等により樹林地を所有する負担を軽減することができる一方、建築行為や木竹の伐採など緑を守るために支障となる行為には強い制限がかかります。

生産緑地地区は農地所有者の申請に基づき、市街化区域内で農業を30年間継続して営むことを受け入れた土地に指定する地域地区です（図4･6）。指定されると土地にかかる税金が大幅に減額されます。生産緑地の指定後30年が経過した場合、または主たる従事者の死亡等により営農継続が困難となった場合は、市町村に買い取り申し出を行うことができます。市町村が買い取りを行わない場合は、農地を開発することができるようになります。実際には市町村による買い取りはほとんど行われておらず、農地所有者はその後に開発を行っています。2022年には指定から30年を迎え、指定解除が多く出て、開発が増えることが懸念されました。そこで、2016年に閣議決定された都市農業振興基本法に基づき、都市農業振興基本計画において、都市農地の位置付けがこれまでの「宅地化すべきもの」から「都市にあるべきもの」へと大きく転換されました。さらに都市農地の保全・活用を図るため、2017年に生産緑地法の一部が改正されました。指定から30年を経過する生産緑地地区については、30年経過後も安定した営農環境を築けるよう、特定生産緑地の指定を受けることによりこれまでと同じ税制措置が適用され、10年ごとに更新できることになりました。

図4･6　生産緑地の例
（出典：国土交通省都市局都市計画課「都市の緑化」2024年4月）

6 開発許可制度

都市計画区域での開発行為（建築物の建築等の用に供する目的で行なう土地の区画形質の変更）には、原則として都道府県知事等の許可が必要となります。これを開発許可制度と言います。

市街化調整区域では厳しい規制が課されています。開発行為については前述の技術基準に加えて立地基準が定められています。しかしこの立地基準は解釈の余地が大きく、許可権者である地方公共団体の姿勢によって施設の立地が許可されるようになっています。特に、2000年の都市計画法の改正で設けられた都市計画法34条11号により、開発許可の事務処理権限を持つ自治体が、地域の実情に合った市街化調整区域における開発許可の立地基準について条例（3411条例）で定めることができることになりました。すでに相当程度の公共施設が整備されていて、近接する市街化区域の公共施設の利用が可能であり、開発行為を許容しても積極的な公共投資を要しない場合は、条例により開発ができることになりました。市街化調整区域は市街化を抑制すべき区域ですが、多くの自治体において条例による立地基準化が進みました。しかし下水道などのインフラが十分に整備されていない地区での緩和により、周辺農地に環境上の悪影響が発生している事例も多く報告されています。

3 都市施設としての公園緑地

1 都市施設

都市計画のレイヤー構造の上から３番目のレイヤーは都市施設と市街地整備事業の２つがあります。都市施設は、交通のための道路、休養や健康維持のための公園、汚水処理のための下水道などであり、目的別整備といわれています。これに対し、一定の区域内の道路、公園、下水道等を総合的に整備する事業を市街地整備事業（面整備）といい、次節で解説します。

都市施設は、都市での生活や生産活動を繰り広げる上で、市民の皆さんが共同で利用する根幹的な施設のことです。これらは都市の骨格を形成しており、都市計画では、将来のまちづくりを考えて、このような都市施設の位置、規模、構造などを定め、計画的に整備しています（表4･2）。都市施設は、都市計画図に示されています。本書に関係の深い都市施設は、都市公園であり、図4･7のように都市計画図に都市計画決定された範囲が示されています。また、都市計画道路には街路樹が整備されます。

表 4･2　都市施設の種類

交通施設	都市計画道路、都市高速鉄道、都市計画駐車場
公園・緑地などの公共空地	都市公園・緑地、都市計画墓園
その他の都市施設	下水道、ごみ焼却場、汚物処理場、火葬場

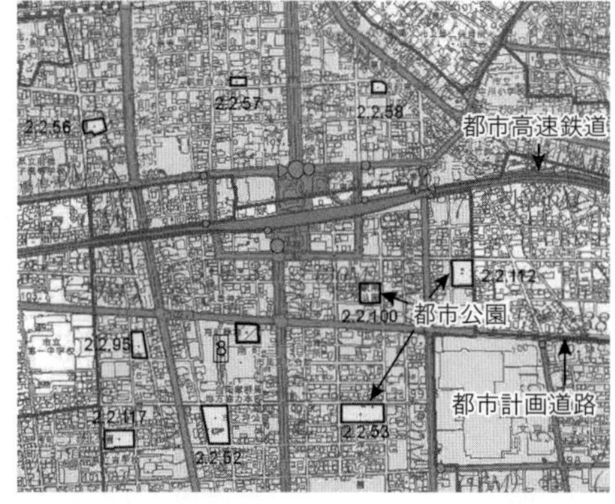

図 4･7　都市計画図に示された都市施設（前橋市の例）　数字は都市公園の番号

2 都市公園の位置づけ

都市計画制度による都市公園を、広い意味の「公園」に位置づけると図4･8のようになります。公園は、営造物公園と地域制公園に分けられます。営造物公園は、「国または地方公共団体が一定区域内の土地の権原を取得し、目的に応じた公園の形態を創り出し一般に公開する営造物」とされ、都市公園としては国営公園、地方自治体の都市公園が該当します。地域制公園は、「国または地方公共団体一定区域内の土地の権原に関係なく、その区域を公園として指定し土地の利用の制限や一定の行為の規制等によって自然景観を保全することを主な目的とするもの」とされ、国立公園、国定公園、都道府県立自然公園が該当します。地域制公園については、10章で解説します。

3 都市公園の種類

都市公園は、徒歩圏内における居住者の利用を想定した身近な公園である住区基幹公園と、市町村区域における全ての居住者の利用を想定した都市基幹公園、１つの市町村を超えて広域圏の利用を想定した大規模公園、

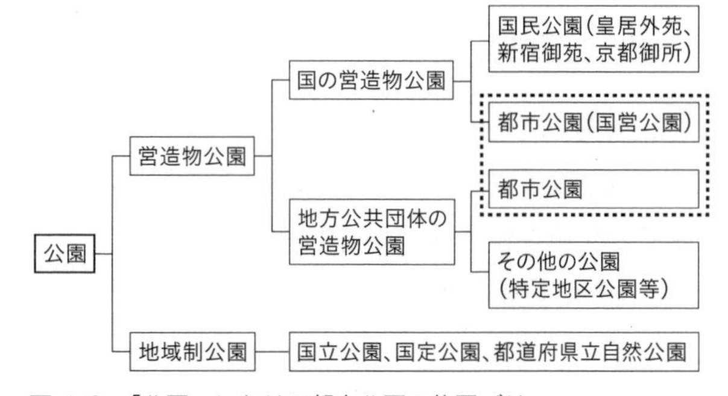

図 4･8　「公園」における都市公園の位置づけ

表 4･3　主な都市公園の種類

種類	種別	内　　容
住区基幹公園	街区公園	主として街区内に居住する者の利用に供することを目的とする公園で 1 箇所当たり面積 0.25 ha を標準として配置する。
	近隣公園	主として近隣に居住する者の利用に供することを目的とする公園で 1 箇所当たり面積 2ha を標準として配置する。
	地区公園	主として徒歩圏内に居住する者の利用に供することを目的とする公園で 1 箇所当たり面積 4ha を標準として配置する。
	特定地区公園	都市計画区域外の一定の町村における農山漁村の生活環境の改善を目的とする特定地区公園（カントリーパーク）は、面積 4ha 以上を標準として配置する。
都市基幹公園	総合公園	都市住民全般の休息、観賞、散歩、遊戯、運動等総合的な利用に供することを目的とする公園で都市規模に応じ 1 箇所当たり面積 10 ～ 50ha を標準として配置する。
	運動公園	都市住民全般の主として運動の用に供することを目的とする公園で都市規模に応じ 1 箇所当たり面積 15 ～ 75ha を標準として配置する。
大規模公園	広域公園	主として一の市町村の区域を超える広域のレクリエーション需要を充足することを目的とする公園で、地方生活圏等広域的なブロック単位ごとに 1 箇所当たり面積 50ha 以上を標準として配置する。
	レクリエーション都市	大都市その他の都市圏域から発生する多様かつ選択性に富んだ広域レクリエーション需要を充足することを目的とし、総合的な都市計画に基づき、自然環境の良好な地域を主体に、大規模な公園を核として各種のレクリエーション施設が配置される一団の地域であり、大都市圏その他の都市圏域から容易に到達可能な場所に、全体規模 1,000ha を標準として配置する。
国営公園		一の都府県の区域を超えるような広域的な利用に供することを目的として国が設置する大規模な公園にあっては、1 箇所当たり面積概ね 300ha 以上として配置する。国家的な記念事業等として設置するものにあっては、その設置目的にふさわしい内容を有するように配置する。
緩衝緑地等	特殊公園	風致公園、墓園等の特殊な公園で、その目的に則し配置する。
	緩衝緑地	大気汚染、騒音、振動、悪臭等の公害防止、緩和若しくはコンビナート地帯等の災害の防止を図ることを目的とする緑地で、公害、災害発生源地域と住居地域、商業地域等とを分離遮断することが必要な位置について公害、災害の状況に応じ配置する。
	都市緑地	主として都市の自然的環境の保全並びに改善、都市の景観の向上を図るために設けられている緑地であり、1 箇所当たり面積 0.1ha 以上を標準として配置する。但し、既成市街地等において良好な樹林地等がある場合あるいは植樹により都市に緑を増加又は回復させ都市環境の改善を図るために緑地を設ける場合にあってはその規模を 0.05ha 以上とする。（都市計画決定を行わずに借地により整備し都市公園として配置するものを含む）
	都市林	主として動植物の生息地又は生育地である樹林地等の保護を目的とする都市公園であり、都市の良好な自然的環境を形成することを目的として配置する。
	広場公園	主として市街地の中心部における休息又は観賞の用に供することを目的として配置する。
	緑道	災害時における避難路の確保、都市生活の安全性及び快適性の確保等を図ることを目的として、近隣住区又は近隣住区相互を連絡するように設けられる植樹帯及び歩行者路又は自転車路を主体とする緑地

（出典：日本公園緑地協会「公園緑地マニュアル」令和 5 年度版）

国営公園に区分されます（表 4･3）。住区基幹公園には、街区公園、近隣公園、地区公園、特定地区公園といった種別の公園、都市基幹公園には、総合公園と運動公園といった種別の公園があります。また、緩衝緑地等があり、公園とあわせ都市に対し効用を与えています。

4 都市公園の配置パターン

都市公園の設置にあたっては、その機能が十分に発揮されるよう、都市公園の体系を考慮して適切な規模を適切な位置に系統的・合理的に配置する必要があります。そのため、都市公園の配置および規模の基準が定められています（図 4･9）。

住区とは、幹線道路に囲まれた概ね 1km 四方、人口約 1 万人の住宅市街地であり、概ね小学校区に相当します。1 住区には街区公園を 4 つ（標準面積 0.25ha、誘致距離 250m）、近隣公園を 1 つ（標準面積 2ha、誘致距離 500m）を配置することを基準としています。4 住区のまとまりには地区公園（標準面積

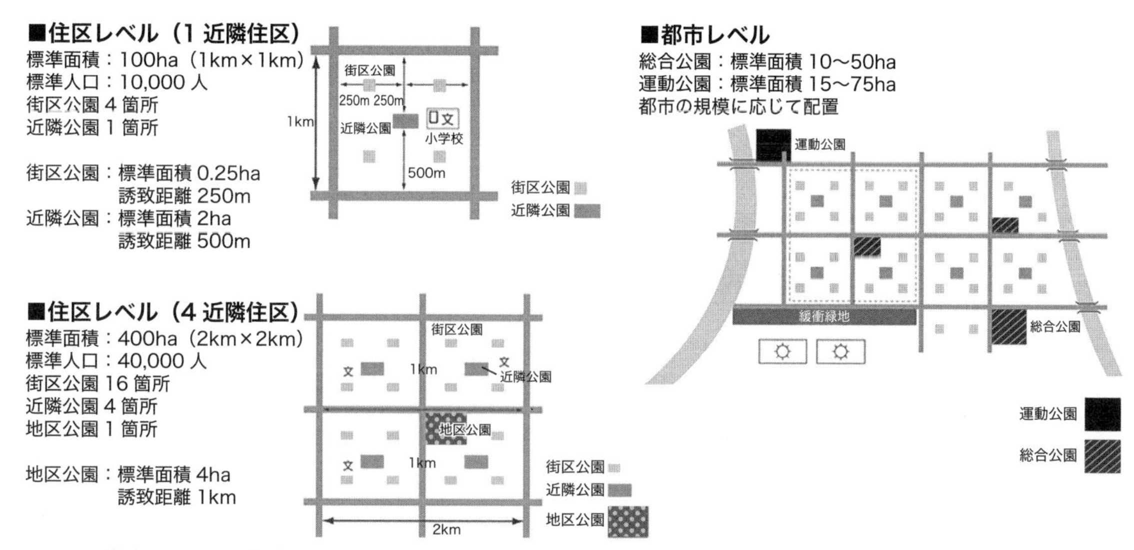

図 4･9　都市公園の配置基準（出典：日本公園緑地協会「公園緑地マニュアル」令和 5 年度版）

4ha、誘致距離 1km）を配置し、都市全体を対象に総合公園（標準面積 10 ～ 50ha）、運動公園（標準面積 15 ～ 75ha）を配置します。

これにより、住区内の小学生は、幹線道路を渡らずに自宅から学校に登校し、帰宅したら街区公園や地区公園に遊びに行くことができます。高学年にもなれば、友だちと徒歩や自転車で大きな地区公園に行くことができます。週末には、家族で総合公園や運動公園に行くことでしょう。

4　市街地整備事業・地区計画による公園緑地の確保

1　市街地整備事業による公園緑地の確保

都市計画のレイヤー構造の上から 3 番目の 1 つが市街地整備事業であり、一定の区域内の道路、公園、下水道等を総合的に整備する事業です。市街地整備事業は、土地区画整理事業、市街地再開発事業、新住宅市街地開発事業等があります。

最も実施数の多い土地区画整理事業は、整備が必要とされる市街地において区画を整えて宅地の整備を行う事業です（図 4･10）。その際に、対象地区内の土地所有者から土地の一部を提供してもらい、道路や公園などの公共施

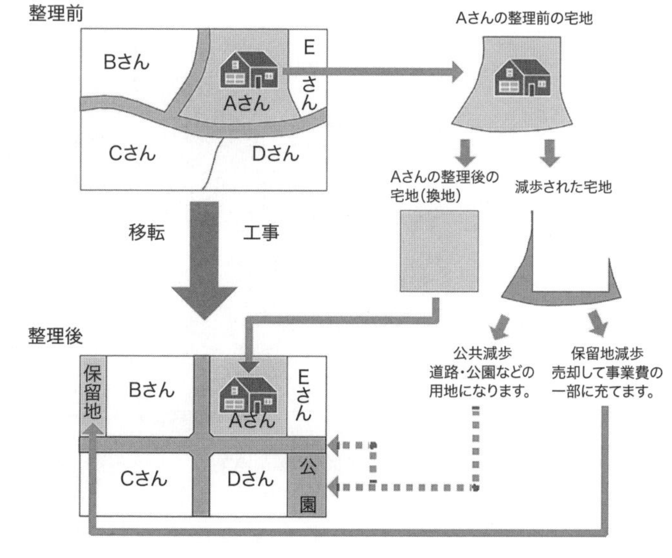

図 4･10　土地区画整理事業（出典：国土交通省資料）

設用地に充てます。公共施設が整備されることにより、土地の利用価値を高め、健全な市街地を創出します。安全で効率的な道路環境、上下水道やガスなどの供給施設などが一体的に整備され、道路に面して形状が整った宅地が創出されます。土地区画整理事業の過程で公園も作り出すことができます。そのため今日の都市緑地計画において、土地区画整理事業は重要な手法となっています。

2 地区計画による公園緑地の確保

都市計画のレイヤー構造の上から4番目の地区計画は、地区の特性に応じて良好な都市環境の形成を図ることを目的として、「地区レベルの都市計画」を策定することができ、都市計画に位置づけることができます（図4・11）。地区計画で定められるルールとして、①地区施設（生活道路、小公園、広場など）の配置、②建物の建て方や街並みのルール（用途、容積率、建蔽率、最低敷地面積、最低建築面積、壁面の位置の制限、高さ、形態・意匠、緑化率など）、③保全すべき樹林地、④農地の開発規制があります。地区内の緑地についても緑化率の規定を設けたり、樹林地や農地の保全を細やかに規定することができたりするなど、地区の住民の合意によって作っていくことができることから、望ましい緑地の形成において大きな役割を担うものと期待できます。

5 公園緑地に関する計画

1 コンパクトシティと立地適正化計画

わが国では、人口減少・高齢化の急速な進行に起因する様々な課題が顕在化し、都市政策は郊外部の開発圧力の規制的手法によるコントロールを背景に、拡散した市街地を集約し都市の持続性を確保する

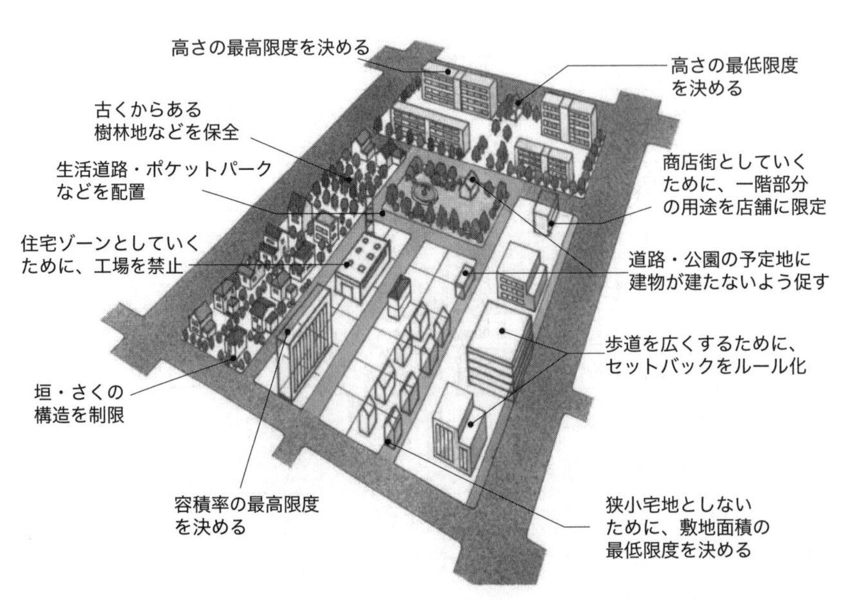

図4・11 地区計画のイメージ（出典：国土交通省都市局都市計画課「土地利用計画制度」2024年3月）

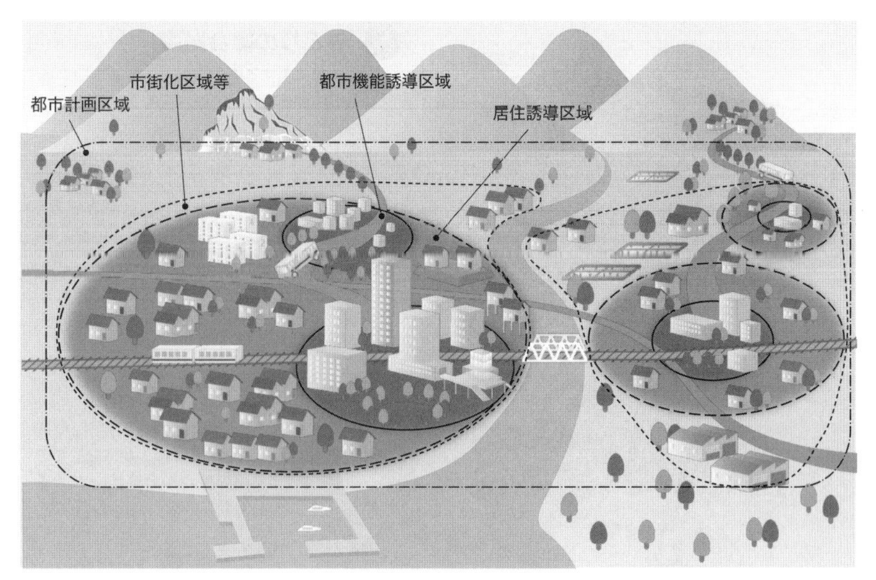

図 4･12　立地適正化計画のイメージ（出典：国土交通省都市局都市計画課「立地適正化計画制度」2024 年 3 月）

コンパクトシティの本格的展開に大きく転換しています。コンパクトシティ化により、生活利便性の維持・向上、地域経済の活性化、行政コストの削減、地球環境への負荷の低減、居住地の安全性の効果があるとされています。コンパクトシティにおいては、鉄道やバスの公共交通軸上に市街地を集約化し、拠点間をネットワーク化することが重要であり、コンパクト・プラス・ネットワークが目指すべき都市の姿とされています。これを実現する行政計画として「立地適正化計画」と「地域公共交通計画」を自治体が策定することが求められています。

立地適正化計画は、市町村マスタープランを踏まえながら、都市計画区域が指定されている市町村において、市街化区域に居住誘導区域と都市機能誘導区域を定め、コンパクトなまちづくりを推進する計画です（図 4･12）。居住誘導区域は、人口減少の中にあっても一定エリアにおいて人口密度を維持することにより、生活サービスやコミュニティが持続的に確保されるよう、居住を誘導する区域です。都市機能誘導区域は、医療・福祉・商業等の都市機能を都市の中心拠点や生活拠点に誘導することにより、各種サービスの効率的な提供を図る区域です。近年の激甚化する自然災害に対応し、災害リスクを踏まえて居住誘導区域、都市機能誘導区域を設定し、区域内に浸水想定区域等の災害ハザードエリアが残存する場合には適切な防災・減災対策を「防災指針」として位置付けることが必要とされています。

立地適正化計画により設定される都市機能誘導区域内、居住誘導区域内において、防災機能を担う公園緑地を整備する必要があります。また、居住誘導区域外の市街化区域においては人口減少、空家・空地の増加が想定されるため、公園緑地のあり方について十分な議論が望まれます。

2 市町村「緑の基本計画」・都道府県「広域緑地計画」

「緑の基本計画」は、市町村が、緑地の保全や緑化の推進に関して、その将来像、目標、施策などを定める基本計画です。これにより、緑地の保全及び緑化の推進を総合的、計画的に実施することができま

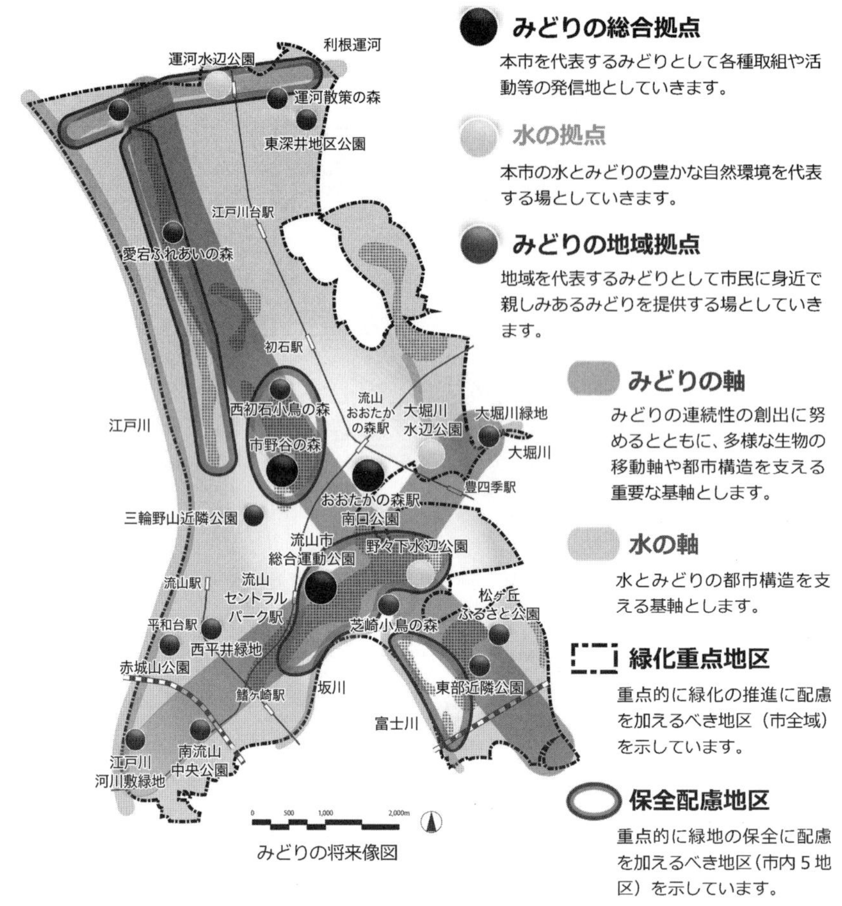

図 4･13　「流山市みどりの基本計画（2020 年３月）」の将来像

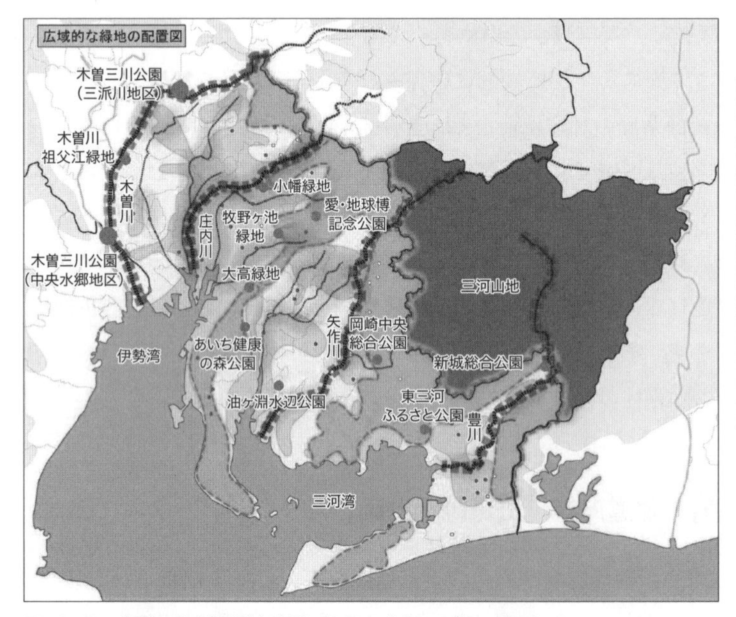

凡　例	
県境	
都市計画区域	
市町村界	
市街地	
県土を形成する骨格緑地	大規模な樹林地
	里山
	大河川
広域的な緑の拠点	国営公園
	広域公園
	都市基幹公園
	その他の都市公園
水と緑のネットワークを形成する緑地	里山ゾーン
	大河川のネットワーク
	農地
	主要な河川
	市街地内の水と緑のネットワーク

S=1/400,000
0　5　10　15　20km

図 4･14　「愛知県広域緑地計画（2019 年）」の緑の配置

す。市町村マスタープラン等との整合を図り、公聴会の開催などにより、住民の意見を反映するよう努めることとされています。図 4･13 の流山市みどりの基本計画では、緑の総合拠点、水の拠点、緑の地域拠点を、みどりの軸、水の軸でつなぐ将来像が示されています。

1つの市町村の範囲を超えた広域の見地から、都道府県が地域の実情に応じて「広域緑地計画」を策定することが推奨されています。都道府県が都市計画区域全域を対象として市町村の範囲を超えた広域的観点から配置されるべき緑地等の確保目標水準、配置計画等を明らかにする計画です。国が定める「緑の基本方針」を踏まえて計画することになっています。図 4･14 の愛知県広域緑地計画では、県土の骨格を形成する緑地や広域的な緑の拠点等を保全し、活用する必要性を示しています。

計画事例　品川駅・田町駅周辺における環境配慮型都市開発の誘導

①計画の背景

東京の品川駅が本格的な国際化が進む羽田空港に直結していることや、リニア中央新幹線の始発駅となることから、品川駅・田町駅周辺地域はエリア発展のポテンシャルが高まっています。それを受けて様々な開発が計画され始めています。当該エリアでは 2014 年に「品川駅・田町駅周辺まちづくりガイドライン 2014」が策定されていましたが、それ以降、新たな事業構想が次々に示されるなど、地域を取り巻く状況が変化しています。このような状況を踏まえ、新たなガイドラインの検討が続けられ、「品川駅・田町駅周辺まちづくりガイドライン 2020」が 2020 年に公表されました。そこでは当初から「世界に向けた次世代型の環境都市づくりを実現するまち」が掲げられたことから、環境配慮型都市開発の誘導が目指されました。

②問題・課題

2014 年のガイドラインにおいても環境配慮は重要視され、特に風の道への配慮については詳細に検討されました。気流シミュレーションの結果、本地域では、概ね地上 50m 超で一定の流れを形成していることが確認できたことから、今後建築される建築物を高さ 50m 以下に制限・抑制することが基本方針として示されました。しかし、その後の品川駅周辺のポテンシャルの高まりから、高さ 50m の制限について再考が求められるようになり、柔軟な対応をする必要性が生じました。

③計画策定の経緯

ガイドラインの改定に際して、東京都と専門家、開発事業者が検討を重ねた結果、地上での暑熱環境緩和を中心に、地区の価値向上と利用者の快適性向上に貢献することと、風の道への配慮のバランスを図ることで柔軟な対応を行うこととし、公民協働により環境に配慮したまちづくりの実現を目指すことになりました。そこでは、50m 上空における風を想定して、開発後の評価風速（4.0m/s）の発生比率を 50% 以上確保することを要件としつつも、発生比率が 50% 未満であっても 40% 以上であれば、開発事業者が提示する環境配慮対策の内容によっては開発を認めることとされました。しかし、専門家から、緑を増やすだけでは暑熱環境緩和には役立たないこと、緑化等の効果は敷地ごとに異なるため緑化率のような一律の要件では環境の改善は見込めないことが強く提示されました。そこで、専門家委員会を設置し、案件ごとに対策の効果・妥当性の確認を行うことが規定されました。

④計画内容

専門家との協議のために、開発事業者は緑化計画だけでなく、緑化がどのように効果を発揮するかについてシミュレーション結果などのエビデンスが提示されました。また敷地条件から暑熱環境緩和がもともと見込みにくい案件では、その代わりに地域の歴史・文化に触れる散策路への連結が求められるなど、裁量的な誘導がなされました。この協議により、効果を発揮し、地域の価値向上に資する緑化空間の創出が議論され、計画に反映することができました（図4･15）。

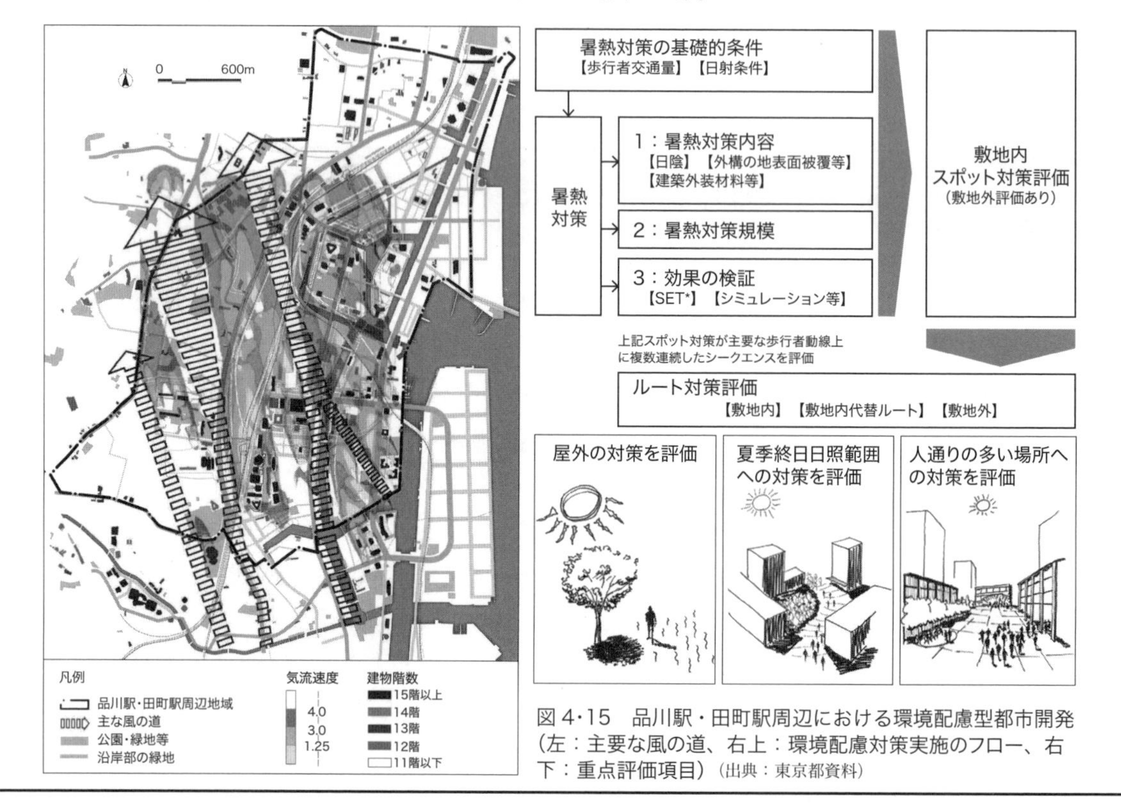

図4･15　品川駅・田町駅周辺における環境配慮型都市開発（左：主要な風の道、右上：環境配慮対策実施のフロー、右下：重点評価項目）（出典：東京都資料）

■ **演習問題4** ■　あなたの住んでいる都市や、なじみのある都市や地域、興味のある都市や地域について、以下をインターネット等で調べてください。内容を把握した上で、市街地に存在する公園緑地や農地がどのような制度、計画のもとに保全・創出されているかを確認してください。その上で、それぞれの緑地がどのように市民に利用されているかを考え、今後の活用の方向性、そのための取り組みの内容について考察してください。

(1) 都市計画図

(2) 緑の基本計画等、緑地に関する計画、政策

(3) 生産緑地等、農地に関する計画、政策

参考文献

1)　マックス・ウェーバー著、世良晃志郎訳『都市の類型学』創文社、1964

2)　井上孝『都市計画の回顧と展望』井上孝先生講演集刊行会、1989

5章
まちづくりと公園緑地

1　公園緑地の機能と効果

四季のうつろいをはじめ、人に安らぎや癒しを提供してくれる「公園緑地」は、地域固有の景観をはじめ快適な生活空間をつくるとともに、地域の賑わいや観光振興、ヒートアイランド現象の緩和や生物多様性を促すなど、緑が持つたくさんの機能を発揮しながら、我われが生活する「まち」をより魅力的にしてくれます。本章では、「まちづくりと公園緑地」について解説します。

1　公園緑地の機能と3つの効果

我われが生活している「まち」には、これまでにも公園緑地を保全・創出していく様々な取り組みが行われてきました。これらは、公園緑地が都市において直接的な経済活動の場として活用されなくても、住み良いまちをつくるために必要な機能を有していることを誰もが感じている証ともいえます。

まちに寄与される効果は、公園緑地の機能が発揮されることによって、豊かな生活を実現するために、必要不可欠な社会共通の資本です。この公園緑地の機能と効果は、「存在効果」「利用効果」「媒体効果」の3つに大きく捉えることができます（図5･1）。

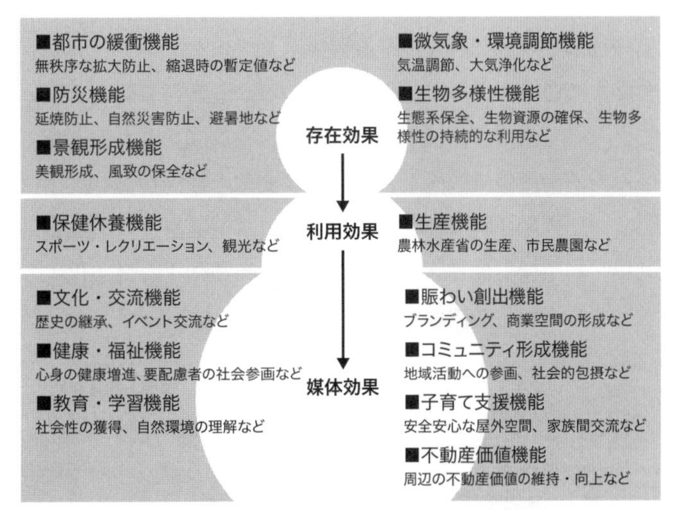

図5･1　公園緑地の機能と効果（出典：亀山章監修『造園学概論』[1]）

2　存在効果と利用効果

はじめに、存在効果は、みどりとオープンスペースである公園緑地が単に存在することによって発揮される効果です。例えば、都市が無秩序に拡大していくのを防止する都市の緩衝機能、火災からの延焼防止や自然災害における避難地となる防災機能、都市の美観形成や風致の保全など景観形成機能、気温調節や大気浄化など微気象・環境調節機能、生物の生態系保全といった生物多様性機能といった5つの代表的な機能があります。このように存在効果は、我われが生活している都市の環境や構造を整えるために大切な効果です。

次に、利用効果は、人々が公園緑地を利用することによって、我われにもたらされる効果です。公園緑地を利用することによって、日々蓄積しているストレスを解消すること、コミュニケーションの増進を図ることによって、我われの生活質（Quality of Life）を高めることができます。例えば我われの日常的な生活において、スポーツやレクリエーションの場所になるといった保健休養機能、市民農園を楽しむ場所となるといった生産機能と２つの代表的な機能があります。

3 媒体効果

緑とオープンスペースである公園緑地は、存在効果や利用効果に加えて公園緑地を活用したイベントを開催することによって、コミュニティ形成や賑わいづくりが生まれ地域の魅力が向上するなどといった、まちづくりを進める上で地域力の向上となる効果としての媒体効果が注目されてきています。

媒体効果は、「まち」に存在する歴史の継承やイベントの開催による相互交流といった文化・交流機能、心身の健康増進や要配慮者の社会参画を促進するといった健康・福祉機能、社会性の獲得や自然環境の理解といった教育・学習機能、ブランディング・商業空間の形成など賑わい創出機能、地域活動へ参画することによって住民相互のつながりが得られるといったコミュニティ形成機能、安全安心で活用できる屋外空間の提供や余暇における家族間交流など子育て支援機能、不動産価値を維持向上できるといった不動産価値機能など７つの代表的な機能があります（図 5･2）。

このように公園緑地は、我われが日常生活を営む上においていずれも重要な機能を有しており、存在効果・利用効果に媒体効果を加えた３つの効果を最適化することによってより質の高い空間となり、まちづくりのための重要な原資となります。

文化・交流機能
地域の文化活動やイベント開催を通じた相互交流が地域の魅力を高めます

健康・福祉機能
日ごろのストレス解消など心身の健康増進を図ります

教育・学習
公園緑地を活かした自然体験が子どもの環境教育につながります

賑わい創出機能
イベントの開催が施設の集客向上や観光振興につながります

コミュニティ形成機能
高齢者の健康増進や生きがいづくりができるまちづくりにつながります

子育て支援機能
子ども達が安心安全に遊べる場所があるまちづくりにつながります

図 5･2　公園緑地の媒体効果

2 まちづくりと公園緑地

1 住み続けたいまち

自然が取り巻く環境のなかに、我われの住まいのある「まち」があります。「まち」は、住まいが集まってつくられるコミュニティであり、最小単位の「まち」を街区と称しています。住まいの庭、ランドマークの古木、幼児が遊んでいる小さな公園、レクリエーションを楽しむ大きな公園の芝生、このように我われの「まち」はたくさんのみどりで溢れています。

住んでみたい・住み続けたい「まち」を思い浮かべてみましょう。「まち」には、それぞれの場所に多様な文化や歴史があり、思う価値や判断も地域や個人の考え方によって異なっているかもしれません。しかし、安全・安心なまち、賑わいがある便利なまち、快適に移動できるまち、良いコミュニティがあるまち、そして緑が豊かで潤いのあるまち、いずれかを思い浮かべるのではないでしょうか。

我われ人間や動物は、二酸化炭素を排出して生きているため、二酸化炭素を吸収し酸素を還元してくれる植物とはお互いに欠かすことができない共存の関係にあります（図5･3）。このように緑とオープンスペースの公園緑地は、我われが住んでみたい・住み続けたい「まち」をつくる重要な要素の１つです。

図5･3　人と植物の共存関係

2 まちづくり

これまでは、道路や公園などのインフラストラクチャーを中心としたまちづくりが、政府や自治体によって進められてきました。インフラストラクチャーがある程度充足してきた今日では、我われを取り巻く生活環境も複雑化、多様化してきています。今日、これまでの政府や自治体が主体的に進めてきたインフラストラクチャー中心のまちづくりは、人間の情緒を伴った都市の美しさやコミュニティに着目したまちづくりへとニーズが変化してきています。

「まちづくり」という言葉は、「地域課題の解決や生活の質のための活動を、住民らが主体的な役割を担いながら進められる活動」と定義されます。すなわち、身近な生活環境の改善のために、地域の魅力づくりや

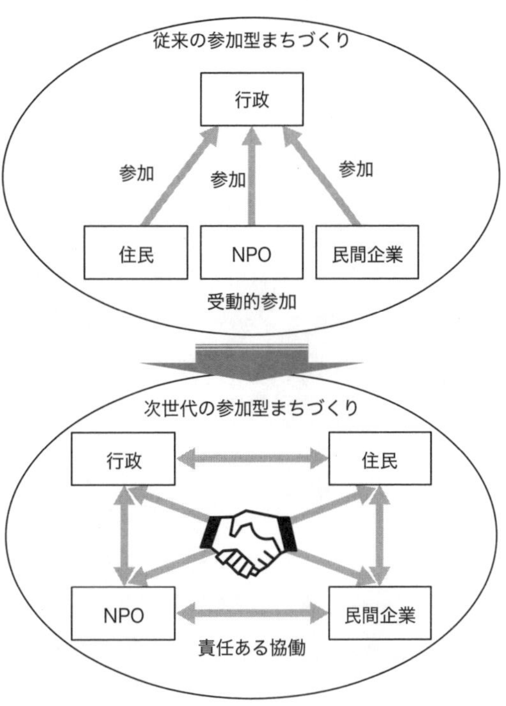

図5･4　次世代型の参加型まちづくり
（出典：国土交通省ホームページ[2]）

活力を高めるために市民自らが主体的に働きかけていく持続的な活動（参加型まちづくり）といえます。

まちづくりは、行政、住民、民間企業、NPO等が相互に責任ある協働の関係を構築しながら、はじめの企画段階から参加を前提とした次世代型の参加型まちづくり（図5･4）が推奨されてます[2)]。公園緑地の計画には、デザインからワークショップにより参加できる取り組みも多く見られており、整備後の公園の管理運営への参加も見られているケースもあります。

3 緑のまちづくり

人は、長い歴史の生活の営みにおいて、緑とオープンスペースの価値を実感してきました。このため、まちづくりには、緑とオープンスペースが特に重要なツールになります。我われの周辺には、住まいの生垣や花壇、ランドマークとなる社寺の巨樹･古木、河川や水路、大小の公園緑地など、貴重な緑とオープンスペースがあります。自由に利用できる河川や公園などの公共施設緑地、地域の民有施設緑地である樹林などが適切に生活するまちに確保されることにより、安全性や利便性、生活の快適性が充実します（図5･5）。

緑とオープンスペースは、直接的に生産や経済活動の場とはならない場合もあり、利用価値が見失われがちとなりますが、住みやすい・住み続けたいまちづくりを実現するために多様な存在価値を持っています。我われは、個人レベルでは庭いじりや家庭菜園、地域のコミュニティレベルでは身近な小公園で花壇づくり、広域なコミュニティレベルでは大公園で行われるイベントやレクリエーションに参加するなど、緑のまちづくりに色々な形で関わりながら生活を営んでいます。

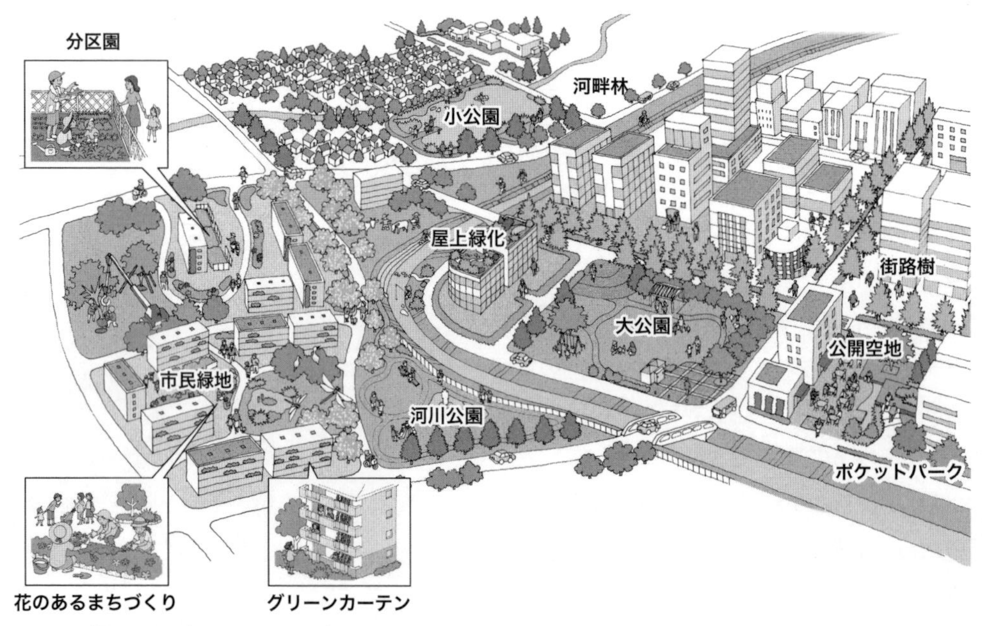

図5･5　緑のまちづくりのイメージ（出典：UR都市機構ホームページより一部加筆[3)]）

3 緑のまちづくりの視点

1 緑のまちづくり３つの視点

高度成長期以降のわが国では、モータリゼーションの進展や人口や産業が集積することによって、急激に市街地が拡大されてきました。急激な市街地の拡大によって、従来の農地が宅地や企業用地として蚕食(さんしょく)的に開発されることや土地の転用や敷地の細分化が進むことで、まちなかに存在していた貴重な緑が失われてきました。まちなかの緑が失われることにより生活環境の悪化が進み、これを改善するため公園緑地などの公共施設緑地の整備が計画的に進められてきました。

今日のわが国では、人口減少が進む中で、かつての市街地が拡大していく力が低下しています。一方、国外では、地球規模における環境問題への国際的な取り組みが一層求められています。国内では、これまでの経済性や利便性を追求してきた住民の価値が美しさや歴史・文化といった環境づくりの質を重視する時代に変化しています。このような価値観を重視するまちづくりを実現する上で公園緑地は特に有効なツールです。

公園緑地が有する緑の機能を最大限に発揮しながら、求められている質の高い、安全で快適なまちづくりを実現するためには、官と民、個人や企業レベルから地域レベルにおいて、「まちの緑を守る」「まちの緑を増やす」「まちの緑を活かす」といった３つの視点から、緑のまちづくりに取り組むことが必要となっています（図5･6）。

2 まちの緑を守る

ランドマークとなる巨樹や古木は、地域のまちづくりをするための環境資源です。このような貴重な環境資源を失わないように緑を保全する行動が「まちの緑を守る」です。まちの緑を守るためには、貴重な緑を転用させないための規制と、土地の所有者に緑の保全を促す誘導の２つの方法があります。

まちの緑を守るために自治体（都道府県及び市町村）は、規制と誘導を行うための手続きを条例や行政指導である要綱を設けることにより、むやみな開発行為を未然に制限や誘導することができます。

多くの自治体は、自然環境を守るための条例や要綱を定めており、個人レベルでは巨樹・古木などを保存樹として指定するもの、企業レベルでは開発許可において独自の緑基準を設けるもの、地域レベルではまとまった緑地の区域を定めて保全（緑地保全地域制度）するものもあります。

図5･6　緑豊かなまちづくりを実現するためにできること

3 まちの緑を増やす

必要な場所に緑が失われていたとすれば、新たに「まちの緑を増やす」ことが必要です。緑を増やす行為は、「緑化」と称し目的をもって必要な場所に草や木といった植物を植える行動です。「緑化」は、生垣奨励金制度を活用してブロック塀を生垣に替える（図5･7）といった個人レベルで行える取り組みから、会社あるいは工場の敷地や建物の屋上や壁面を緑化するといった企業レベルで行える取り組み、グループをつくって公共空地にまちかど花壇を設置し管理するといった地域レベルで行える取り組みがあります。

都市緑地法には、住民レベルで行える緑化の1つとして、居住者の合意のもと一定の地域において樹木や草花を育成管理する仕組みをつくることができる緑地協定があります。市町村は、住民の意見を反映しながら緑のまちづくりの将来ビジョンとなる緑の基本計画をつくることができます。また、緑の基本計画には緑化を重点的に図っていく緑化重点地区を定めることができます。さらに、緑化の推進の必要な地域には地域の都市計画に緑化地域を定めることにより、開発する敷地面積に応じた緑地の割合（緑化率）の最低限度を規定してより強力に緑化の推進を図ることができます。

4 まちの緑を活かす

緑のまちづくりをより効果的に進めるためには、大気浄化や癒しといった緑があるだけで得られる「存在効果」とともに、緑を利活用することによって得られる「利用効果」といった2つの効果を生活する環境に取り入れること、すなわち「まちの緑を活かす」ことが大切です。「利用効果」も「存在効果」と同様に個人レベル、企業レベル、地域レベルで考えていくことが必要となります。

緑は植物（生物）であり、まちの緑を活かすためには、健全な生長をしていくために適切な日常管理や維持管理が不可欠です。適切な日常管理や維持管理は、植物に関する専門的な知識やこれに基づいた作業といった人材や資器材が必要であり、これを実行するための計画や財源が必要となります。

このように緑を活かすためには、花と緑の講習会などを通じて緑の存在効果をより多くの人々に知ってもらうことや、緑の利用効果を体感してもらうことが重要です（図5･8）。以上のように緑のまちづくりを進めるためには、緑を守る、緑をつくる、緑を活かすという3つの視点からスパイラルアップして取り組んでいくことが大切です。

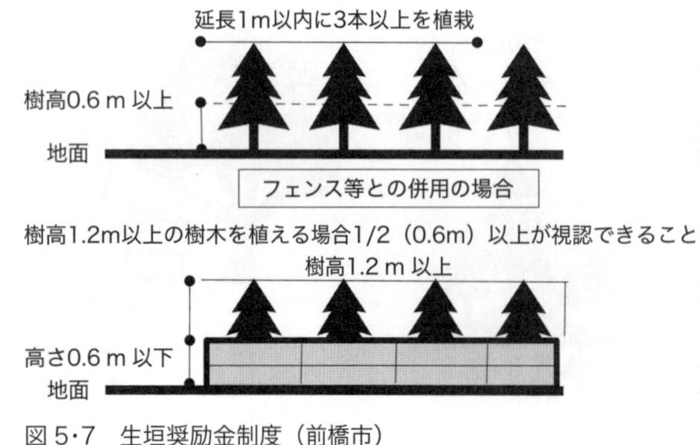

図5･7　生垣奨励金制度（前橋市）

図5･8　花と緑の講習会（前橋市）

4 緑のまちづくりと空間

1 緑のまちづくりと河川

まちなみを形成する重要な公共施設緑地の1つに河川があります。河川は、まちの景観形成を充実するために大切な空間であり、人工的な構造物が密集しているまちなかに連続する貴重なオープンスペースです。これまでもまちの魅力づくりのため親水性に配慮した整備などが多く行われてきました。

大きな河川は、堤防敷、高水敷、低水路などで構成されています（図5･9）。近年、水害を防ぐ治水や農業や工業などに水を使う利水に加え、環境面から様々に配慮された河川公園の整備も見られるようになりました。河川公園には、河川敷公園（堤外地）と河畔公園（堤内地）の2タイプがあります[4]。

河川敷公園（図5･10）は、常に水が流れる低水路から一段高い部分の高水敷を公園として整備したものであり複断面の堤防をもつ大きな河川に多く見られます。河川敷公園には、広い敷地を活かしたスポーツ・レクリエーション施設が多く見られますが、親水性や生態系に配慮された施設も見られます。河畔公園（図5･11）は、提内地に整備された公園であり掘り込みの中小河川に多く見られる河川公園であり、連続的な河川の特徴を活かした遊歩道（プロムナード）などが整備されます。

水と緑の連続性を確保するために、河川、街路樹、まちなかの大小の公園と結び付ける計画を「水と緑のネットワーク」と称します。まちの魅力や快適性を向上させるために、全国の多くの都市で計画の位置づけが見られます。

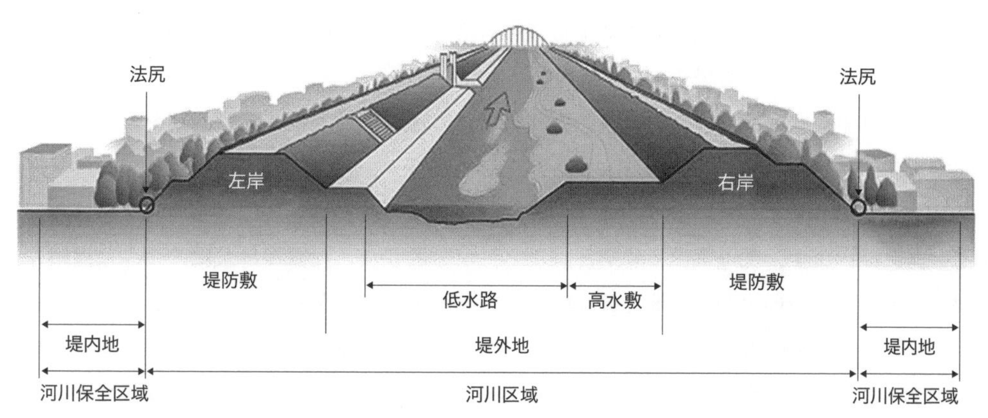

図5･9　河川の構成と名称（出典：国土交通省ホームページより著者一部加筆[5]）

図5･10　河川敷公園（前橋市・前橋公園）

図5･11　河畔公園（前橋市・広瀬川河畔緑地）

2 緑のまちづくりと街路

まちなかの街路は、生活や経済活動等に伴う交通を円滑に処理する交通機能だけでなく、交流や防災などの空間機能も有しています。交流や防災など空間機能において緑の役割は重要であり、中でも道路の付属物である街路樹（道路法第２条第２項）は、街路の規模に応じて歩道部や中央分離帯に整備されることにより、市街地の景観をつくるストリートファニチャーの１つです。

また、街路や住宅の整備に伴う余剰地などを利用することによって、歩行者の休憩や道路景観の向上を目的として、樹木やベンチ、街灯などの施設が整備されるのがポケットパークです（図5･12）。ポケットパークは、「公開利用可能な、緑やベンチ等何らかの機能が備わった小広場空間」であり、その敷地面積は100m^{2}以下が大半で、主に休憩や景観づくりといった人のふれあいや敷地の有効利用を促すために設置されるものが多く見られます[6)]。ポケットパークは、住民が花壇の日常管理に参加しているケースや企業が花壇を設置するケースもあります。

3 緑のまちづくりと建物

自治体は、条例や要綱により地域に応じた緑地の保全に関する住民の責務や緑地の保全、公共施設緑地に対する住民の保全活動の資金援助などを定めています[7)]。まちづくりにおける緑の重要性が認識されるにつれて、自治体は様々な施策により開発行為に対する行政指導を通じて緑化を推進してきました。中でも開発行為における緑化は、総体的にまちの質的に優れた空間形成に繋がることから、街路も含めて緑の連続性が実現することで景観の向上が期待できます。

例えば、緑化ガイドラインにより、建築時の開発時における敷地面積の緑化面積を緑化率という量的基準を規定し、緑化の意義や具体的な緑化の内容を伝えることによって、建築物の屋外空間におけるオープンスペースを充実します。公開空地とは、再開発などの際に、総合設計制度に基づいて設けられるオープンスペースをいいます。敷地条件や建築計画に応じて設置され、設置後は公園のように自由に利用することができます。市街地再開発事業では、総合設計制度の規定によって、サンクンガーデン、屋上緑化、ピロティといった公開空地が設けられるケースが多く見られます。さらに、官民で連携して作成したアーバンデザインによる将来の緑のまちづくりを推進するために、民間の再開発事業においても自発的に緑化に取り組む事例も見られます（図5･13）。

図5･12　ポケットパーク（前橋市）

図5･13　民間の再開発事業による緑化（前橋市）

5 緑のまちづくりと市民参加

1 保存樹・景観重要樹木

保存樹は、都市の美観風致を維持するための樹木の保存に関する法律（1962年5月）により、都市計画区域内における美観風致の維持を図るため、樹高が15m以上や幹周が1.5m以上の独立樹木や500m²以上の樹林を対象に市町村長が指定する樹木や樹林です（図5･14）。保存樹に指定されると対象の樹木や樹林の所有者には枯損の防止など樹木の保存に努める義務が生じることとなり、市町村は所有者に対象となる樹木の枯損の防止や保存に関して必要な助言や援助をすることができます。

区分	以下の項目（いずれかに該当すること）
樹木	(1) 1.5mの高さにおける幹の周囲が1.5m以上であること
	(2) 高さが15m以上であること
	(3) 株立ちした樹木は高さが3m以上であること
	(4) はん登性樹木は枝葉の面積が30m² 以上であること
樹木の集団	(1) その集団の存する土地の面積が500m² 以上であること
	(2) 生垣をなす樹木の集団で長さが30m以上であること

※いずれも健全でかつ美観上特に優れていることが条件

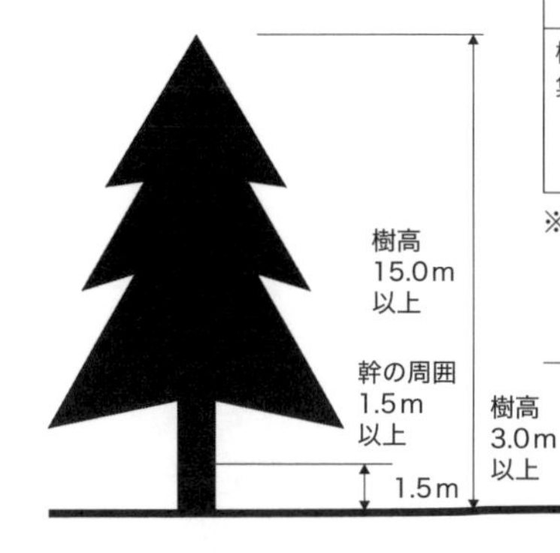

図5･14　保存樹木の指定基準

景観重要樹木は、景観法（2004年6月）により、景観計画に定められた景観重要樹木の方針に則し、景観計画区域（都市計画区域外も区域の指定が可能）の良好な景観形成に重要な樹木を景観行政団体の長（都道府県知事または市町村長）が指定する樹木です。地域の自然・歴史・文化などからみて樹容が景観上の特徴があり、良好な景観形成に重要なものであることや道路やその他公共の場から容易に見ることができることなどが指定の基準となっています。景観行政団体等は、景観需要樹木の適切な管理のため必要があると認めるときは、樹木の所有者と管理協定を行うことができます。

2 花のあるまちづくり

花は人の心を癒し四季の移り変わりを伝えます。花を通じて人と人がふれあうことによって美しいまちがつくられ、地域のコミュニティ醸成や観光振興といったまちの魅力づくりが期待されます。

花のあるまちづくりは、地域住民がグループをつくって、まちなかの公園や道路の花壇で花づくりを楽しむ活動です。子どもからお年寄りまでが、様々な形で活動することが可能であり、まちへの愛着心が育つことも期待されます（図5･15）。自治体は、花のあるまちづくりの推進に関する要綱等を定め、花を管理するグループや団体と協定などを締結することにより、新たに花壇を設けることや、花壇の維持管理を行う活動にかかる費用の一部を助成金として交付するなどの支援が行われます。このように、花のあるまちづくりは地域の特性を踏まえながら継続的に展開が期待されます[8)]。

オープンガーデンは、個人が所有している庭を一定のルールのもと一般の人に公開する活動であり、長野県の小布施町や埼玉県の深谷市で、緑のまちづくり推進策の一環として取り組まれています（図5･16）。

交付目的	「豊かで美しいまちを目指して」花のあるまちづくりの推進に関する協定（以下「花のあるまちづくり協定」という）を締結し花壇の設置及び維持管理をする団体に対して予算の範囲内でその一部を助成します。
助成事業者	花壇の設置及び維持管理を行う団体
対象事業	花壇の新設及び維持管理にかかる事業
対象経費	原材料費（草花の苗、種子、用土、肥料等購入費）消耗品費（草花管理に必要となる資材購入費）印刷製本費（申請書類等作成にかかる」費用）その他必要と認めたもの
交付金額	予算の範囲内で以下のとおり交付する ・新たに花壇を設置する場合　1箇所あたり1回限り5万円を限度 ・協定花壇の維持管理の助成金として1箇所あたり年額３万円を限度
交付条件	○協定の適用区域 ふれあい花壇：公園、広場、公民館など地域の核となる公共施設 神社、社院など準公共的な広場 まちかど花壇：まちかど及びまちなかの公共用地及び民有地 花の道花壇：道路及び沿線の民有地 花のライン：河川沿線の公共用地及び民有地 ○協定の対象 年間を通じて除草、清掃、灌水などの維持管理ができる花壇 市街化区域及び用途地域指定区域　概ね $10m^2$ 以上 その他の区域　概ね $20m^2$ 以上 花のあるまちづくり協定期間は５年間

協定締結
↓
助成金申請
↓
審　査
↓
交付決定通知
↓
実績報告
↓
助成金交付

図 5･15　花のあるまちづくり助成事業と手続き（出典：前橋市）

庭づくりを勉強して自慢の庭を開放することで、周辺のまちづくりの賑わいが増すとともに、まちづくりに参加している満足感も得ることに繋がっています。

3 公園緑地を活用したイベントによるまちづくり

全国都市緑化フェアは、国民一人ひとりが緑の大切さを確認するとともに、緑を守り、緑の知識を深め、緑あふれる快適で豊かなまちづくりを進めるための普及啓発事業として、毎年全国各地で 1983 年から開催されている花と緑の祭典です（図 5･17）。基本理念は「緑ゆたかなまちづくり・窓辺に花を・くらしに緑を・まちに緑を・あしたの緑をいまつくろう」としています。

説明会や講演会、定期講習会、先進地視察など、市民が主体的に参加できる体制を整えることで、都市緑化意識を啓発したり情報発信するだけでなく、開催地域の魅力を知る良い機会となり、観光振興や個人消費によって経済的な波及効果が期待されます。

図 5･16　オープンガーデン（小布施町）

図 5･17　全国都市緑化フェア（恵庭市）

4 ウォーカブルなまちづくりと公園緑地

これからのまちづくりは、道や公園といったインフラ供給を重視していくのではなく、質の高い居場所（以下、プレイス）をつくるまちづくりへとパラダイムシフトしていくことが想定されます。

居心地が良く、歩きたくなるまちづくりのイメージとして、「ウォーカブルなまちづくり」[9] が提唱されています（図5·18）。ウォーカブルなまちづくりは、河川・道・建物が一体となりながら、官と民がともにプレイスをつくることが必要です。公園緑地は、人に癒しや安らぎを提供し、利用者の休憩や鑑賞の活動が伴うことで長く身を置くようなプレイスとするために非常に有効なツールとなります。

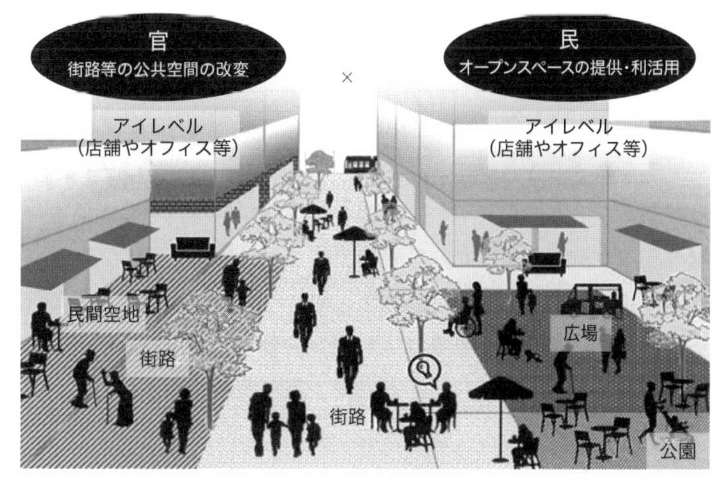

図5·18　居心地が良く・歩きたくなるまちなかのイメージ（出典：国土交通省）

計画事例　アーバンデザインによる広瀬川河畔緑地のリノベーション（前橋市）

①計画の背景

広瀬川河畔緑地は、群馬県前橋市の郷土詩人である萩原朔太郎が、郷土望景詩で詠んだ「広瀬川」に沿って設けられた中心市街地に位置する河畔公園です（図5·19）。戦後の戦災復興都市計画事業により用地が確保され、歩行者が散歩を楽しむ園路、鑑賞池・小川などの水景施設、四阿や水飲栓・トイレ、モニュメントなどが整備されており、前橋市を代表する風景の１つとして親しまれてきました。

図5·19　広瀬川河畔緑地の再整備

②問題・課題

しかしながら、モータリゼーションの進展に伴うライフスタイルの変化、周辺環境の高齢化が著しく進むなどにより、かつて賑わいのあった中心市街地の空洞化が深刻化しました。また、公園施設も長い年月を経て魅力的な施設となっていないことや、高木や中低木が繁茂することによって見通しの確保が十分でないなど、快適で安全な公園利用を行う上で問題がありました。このため、広瀬川への親水性を向上しながら周辺環境をより魅力的なものにしていくためのリノベーションが求められていました。

③計画策定の経緯

前橋市は、官民協働で様々なステークホルダーの羅針盤となる「前橋市アーバンデザイン（2020）」を策定しました。従来、行政が主体的に行ってきた計画を官民で連携して行うことによって、道路や河川といった公共空間だけでなく、民有地を含めた一体的な将来の都市空間をデザインしているという特徴があり、トータルデザイン、ステークホルダーとの調整、活用方法までを民間が主体的に行っている点で新しい公園のリノベーション手法となっています。

④計画内容

アーバンデザインは、アクションプラン編に4つのモデルプロジェクトがあります。歩いて楽しいまち、水辺づくりの拠点として広瀬川が位置づけられることにより、広瀬川河畔緑地のリノベーションの取り組みが行われました。公園のデザインは前橋デザインコミッション（以下、MDC）も参画して行われました。MDCは、商工会議所・大学・民間企業・地元商店街の理事などが会員となり会費で運営する一般社団（都市再生推進法人）です。広瀬川河畔緑地の整備では、MDCが「前橋レンガプロジェクト」として市民を募り、レンガの施工現場見学会や手づくりレンガワークショップ、舗装面となるレンガに名前を刻むといった活動に取り組み、シビックプライドのキーとなる活動が行われました。

⑤現在の状況、計画の効果

2022年3月には、リノベーションされた公園の一部が供用されました。現在の広瀬川河畔緑地周辺は、整備前と比較して散策する人も増加しており、イベントが開催されるとともに、緑道周辺に建物や店舗が建設されるなどの波及効果が生まれています。

■ 演習問題5 ■ あなたの住んでいる都市やなじみのある都市や地域、興味のある都市や地域について以下をインターネット等で調べてください。また、調べた内容を踏まえ、これからのわが国が迎える社会的課題をあげた上で、計画上の効果や課題などについて考察してください。

(1) 緑を活用したまちづくりの計画事例

(2) 参加型による緑のまちづくりの効果と課題

(3) 参加型まちづくりを行う上で今後のあり方

参考文献

1) 亀山章監修『造園学概論』朝倉書店、2021

2) 国土交通省ホームページ、「次世代参加型まちづくり」に向けてとりまとめ（社会資本整備審議会）、https://www.mlit.go.jp/singikai/infra/city_history/city_planning/jisedai/torimatome/torimatome.pdf

3) UR都市機構ホームページ、グリーンインフラ、https://www.ur-net.go.jp/aboutus/action/greeninfra/gi2.html

4) 全日本建設技術協会『河川公園の計画と管理』、1991

5) 国土交通省ホームページ、東北地方整備局北上川下流河川事務所、http://www. thr. mlit. go. jp/karyuu/construction/use.html

6) 熊野稔『ポケットパーク―手法とデザイン』都市文化社、1991

7) 国土交通省ホームページ、公園と緑（都市緑化データベース）、https://www.mlit.go.jp/toshi/park/toshi_parkgreen_tk_000081.html

8) 前橋市ホームページ、花のあるまちづくり助成事業、https://www.city.maebashi.gunma.jp/soshiki/kensetsu/koenryokuchi/shinseisho/7269.html）

9) 国土交通省ホームページ、WALKABLE PORTAL、https://www.mlit.go.jp/toshi/walkable

第Ⅱ部　公園緑地の計画・設計

6章 公園緑地の調査

1 公園緑地計画のための調査

公園緑地の調査は、計画の対象となる区域における公園緑地の現況と課題を客観的に把握し、計画目標の設定や必要な施策の検討をするために行われます。公園緑地計画のための調査について、本節では、公園緑地の調査の枠組み、自然環境に関する調査、社会条件等に関する調査を解説します。

1 公園緑地の調査の枠組み

公園緑地を計画するために基本となる外部条件と内部条件、自然条件と社会条件等、調査の枠組みについて解説します。

①外部条件と内部条件

外部条件とは、公園緑地の対象区域の敷地外の条件を指し、自然条件、社会条件等から構成されます。内部条件とは、公園緑地の敷地内の条件を指します。

②自然条件と社会条件等

自然条件は、公園緑地の敷地外の気象や地形、敷地内の植生や土壌等を指します。社会条件は、公園緑地の敷地外の人口や土地利用、敷地内の各種権利、既存物件等を指します。また、住民や市民の公園緑地の利用実態、施設に関する市民ニーズを把握することも重要です。

③調査の枠組み

調査の枠組みとしては、外部条件・内部条件と自然条件・社会条件等の組み合わせで把握することが有効です（表6･1）。これにより、各要素の相互作用や影響関係を明確にし、全体像を把握することが可能になります。例えば、公園緑地が地域社会に与える影響や、生態系の健全性と利用者の利便性のバランスを評価する際に役立ちます。

また、近年は、グリーンインフラや緑のネットワーク化（1章参照）の考え方を公園緑地計画に取り入れられる事例が増えてきました。グリーンインフラでは自然環境が有する多様な機能を適切に活用するため、

表6･1　主な調査項目

種別	項目	内容
外部条件	自然条件	気象、地形、地質、土壌、水、生物、景観、歴史、文化財　等
	社会条件	人口、土地利用、地域の性格、観光資源、スポーツ･レクリエーション施設、産業構造、交通、都市施設、法令・条例、公害・災害　等
	ニーズ	公園緑地の利用実態、施設に関する市民ニーズ　等
内部条件	自然条件	保存樹木、植生、風、日照、排水、地形勾配、池、土壌・表土、地域文化財　等
	社会条件	境界線、各種権利、既存物件　等
	ニーズ	公園緑地の利用実態、施設に関する市民ニーズ　等

公園緑地計画を策定する区域だけではなく、都市全体の情報を把握する必要があります。

2 自然条件に関する調査

図6·1　植生調査図の例（出典：鹿児島県総合教育センター[1]）

自然条件に関する調査は、環境資源を有効に活用し、持続可能な利用と管理を実現するために重要です。植生など調査結果を公園緑地の計画に反映することが、地域社会や公園利用者にとって良質な公園緑地の提供に繋がります。

例えば、内部条件としての植生調査は、植物社会学的手法としてブラウン・ブランケ法が一般的に用いられています。ブラウン・ブランケ法は、その地域の植生の特徴が最もよく出ている場所を選び、そこに正方形（コドラート）の枠を設置し、その内側を標本として計測します。植生は、高木層（B1)、亜高木層（B2)、低木層（S)、草本層（K)、コケ層（M）の５層があり（図6·1)、各々の層について、植物の種・優占種・植被率を調査し、各植物がどの層に属するかを各々の個体の一番高いところに達している位置で判断します。植被率は、一定面積の土地を覆っている植生の占める割合です。

3 社会条件等に関する調査

外部条件としての社会条件に関する調査は、人口や土地利用、観光資源、スポーツ・レクリエーション施設、産業構造、交通や都市施設、法令や公害・災害の影響を評価します。内部条件としての社会条件に関する調査は、公園緑地の境界線、所有権や既存施設の状況を把握し、公園緑地の計画の作成に向けた具体的な課題を明らかにするとともに改善策を検討します。

さらには、公園緑地の計画地における市民や住民の公園緑地の設備や利用ニーズを把握しておくことは、地域住民の公園利用の促進や管理運営への参加が得やすくなります。また、来街者に対する観光資源としての公園緑地の魅力向上に寄与できます。

2 公園緑地計画を更新するための調査

本節では、計画が策定され施策が実行された既存の公園緑地計画（前計画）を更新する際の調査・検討内容について解説します。調査内容は、計画の背景の整理、緑の現況と市民ニーズの把握、計画課題の整理の３つに大別できます（表6·2)。

表6·2　公園緑地計画を更新するための調査・検討項目

計画の背景整理	・前計画の施策の実施状況、目標の達成状況 ・計画区域の自然条件、社会条件の変化 ・国の政策、新たな法制度の動向 ・都道府県、市町村の上位計画・関連計画
緑の現況と市民ニーズの把握	・緑やオープンスペースの現況 ・緑の機能 / サービスに関するニーズ ・緑に関するニーズ、満足度等
課題の整理	・緑のニーズと機能 / サービスのギャップ ・緑の効用を妨げる要因等

1 計画の背景整理のための調査

公園緑地計画の背景整理のための調査は、新しい計画の立案にあたり、前計画に掲げた施策の実施状況や、目標の達成状況、課題等について検証し、新計画に反映させる事項を整理するものです。加えて、計画対象区域の自然条件、社会条件について、前計画策定時からの変化について把握しておく必要があります。具体的には、計画期間内における人口の動態、土地利用の状況、都市計画や市街地整備の状況等について、既往資料とともに把握、整理しておきます。前計画については、その達成状況が評価されます。面積や件数、人数等で成果が把握できる施策については、それらの確認が行われます。数値目標がある施策の場合には、達成度が定量的に検証されます。定量的に把握できない施策については定性的な評価も行われます。これらの検証は、新計画の課題を明確にするために行われます。

また、国による政策展開や、都道府県、市町村の上位計画・関連計画についても目を配る必要があります。例えば、市町村の公園緑地計画を策定する場合であれば、国の公園緑地に関する政策、都道府県の総合計画、都市計画区域マスタープラン、広域緑地計画、当該市町村の総合計画等に即する内容にする必要があるため、それらの確認が欠かせません。上位計画・関連計画に即するということの意味は、それらに従うというよりは、公園緑地計画を裏付け、更新計画に活かしていくと考えることが重要です。

2 関連する計画と協議

公園緑地計画は、当該市町村における他部門の関連計画、例えば都市計画マスタープラン、環境基本計画、景観計画、都市農業振興基本計画、地域防災計画、生物多様性地域戦略等と整合を図ったり、連携させたりする必要があります（図6･2)。このため、他計画の緑と関係する部分については確認と整理が必要なだけでなく、連携させる場合には関係部課との協議が必要となります。

なお、公園緑地計画にグリーンインフラの取り組みを盛り込む場合には、今まであまり考慮されてこなかった部門のインフラ計画との連携も検討するべきです。例えば、昨今の都市型洪水（内水氾濫）対策の観点からは、下水道計画や雨水管理総合計画等と連携して雨水の流出抑制を推進していくことが考えられます。また、河川の洪水（外水氾濫）対策の観点からは、河川整備計画や流域治水プロジェクトとの連携を積極的に検討することが考えられます。

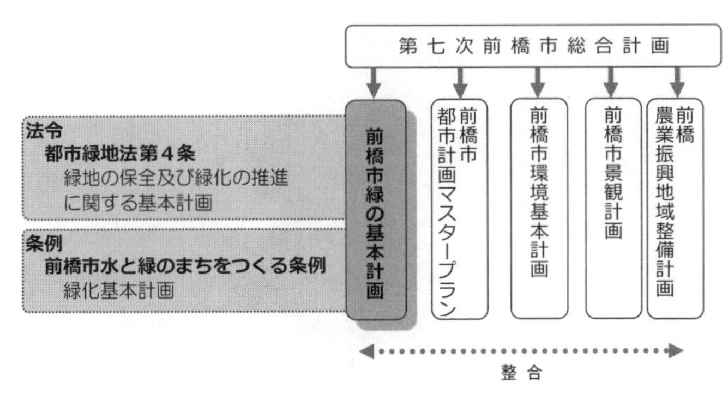

図6･2　公園緑地計画の関連計画との整合性
(出典：前橋市『緑の基本計画』2018年3月)

3 緑の現況と市民ニーズの把握

本節では、公園緑地計画を更新するための調査・検討項目（表6･2）の2つ目である、緑の現況と市民ニーズの把握について解説します。

1 緑の現況把握

緑の現況調査は、公園緑地計画の前提となる緑被やオープンスペースの量や分布の偏りなどを把握し、計画区域のどこにどのくらいの計画が必要かを判断するために行われます（図6･3）。緑被の現況は航空写真を用いて把握され、緑被率（区域における緑被の面積割合）が算出されます。緑被とは、土地等が植物で被覆されている状況を指します。したがって、公園緑地であっても植物で被覆されていない区域は緑被とみなされないことが多く、河川や池沼等の自然的水面は緑被に含むとされることが多いです。また、常に植物に被覆されているとは限らない農耕地は緑被に含むとされる解釈が一般的ですが、植物が生育していない自然の裸地を緑被とみなすかどうかはケースバイケースとなります。既出の植被率は、ある一定の土地の種類別ではなく植生全体の被覆の割合です。

ここで、当該計画で扱う緑の範疇や定義を明らかにしておく必要があります。緑被は航空写真から機械的に読み取れますが、計画の対象とする緑（緑被地以外のオープンスペースを含む）はあらかじめ決めておかないと計画が前に進まず、調査に入ることもできません。そこでは、営造物・地域制の公園緑地など制度に規定された緑だけでなく、制度に規定されていない民有の緑（農地や樹林地）、水面や水辺、河川や港湾など他部局が所管する施設をどこまで扱うかが要点となります。なぜなら、それによって計画の総合性が決まるからです。

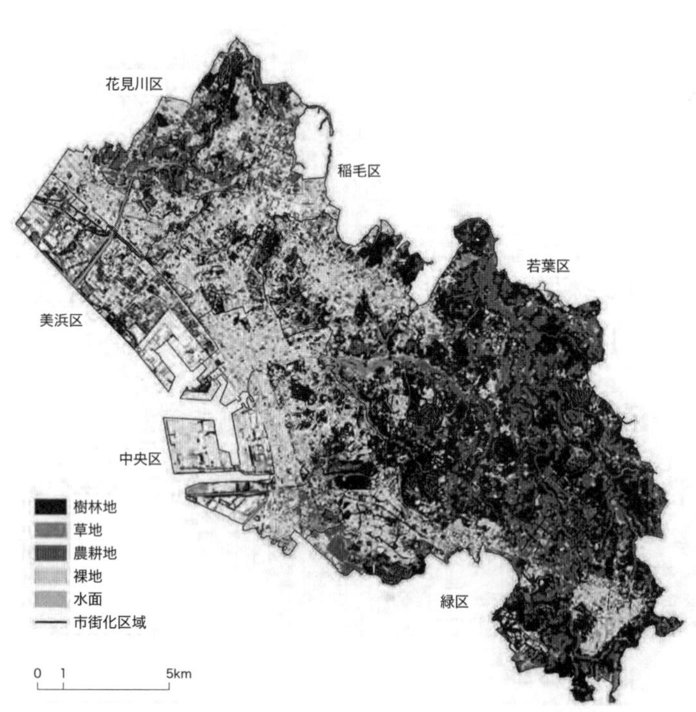

図6･3　緑被現況調査の例（千葉市緑被分布図）
（出典：千葉市『千葉市緑と水辺のまちづくりプラン2023』2023年5月）

計画で扱う緑の範疇が決まったら、それらの調査に入るわけですが、まずは現存する緑の量（敷地の範囲や面積）を把握します。しかし、公園緑地計画では量的な把握だけでなく、緑の機能や効果も把握することが重要です。緑の機能とは、現時点で緑が発揮しているサービスの内容と量を指します。従来これらは、環境保全（図6･4）、レクリエーション、防災、景観形成（図6･5）といった観点（機能）から評価が行われてきました。グリーンインフラの考え方が強調されるようになった昨今は、雨水の流出抑制効果（浸透貯留機能）や暑熱の緩和効果など気候変動適応に資する機能、ストレスの緩和や疾病予防など健康福祉の増進に資する緑の機能などを定量的に評価することが特に求められるようになってきています。こうした観点から緑の機能を評価し、その結果を重ね合わせて（オーバーレイして）、より多くの機能が確認された緑がより重要な緑と判断されます。この一連の緑の量の調査、評価には、地理情報システム（GIS）を用います。さらに、近年では、緑の量を表す指標の1つとして、緑視率を活用する事例も増えつつあります。緑視率とは、人の視野内における緑の割合です。緑視率の調査は、元来、手間のかかる作業でしたが、国土技術政策総合研究所のAIを利用した緑視率調査プログラムが開発、公開されています。緑の量的把握において緑被率に加えて、緑視率の活用も今後、期待されます。

量的な把握ではその多寡でしか価値を判断できませんが機能を把握することによって地域にとってより重要な緑かどうかの正確な判断が可能になります。現存する緑の機能の評価は、グリーンインフラの導入が進められたり、証拠に基づく政策立案（EBPM）が求められたりする中で、今まで以上に重要になっています。しかし、予算的・時間的な制約から機能の評価は十分に行われていない現状にあり、今日の計画行政の大きな課題と言えます。

そのような状況の中でさらに考えなければならないことは、実は緑の機能を評価するだけでは十分で

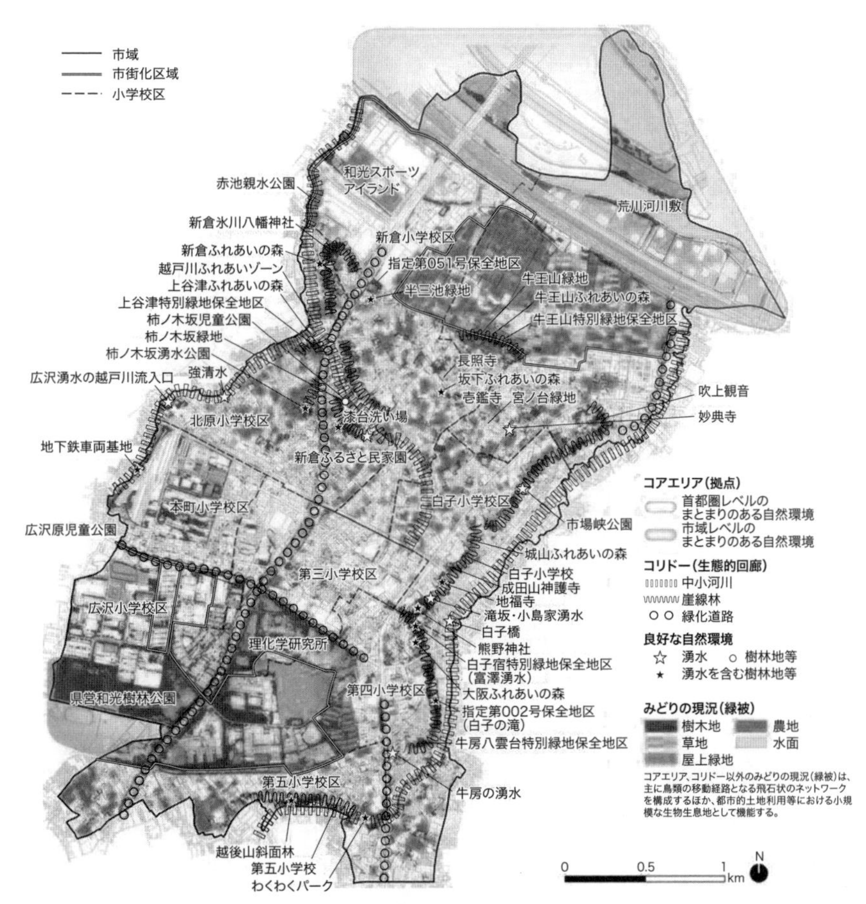

図6･4　エコロジカルネットワークを構成する緑の解析の例（出典：和光市『和光市みどりの基本計画』2022年3月）

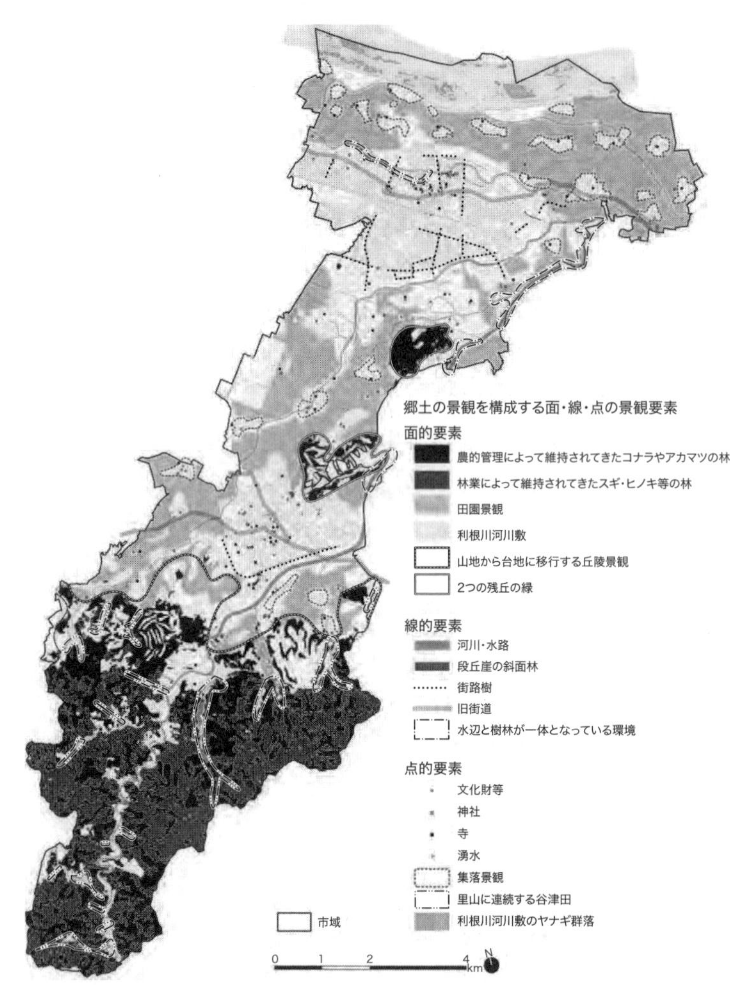

図 6･5　地域の景観を形成する緑の抽出例
(出典：本庄市『本庄市緑の基本計画』2021 年 9 月)

はないということです。なぜでしょうか。それは、機能が発揮されているかということより、それを人々が実際に欲しているかということのほうがより重要だからです。また、そもそも現存する緑の機能の評価だけでは、緑が存在しない地域あるいは緑が少ない地域における人々のニーズは把握できません。そこで、緑に対する人々のニーズを把握する調査が必要になってきます。これは、計画対象区域のどこでどのような機能をもつ緑がどのくらい必要とされているかを把握することです。

2 市民ニーズの把握

これまで緑の機能については、様々な評価の方法が考案され、評価が行われてきましたが、緑のニーズについては十分に把握されてきたとは言えません。ニーズの評価が重要である理由は先に簡単に述べましたが、具体的には以下のような評価を行うことが重要です。すなわち、緑地に対するニーズが相対的に高い地域であるにも関わらず緑地が存在していなかったり少なかったり、あるいは存在していても十分に機能していなかったりニーズに合致しない機能を発揮したりしている場合、当該地域は優先的に緑地を整備すべき地域、あるいは緑地機能を改善すべき地域であると言えます。

逆に、ある緑地が現時点で機能を発揮していても、ニーズのない地域またはニーズの小さい地域であれば、緑地の効用という点では低く評価せざるを得ません。計画区域内に現存するすべての公園の誘致圏域を描出し、誘致圏域から外れる地域を、公園を整備すべき地域とみなす評価が広く行われてきました（図 6･6）。

市民ニーズを客観的に把握するための最も一般的な手法は市民への意識調査です。現在、多くの自治体で広く採用されている手法ですが、緑に関して独自に行われることはあまりなく、多くの場合、都市計画基礎調査等の上位計画の調査に緑関連の設問も加えて実施されています。このため設問を増やしたり細かな質問をしたりしにくく、ニーズの把握は自治体レベルでの大まかな傾向の把握にとどまり、地

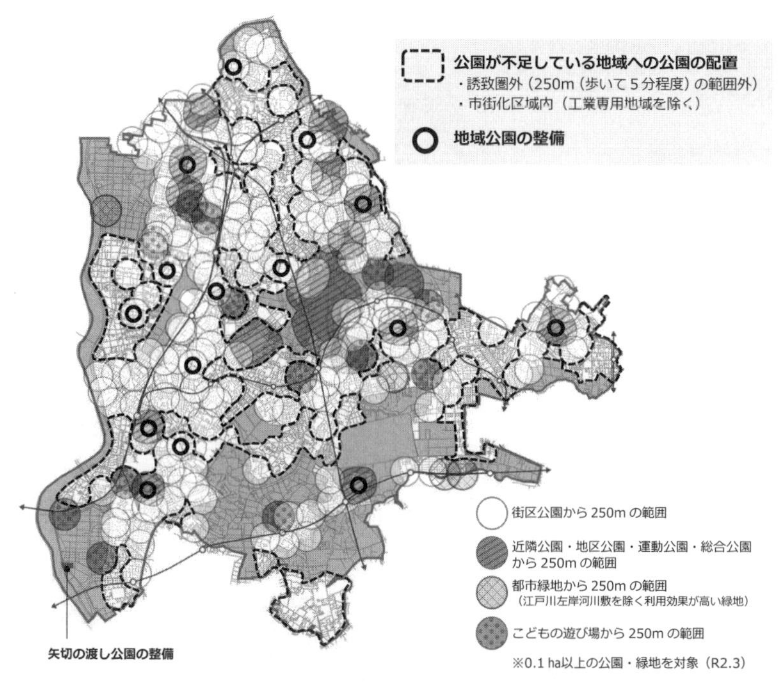

図6·6　公園が不足している地域の抽出の例（公園配置・整備方針図）
（出典：松戸市『松戸市みどりの基本計画』2022年4月）

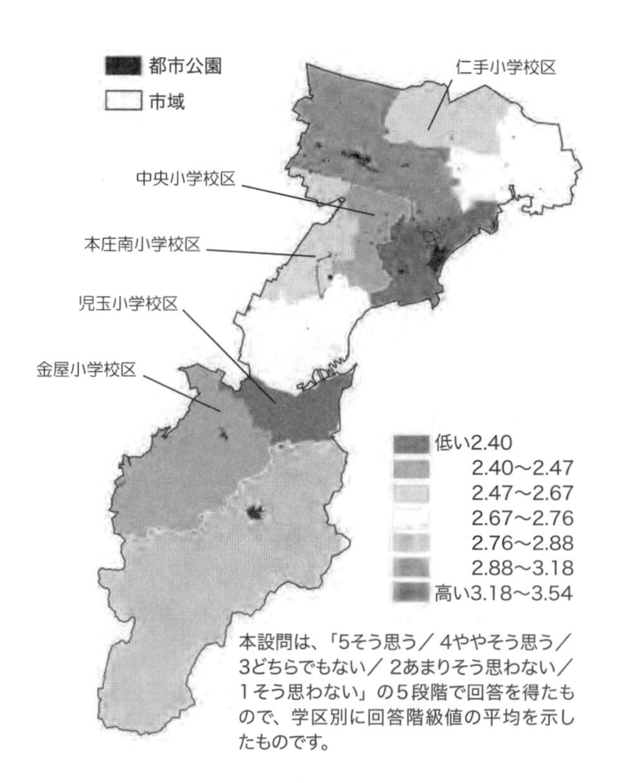

図6·7　小学校区別にみた公園緑地のレクリエーション利用の満足度（出典：本庄市『本庄市緑の基本計画』2021年9月）

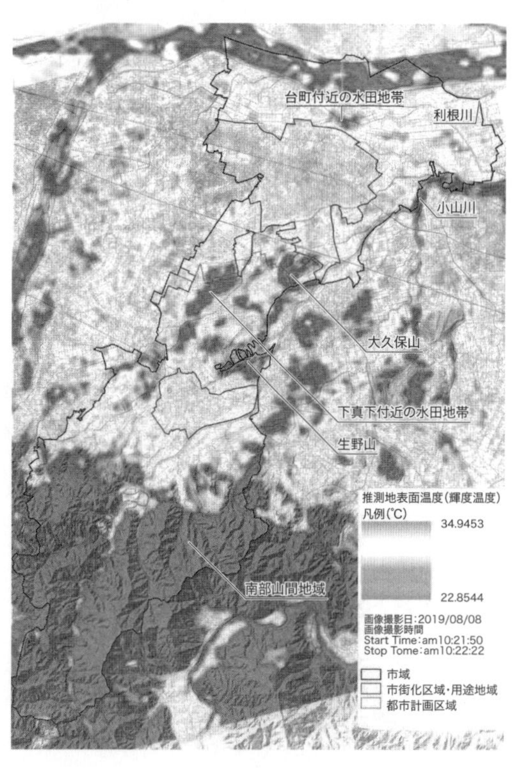

図6·8　緑による地表面温度の低減効果と地表面温度の提言が求められる区域の抽出
（出典：本庄市『本庄市緑の基本計画』2021年9月）

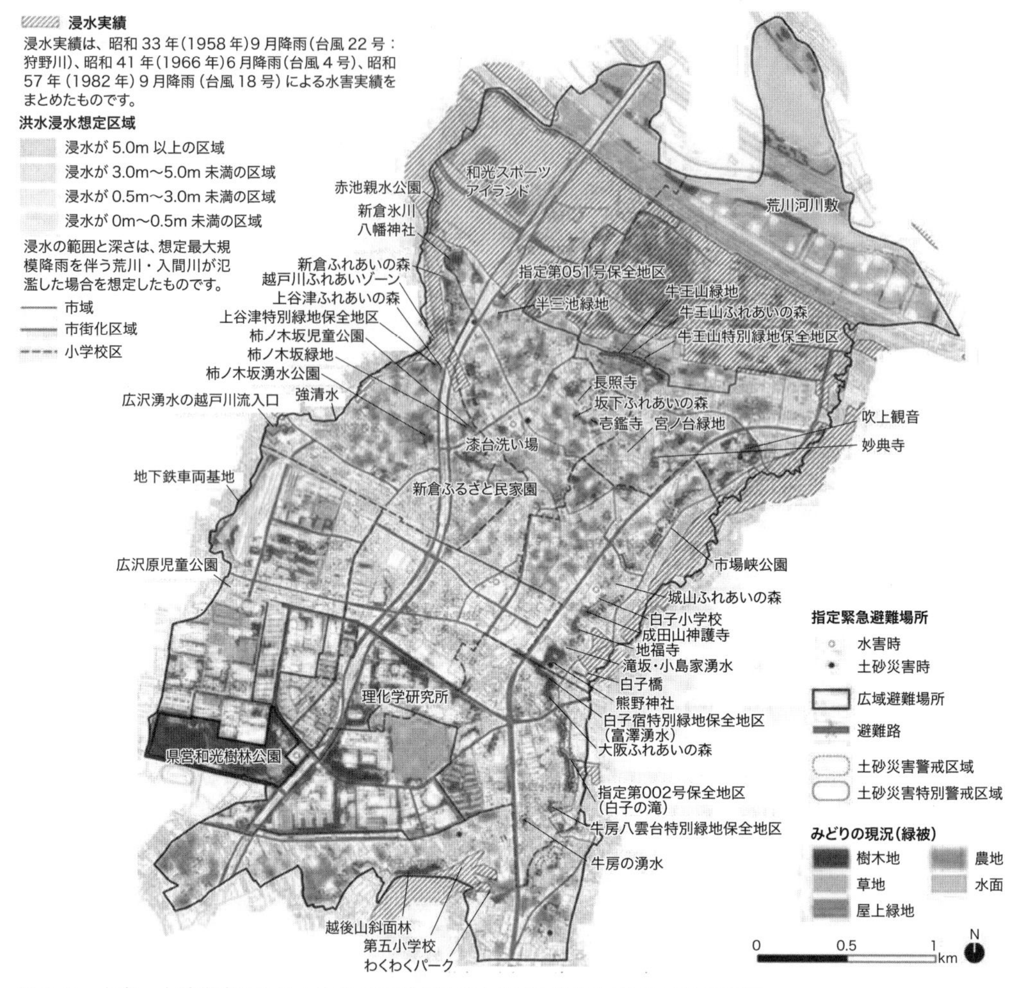

図 6･9　水害・土砂災害のリスクのある区域の抽出と災害の緩和に資する緑の評価
（出典：和光市『和光市みどりの基本計画』2022 年 3 月）

区レベルでのニーズやその違いを詳しく把握するには至っていないケースがほとんどです。この意識調査では、ニーズに加えて緑に対する市民の満足度等も確認されることが多くなっています（図 6･7）。

これは、後述するように、緑の満足度が公園緑地計画の達成目標に掲げられることが多くなっているからです。一方、緑に対するニーズのうち特に存在機能に関わるものについては、人々の意識を介さずに把握することも可能です。例えば、リモートセンシング技術を用いた地表面温度の把握（図 6･8）、洪水ハザードマップを用いた水害リスク（内水氾濫・外水氾濫の浸水想定区域）の把握（図 6･9）などが今日広く行われるようになっています。

4　計画課題の整理

本節では、公園緑地計画を更新するための調査・検討項目（表 6･2）の 3 つ目である、緑の計画課題の整理について解説します。

ここまでの調査の結果を分析して計画が向き合うべき課題を検討します。課題とは一言でいえば、緑の機能（サービス）が緑のニーズを満たしていない状況と言えるでしょう。この、ニーズとサービスのギャップを埋めるための介入がほかならぬ計画です。

こうした緑の機能の充実といった課題のほかにも、民間セクターによる緑化活動の支援（いわゆる民活や官民連携）や、緑の利活用を促すことで緑の機能を十分に引き出し、人々に満足してもらえる取り組みや仕組みづくりが課題とされることも多くなってきました。また、前計画で掲げた課題が解決・改善されておらず、そのことが問題視された場合、それらは現計画の課題としても引き継がれることになります。ところで、課題は、計画対象区域の全域（市町村や都道府県のレベル）に共通する課題と、地域差のある課題の両面から把握する必要があります。前者は、全域で目指すべき課題ともいえ、計画の特徴や個性となります。一方、後者は、求められる緑のサービスの、地域間での差異や格差に対応するために把握されます。

通常、この段階から、一般市民や市民団体の代表者、自治会関係者、事業者、学識経験者などステイクホルダーの参画による委員会等が組織され計画が検討されることが多くなっています。行政や技術者が調査の結果から課題を把握するだけでなく、市民の具体的かつ身近な意見にもとづき課題を認識することもとても重要です。また、当該計画の計画期間が満了する時点では、計画の方針や目標、将来像がどの程度達成されたかを総合的に評価することになります。この最終評価は、調査フェーズのところで述べたように、次期計画の策定時に「前計画の検証」という形で行われることが多くなっています。このように、当該計画を過去の計画と未来の計画のはざまに連続的に位置づけるしくみとしてPDCAサイクルを理解することが重要です。

計画事例　海外における市民ニーズの把握

公園の誘致圏域から外れる地域が本当に公園を必要にしているかどうかは、当該地域の人口やその他のオープンスペースの量を確認しなければ判断できません。市民ニーズの把握について海外の調査事例を見てみましょう（図6･10、6･11）。緑の機能だけでなくニーズも把握して初めて実効性のある計画になります。人々のニーズにきめ細やかに対応するには、ニーズとサービスのギャップをより小さな空間的単位において把握する（ニーズがより高い地域を特定する）ことが重要となります。

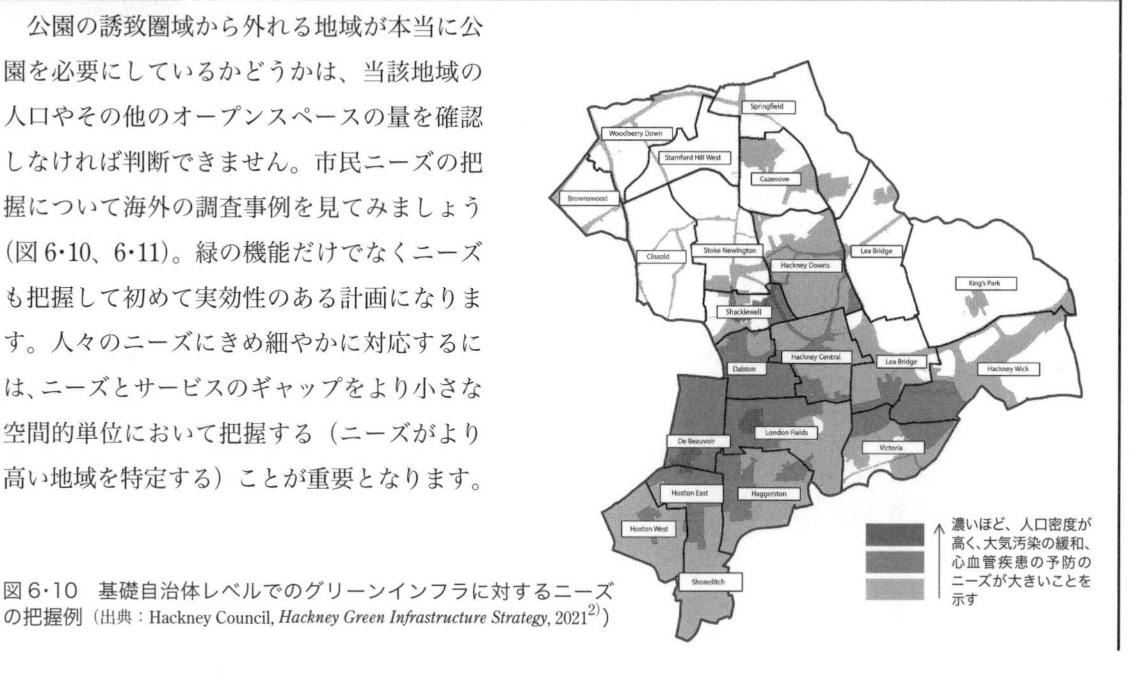

図6･10　基礎自治体レベルでのグリーンインフラに対するニーズの把握例（出典：Hackney Council, *Hackney Green Infrastructure Strategy*, 2021[2]）

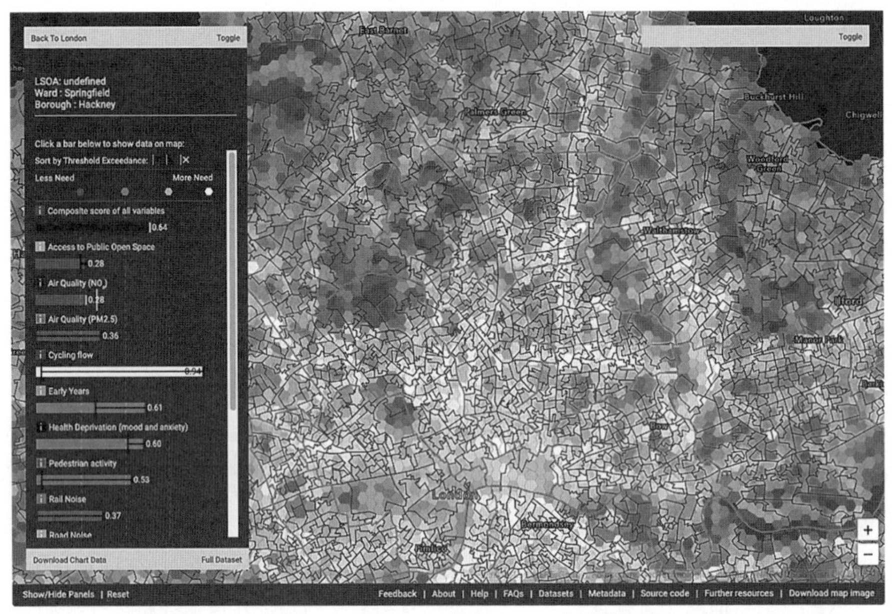

図6･11　小地域レベルでのグリーンインフラに対するニーズの把握の例　公共オープンスペースへのアクセス、大気質、幼年人口、健康被害、歩行者行動、鉄道・道路の騒音の変数からニーズを総合評価しています（出典：Greater London Authority ウェブサイト[3]）

■ **演習問題６** ■　街区公園（面積：約0.25ha）の公園を計画する上で必要となる内部条件からの調査項目を、自然条件及び社会条件の両面から３つ以上列挙するとともに、調査項目について把握するための手段あるいは基礎資料を具体的に説明してください。

考文献等

1）鹿児島県総合教育センター『森林の階層構造』、http://www.edu.pref.kagoshima.jp/curriculum/rika/chuu/tyuugaku/sankou/01page/page09.htm（2024/6/20 最終確認）
2）Hackney Council, *Hackney Green Infrastructure Strategy*, 2021、https://consultation.hackney.gov.uk/chief-executives/green-infrastructure-strategy/（2024/3/3 最終確認）
3）Greater London Authority, *Green Infrastructure Focus Map*, 2018、https://apps.london.gov.uk/green-infrastructure/（2024/3/3 最終確認）

7章 公園緑地の計画

1 公園緑地の計画とは？

公園緑地の計画とは、公園緑地の働きによって人々のニーズを充足したり、社会的な課題を解決したりしながら、安全な都市構造と快適な生活環境の実現に寄与する方法や手順を考える取り組みを指します。

1 手段としての公園緑地

公園緑地の計画は、多くの場合、行政機関によって策定されます。したがって本章で扱う公園緑地計画も、行政計画としての公園緑地計画を想定しますが、計画行政や計画制度を理解するだけでは十分とは言えません。制度にもとづいて計画を考えるのではなく、あるべき計画を実現するためにどのように制度が運用できるか、どのような制度が必要かを考えることが重要です。

なぜでしょうか。制度は一定の社会情勢のもとに設計されますが、人々のニーズや社会的な課題は変化します。もちろん不変のニーズもあり、それに応え続けることは大切ですが、人々の新しいニーズ、今日的な社会課題を的確に把握した上で、公園緑地がそれにどう貢献できるかを考えることが重要です。既知の公園緑地の働きを前提として、それによって改善できる社会課題や充足できるニーズを考えるだけでなく、その逆、つまり課題やニーズから新しい公園緑地のあり方を考えるというアプローチも必要です。

2 公園緑地計画のレベル（階層）

表7·1は、公園緑地計画の策定主体となることが多い行政組織の単位（行政区域）から階層をとらえ、各階層における公園緑地計画の例を示したものです。この表で、敷地レベルの計画とは、単体の公園緑地を対象とした計画を指します。一方、広域レベルの計画は、複数の公園緑地を対象とした計画になり

表7·1　階層に応じた公園緑地計画の例

レベル（階層）		計画の例	依拠法令等
広域	国際	Natura 2000（EU域内の自然保護区のネットワーク計画）ほか	EU鳥類指令（1979）およびEU生息地指令（1992）に基づいて指定
	国土	オランダの国土生態ネットワーク計画（1990）ほか	オランダ政府による策定
	地方	旧東京緑地計画ほか（1939）	旧東京緑地協議会による策定
	都道府県	都道府県広域緑地計画	緑のマスタープラン策定に関する今後の方針について（昭和56年6月9日建設省都市局都市計画課長通達）に基づく
	市町村	緑の基本計画	都市緑地法に基づく
	地区	土地区画整理事業や住宅団地等における複数の公園緑地の計画	土地区画整理法等
敷地		単体の公園緑地の計画	都市公園法等

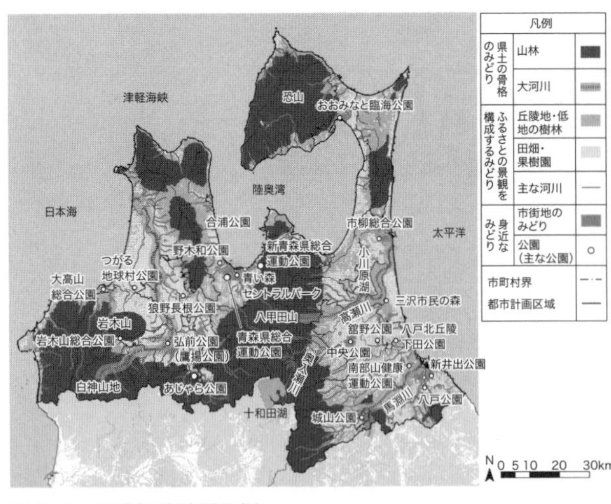

図 7·1　広域緑地計画の例
（出典：青森県『青森県広域緑地計画』2023 年 4 月）

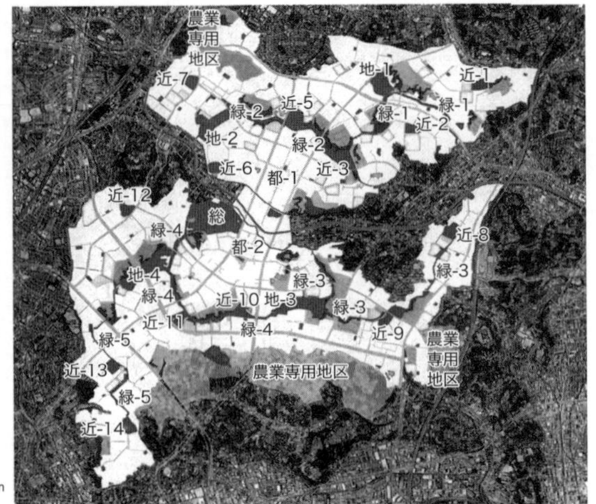

図 7·2　地区レベルのオープンスペース計画の例
地：地区公園、近：近隣公園、緑：緑道、都：都市緑地
（出典：住宅・都市整備公団『港北地区オープンスペース計画・設計技術資料集』1998）

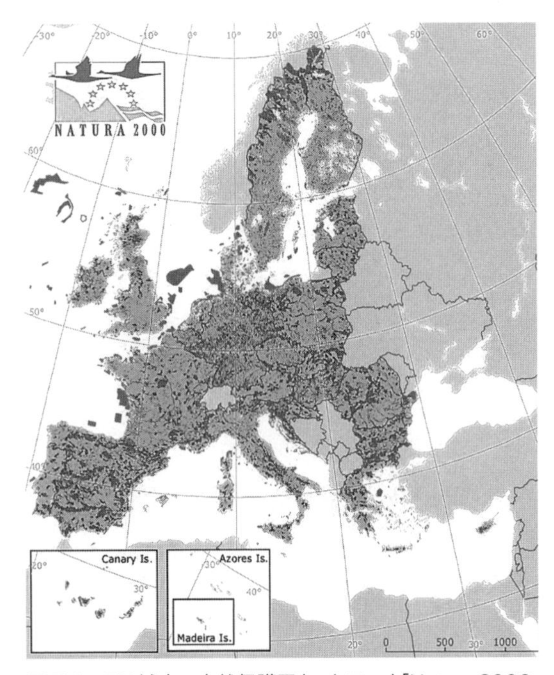

図 7·3　EU 域内の自然保護区ネットワーク「Natura2000」
濃い部分が自然保護区
（出典：European Commission, *The EU Birds and Habitat Directives*, 2015[1]）

ます。複数の公園緑地を扱うということは、それらが存在する一定の広がりを持った地域が対象となりますが、「広域」というのは相対的な概念であり、どの程度の空間的範囲を広域とするかは一義的には決められません。ただし、行政用語としての広域緑地計画というものはあります。

これは広域自治体すなわち都道府県の都市計画区域や行政区域を対象とした公園緑地の計画を指します（図 7·1）。一方、基礎自治体（市町村）の都市計画区域や行政区域を対象とした公園緑地計画もあります。これらは一般に緑の基本計画と呼ばれます。本章でいう広域レベルの計画は、この、緑の基本計画も含んでいます。また基礎自治体の行政区域よりも小さな、例えば団地やニュータウンの計画区域や基礎自治体の行政区域内の一部地域を対象とした公園緑地計画なども本章でいう広域レベルの計画となります（図 7·2）。

また、かつては、東京緑地計画（3 章参照）のような、広域自治体の範囲を超える地方レベルの公園緑地計画が立案されたこともありましたし、海外では国土〜国際レベルのエコロジカルネットワークの計画等もみられます。図 7·3 に示した「Natura2000」は、ヨーロッパで絶滅危機に瀕している種と生息域を保護する国際的なネットワークです。陸上と海上が保護区に指定され、EU27カ国のすべてをネットワークしています。

本章は概ね日本の基礎自治体の都市計画区域や行政区域の範囲を対象とした公園緑地の計画について述べます。なお、敷地レベルであろうが広域レベルであろうが、公園緑地の計画が、人々のニーズに応え社会課題を解決することを目的としていることに変わりはありません。

3 広域レベルの計画の必要性

では、なぜ広域レベルの計画が必要なのでしょうか。それは、ある地域の社会課題を正確に把握したり、効果的に解決しようとしたりする場合、広域的なアプローチが必要になることが少なくないからです。例えば、この地域にはレクリエーションの場が少ないとか、災害時に避難できる場所が少ないといったことがらは、広域的な視点に立つ（他地域と比較する）ことで認識され、客観性をもった課題となります。また、敷地レベルでは捉えにくい公園緑地の価値というものもあります。石川（2006）[2] は、エコロジカルコリドーを構成するような、広域レベルで重要性の高い緑地が、基礎自治体レベルでは必ずしも重要な緑地として市民に認識されていないことが多いと指摘しています。その理由は、広域レベルで捉えられる緑地の価値は、一般市民には認知されにくいからと考えられますが、これは緑地が階層性をもっていることによります。階層性とは、ある緑地の価値や意義は、それをどのような空間レベルから捉えるかによって変わってくる特性と理解されます。逆にいえば、緑地には階層性があるからこそ、広域レベルの計画が必要であると言えます。

さらに、局所的に発生している問題であっても、その解決には広域的なアプローチを必要とするということがあります。例えば、河川の下流域や低い土地での浸水の被害を防ぐには、上流域やより高い土地で雨水を貯留・浸透させる緑地の保全や整備が効果的です。

2 公園緑地の計画プロセス

1 計画間のPDCAサイクル

公園緑地の計画を立案する場合、当該計画をPDCAサイクルに位置づけることが重要です。一般的に言われるPDCAサイクルは、当該計画を策定（Plan）した後に、その達成状況（Do）を定期的に評価（Check）し、適切な見直し（Action）を行いながら進行を管理する仕組みです。

しかし近年、地方自治体等において公園緑地の計画が初めて立案されるというケースは稀で、過去に立案された公園緑地計画の中間見直しや改定を行ったり、過去の計画に基づく取り組みを検証した上で、実績をさらに発展させていったりするという経緯で行われる場合がほとんどです。そこでは、過去の計画がどこまで目標を達成できたかの冷静な分析な

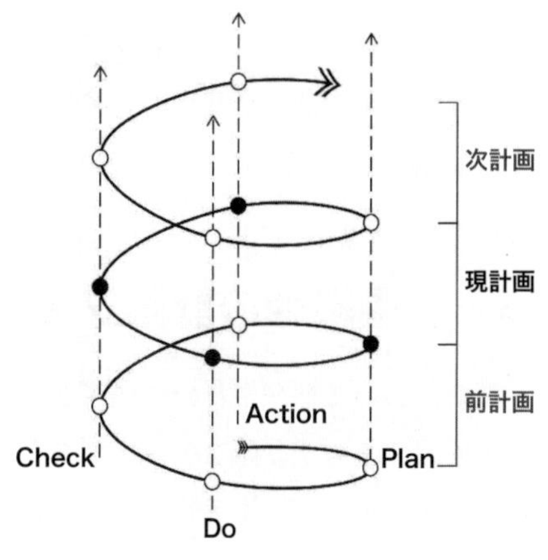

図7·4　計画間のPDCAサイクル

くして新しい計画には臨めません。すなわち、過去の計画のPDCAサイクルの延長線上に当該計画を位置づけ、再びPDCAサイクルを回していくという考え方が重要です（図7・4）。

とはいえ、過去の計画の達成状況を踏まえるだけでは、新しい計画として不十分です。そもそもなぜ新しい計画が必要になるかといえば、社会情勢の変化などにより新たな課題が発生したり、法制度が改正されたりして、従前の計画では十分な対応が難しくなるからです。過去の計画を検証し発展させるという側面と、新たな課題に対処するという側面の、両方から計画を検討する必要があります。

こうしたことから、計画には一般に目標年次や計画期間が設けられます。目標年次は計画の目標を達成する最終的な年度を指し、計画期間は計画策定から目標年次までの期間を指します。

例えば20年後を目標年次とする場合、向こう20年が計画期間となります。また、20年の計画期間を想定した場合、例えば計画が策定されてから10年後に中間評価（Check 評価）を行い、その結果を踏まえて計画の見直し（Action 改善）を行ったりします。このことについては後述します。

2 計画の3つの段階

公園緑地の計画は、企画→調査→計画の3つの段階で捉えることができます。広域レベルでのほとんどの公園緑地計画は、地方公共団体の政策の一環として都道府県や市町村が主体となり策定されます。したがって、計画策定のすべての段階にわたって行政機関が中心的な責務を果たすことになります。

企画は、計画策定業務の仕様や予算の検討が行われる非常に重要な段階で、一般に行政内部で進められます。しかし昨今、多くの計画は、その策定を支援するための業務提案が公募され、優れた提案を行った技術者やコンサルタントに業務が委託され検討が進められることが多くなっています。

続いて、前計画の検証や背景の整理、緑の現況と市民意識の把握を目的とした調査が行われます。調査の結果は分析され、課題が整理されます。これら一連の作業も、行政と先に選定された技術者によって進められます。

課題を解決するための方策を検討するのが計画の段階です。具体的には、計画の方針や将来像、目標水準が設定されるとともに、それらを実現するための施策が検討されます。また、施策の推進や計画の進行管理に係る枠組みの検討が行われます。これらの作業は、行政と技術者が検討した原案に、地域住民や学識経験者らによって構成される委員会等で出た意見を反映する形で進められます。委員会でまとめられた計画案はパブリックコメント（意見公募）にかけられ、その結果を考慮して最終的な計画が決定、公開されます。

3 公園緑地の計画フェーズ

調査において把握されたニーズとサービスのギャップを埋める介入のあり方、その具体的な方法について検討するのが計画フェーズであり、計画の根幹となる部分です。この段階は、公募された市民や学識経験者、専門家等を委員とする委員会等の中で計画案が検討されます。そして、計画素案が固まった時点でパブリックコメントにかけられ、市民の意見が反映されます。

1 計画の方針・将来像・目標の設定

計画の方針は、把握された課題を踏まえ、計画が目指すことを短い文章で表したもので、通常、計画のテーマや基本理念、それらにぶら下がるいくつかの基本方針によって構成されます（図7･5）。計画にグリーンインフラの考え方を取り入れる場合、大きく2種類のアプローチが考えられます。1つ目は、計画の基本方針にグリーンインフラを位置づけるもので、計画の目標や施策の全体にグリーンインフラの取り組みが関わってくることになります（図7･6）。2つ目は施策の1つまたはいくつかにグリーンインフラを位置づける場合です。

将来像は、計画区域の全域を対象として、拠点や軸となる公園緑地、特徴的な緑のゾーンを形成する緑地の配置方針を図で表現したものです。従来、4つの機能別系統（環境保全、レクリエーション、防災、景観形成の各系統）と、それらを重ね合わせた総合的な公園緑地の配置を示すことが基本とされてきました。その理由は、これら4機能が、快適な都市生活と安全な都市構造を支える最も基本的

図7･5　計画の基本理念と将来像の例
（出典：和光市『和光市みどりの基本計画』2022年3月）

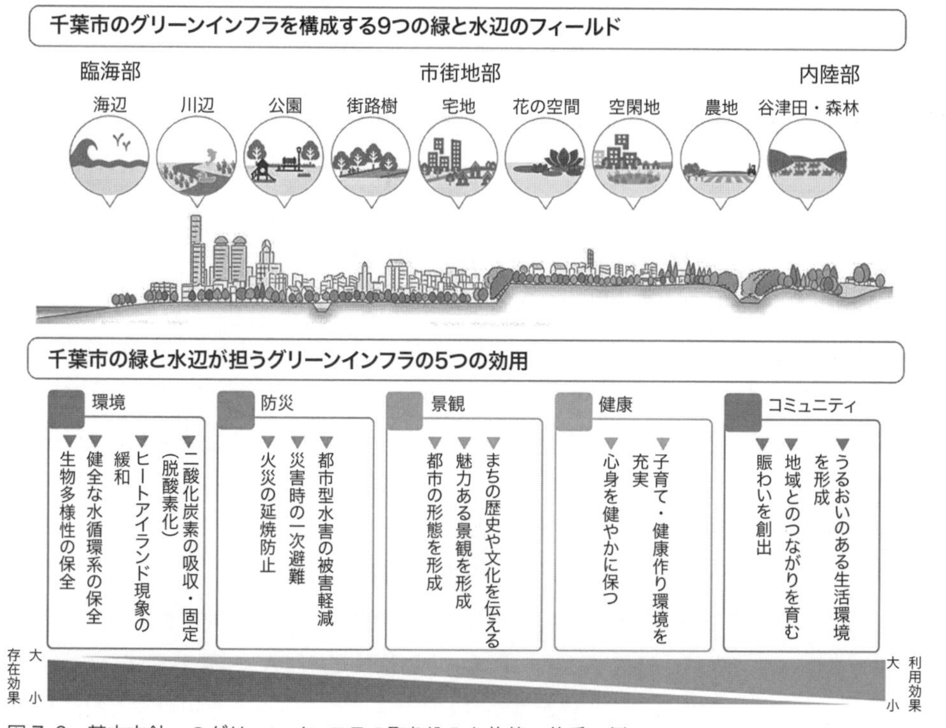

図7･6　基本方針へのグリーンインフラの取り込みと施策の体系の例
（出典：千葉市『千葉市緑と水辺のまちづくりプラン2023』2023年5月）

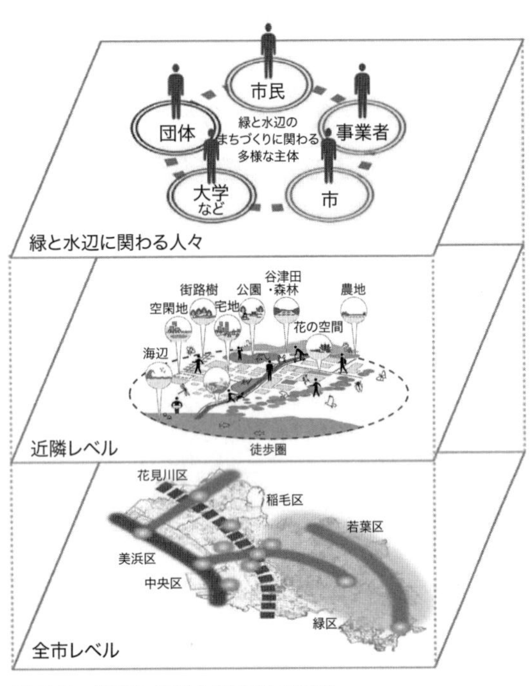

図 7·7　階層に応じた将来像の設定
(出典：千葉市『千葉市緑と水辺のまちづくりプラン 2023』2023 年 5 月)

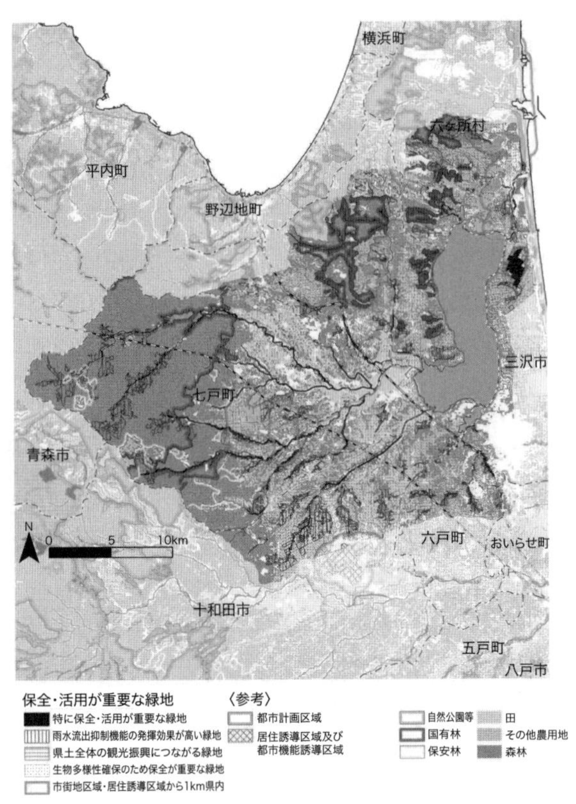

図 7·8　広域緑地計画にみる流域別の緑の取組方針
(出典：青森県『青森県広域緑地計画』2023 年 4 月)

な要件であることに加え、緑が提供する多様な機能のほとんどを包含していることによります。

また、公園緑地を系統的に配置する理由は、公園緑地が有する諸機能を効果的に発揮させるためです。そこで留意すべきは、都市の骨格を形成するように公園緑地を配置すること（ネットワークの形成）と均衡ある配置です。公園緑地はネットワークされることでその利用機能・存在機能を高められるだけでなく、均衡のとれた配置によって偏りのない公共サービスを提供できます。ただし、緑の基本的な機能とその効果的な発現が考慮されるのであれば、必ずしも 4 系統からなる配置を明示的に示す形式にこだわる必要はなく、地域の実情に応じた様々な配置計画が検討されるべきでしょう（図 7·7）。調査フェーズで地域別の課題抽出が行われた場合には、計画の方針や将来像も地域別に検討されることもあります（図 7·8）。

目標は、当該計画が達成を目指す具体的な目標で、達成状況を明確に評価できるよう定量的な指標で示されることが多いです。例えば、計画区域における人口一人あたりの公園緑地面積や緑被率・緑被地率などがよく用いられてきました。これらの指標は、調査フェーズで把握された人口の動態や土地利用の状況、都市計画や市街地整備の状況を踏まえて設定されます。

しかし、公園緑地を保全・創出しても、それらがあまり利用されなかったり、利用されてもあまり満足してもらえなかったりというのでは、その計画は十分な成果をあげたとは言えません。そこで最近では、確保された公園緑地の面積や緑被率（アウトプット指標）だけでなく、それによって得られた成果、例えば利用者数や利用率、利用満足度、緑が豊かだと感じる市民の割合や水辺が魅力的だと感じる市民の割合などのアウトカム指標が用いられることも多くなっています（表 7·2、図 7·9）。将来像や計画の

表 7・2　計画の目標値の例

	アウトプット指標	アウトカム指標
ハード	・保全・創出する緑の量 ・緑被（地）率 ・人口一人当たりの都市公園面積 ・屋上緑化や壁面緑化、湧水等、地域性を反映した緑の面積・箇所数 ・Park-PFI や指定管理者制度を導入する公園緑地の数 ・健康遊具やWi-Fi環境など今日的な施設が整備された都市公園の数	・公園緑地の利用者数・利用頻度 ・公園の利用満足度や緑に対する満足度 ・緑や水辺が豊かだと感じる市民の割合 ・緑が豊かだからこのまちに住み続けたいと思う人の割合ほか
ソフト	・緑の保全・管理に関わる市民団体の数 ・公園愛護会等のある公園緑地の数 ・緑の保全・管理・利用に関わる行事の回数	・公園緑地の利用者数・利用頻度 ・公園の利用満足度や緑に対する満足度 ・行事や市民団体等への市民の参加度ほか

【グリーンインフラの5つの効用】 環 環境　防 防災　景 景観　健 健康　コ コミュニティ

	指標	令和5年度（2023年度）現在	令和9年度（2027年度）現在	令和14年度（2032年度）現在	備考
「緑と水辺に関わる人々」が目指す姿	緑と水辺のまちづくり活動の表彰数 健 コ	—	受賞数5 期間内累計	受賞数10 期間内累計	計画期間の始期の令和5(2023)年度からカウント
	緑と水辺のまちづくり活動への参加度 健 コ	29.6%	40.0% +約10%	50.0% +約20%	当初調査時点は令和4(2022)年度
「近隣レベル」で目指す緑と水辺の姿	緑が豊かだと感じる市民の割合 環 防 景 健 コ	77.8%	81.0% +約3%	85.0% +約7%	当初調査時点は令和3(2021)年度
	水辺が魅力的だと感じる市民の割合 環 防 景 健 コ	48.3%	55.0% +約5%	60.0% +約10%	当初調査時点は令和3(2021)年度
「全市レベル」で目指す緑と水辺の姿	緑被率 環 防 景	48.6%	現水準を保つ (±1%)	現水準を保つ (±1%)	当初調査時点は令和2(2020)年度
	大規模公園の利用者数 景 健 コ	292万人	307万人 +5%	321万人 +10%	当初調査時点は令和3(2021)年度

図 7・9　グリーンインフラと関連づけられた成果指標
（出典：千葉市『千葉市緑と水辺のまちづくりプラン 2023 概要版』2023 年 5 月）

目標を達成するのに要する期間を計画期間といいます。途中、中間見直しを行いながら、概ね 10 年から 20 年をかけて将来像や目標の達成を目指す計画が多くなっています。

2 実現のための施策の検討

実現のための施策とは、計画の基本方針ごとに検討、体系化されます（図 7・10）。計画において施策は極めて重要であり、施策の良し悪しが計画の良し悪しを左右するといっても過言ではありません。施策はその特徴からいくつかの分類ができますが、最も代表的なものが緑地の保全に係る施策と、緑地の創出及び緑化の推進に係る施策でしょう。前者は、既存の緑、その多くは民有地の緑に対して地域制緑地を指定して保全していく方法が中心となります。後者は、施設緑地の整備や都市緑化の推進が主な方法となります。したがってこの分類は、地域制緑地に係る施策と施設緑地に係る施策と捉えることもできますが、民有の樹林地を施設緑地化（例えば都市公園化）して保全することもあります。また、別の

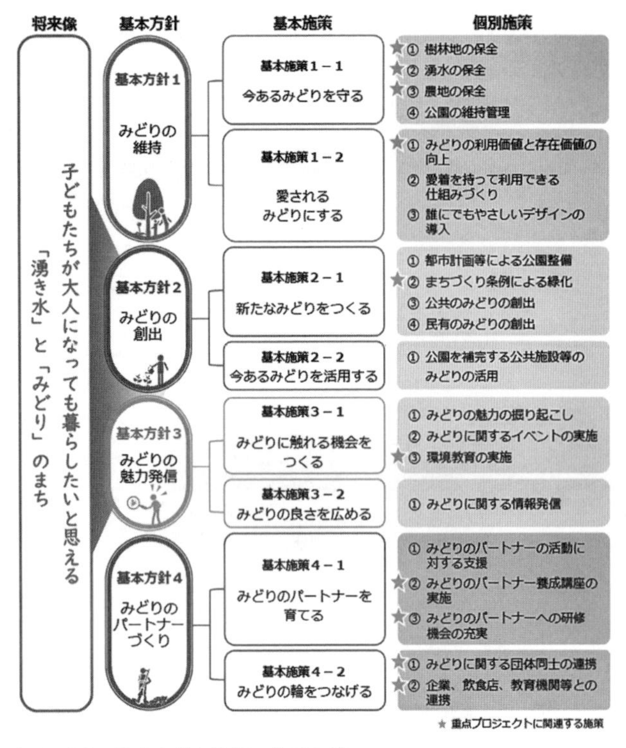

図7･10　基本方針と施策の体系の例
(出典：和光市『和光市みどりの基本計画』2022年3月)

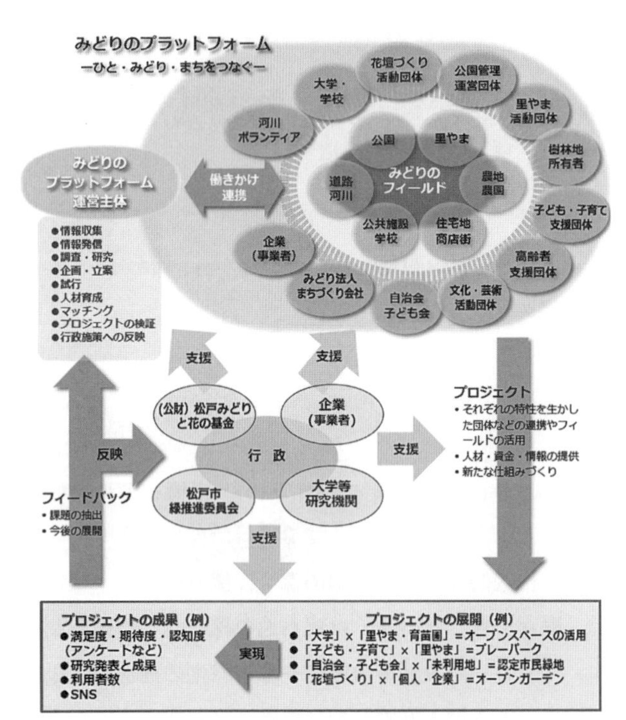

図7･11　緑に関わる主体間の連携を促す体制づくりの例
(出典：松戸市『松戸市みどりの基本計画』2022年4月)

捉え方をすると、確立した事業制度を用いて取り組まれる施策とそうでない施策に分類することもできます。

前者は、法令に定められた事業や国などから予算措置が期待できる事業も多いため、確実な成果が期待できる施策となりやすいです。例えば、地方公共団体が行う都市公園等の整備は、国の社会資本整備総合交付金等の基幹事業の1つである都市公園事業により用地の取得や公園施設の整備に係る事業費の補助が受けられるため、実現の確度の高い施策となりやすい面があります。一方､新たな課題やニーズに対しては、既存の事業制度に頼るだけでなく、ゼロから取り組みを始めたり、初動期の取り組みを支援したりして、仕組みづくりや制度化につなげていく施策が必要です。その他、ハード面の施策とソフト面の施策、官主導の施策と官民連携による施策などの捉え方もでき､目的に応じて様々な施策を使い分けることが重要です。ハード面の施策は、言うまでもなく有形の要素（施設や空間）を扱う施策ですが、近年は特にソフト面の施策が重視されています。ソフト面の施策とは､市民活動を支援したり､様々な主体間のネットワークをつくったりするなど（図7･11)、無形の要素を扱う施策であり､ハード面の施策と有機的に連携させることで大きな効果が得られます。

また近年は、より質の高い公共サービスの提供や行財政における経費削減、環境自治に係る意識の高まり等を背景として、民間セクターの活力やノウハウを取り入れた施策も充実してきました。都市公園における指定管理者制度や公募設置管理制度（Park-PFI）等の推進は、官民連携に係る施策の代表的なものといえます。近年、官民連携というと事業者との連携が注目されがちですが、従来からある公園愛護会制度をはじめ、地域住民・地域社会による草の根の活動を支援する施策も重要であることは言うまでもありません（図7･12）。施策は、計画にもよりますが、40～50件を超えることも少なくありません。また、施策はその内容により実現に要する時間もまちまちです。すぐに取りかかれる施策もあれば、準備や調整に長い時間を要する施策もあります。また、より切実な課題に対応する施策やニーズの高い施策、計画の目標に位置づけられた目玉となるような施策や上位計画に関わる施策など、性格も様々です。このように、施策は内容や期間、優先順位等が多岐にわたるため、一般に短期的、中期的、長期的に取り組む施策に分類されたり、優先的、重点的に取り組む施策と一般的な施策に分類されたりします。施策の振り分けも計画の重要な要素といえます。

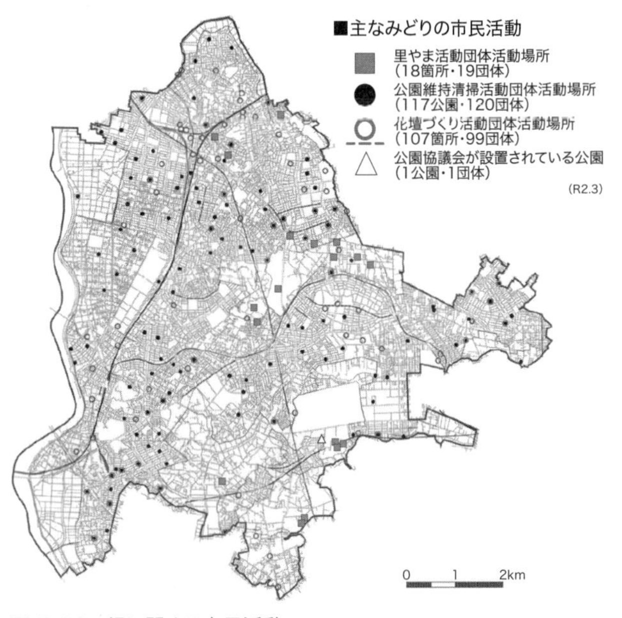

図7･12　緑に関する市民活動
（出典：松戸市『松戸市みどりの基本計画』2022年4月）

3 計画の推進と管理

計画は策定して終わりではなく、実現されてこそ真価を発揮します。このため、施策が確実に実行され成果を上げているかどうかを定期的に評価する必要があります。そして、評価の結果、問題や改善すべき点があれば適切な見直しを図っていく必要があります。このように、計画（Plan）、実行（Do）、確認･評価（Check）、改善･見直し（Act）のPDCAサイクルに基づく進行管理の枠組みを、計画にしっかり位置づけておくことが重要となります。施策の達成度を評価するには、客観的な評価基準が必要になりますが、それらは計画（Plan）の段階ではなく、評価（Check）の段階で実情に則した基準が検討されることが多いようです。また、当該計画の計画期間が満了する時点では、計画の方針や目標、将来像がどの程度達成されたかを総合的に評価することになります。この最終評価は、調査フェーズのところで述べたように、次期計画の策定時に「前計画の検証」という形で行われることが多

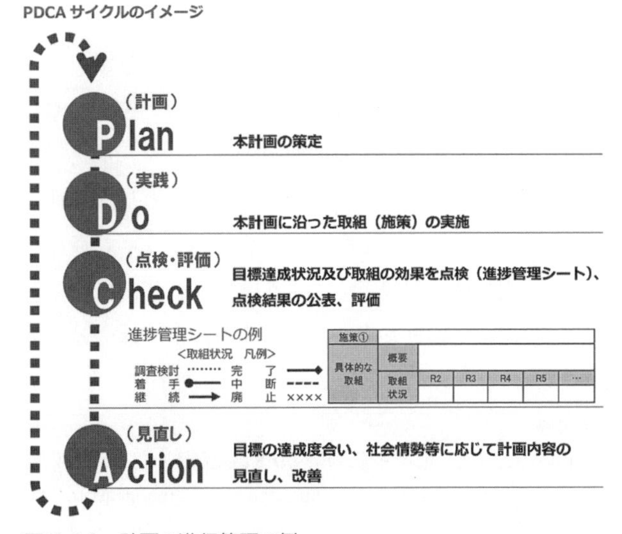

図7･13　計画の進行管理の例
（出典：流山市『流山市みどりの基本計画』2020年3月）

くなっています（図7･13）。このように、当該計画を過去の計画と未来の計画のはざまに連続的に位置づける仕組みとしてPDCAサイクルを理解することが重要です。

計画事例　街区公園（山形県米沢市）

4章で解説した都市公園のうち、住区基幹公園である「街区公園」の計画事例を紹介します。街区公園は、「主として街区内に居住する者の利用に供することを目的とする公園で1箇所当たり面積0.25haを標準として配置する」とされています。本章においては、p.81表7･1の敷地レベルの都市公園計画に相当します。図7･14に示した米沢市の西浦公園は、JR米沢駅から約2kmの住宅地に立地します。標準面積0.25ha、誘致距離250mの条件を概ね満たしています。遊具として「ブランコ」「滑り台」「シーソー」、休憩施設として「四阿（あずまや）」「便所」「ベンチ」「水飲み場」、地域の歴史を伝える「祠」等が整備されています。

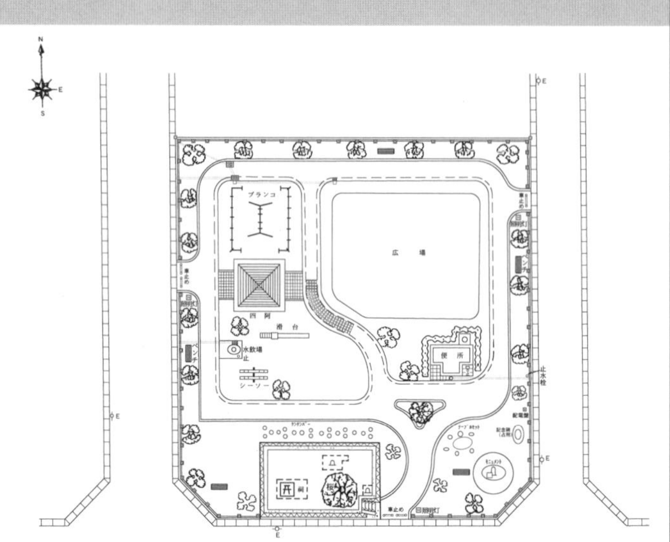

図7･14　西浦公園平面図（山形県米沢市）
（出典：都市公園及び緑地一覧（米沢市））

■ 演習問題7 ■

(1) 行政区域の全域が市街化されている都心部の都市と、行政区域の一部に市街地が限定される郊外都市・地方都市の緑の基本計画をインターネット等で調べ、以下の点について、両者の共通点と相違点を具体的に説明してください。

①計画の対象となる緑（みどり）の分類

②計画によって改善・解決を図ろうとする地域の課題

③緑の将来像図の形態や構成

(2) グリーンインフラの取り組みを緑の基本計画に位置づけた例をインターネット等で調べて、グリーンインフラの取り組みがどのように計画に取り入れられているか説明してください。

(3) 人口減少が続いている都市では、都市公園を整備しなくても、市民一人当たりの都市公園面積は増えていきます。このような都市では、どのような公園緑地計画が必要か考察してください。

参考文献

1) European Commission, *The EU Birds and Habitat Directives*, 2015
https://op. europa. eu/en/publication-detail/-/publication/7230759d-f136-44ae-9715-1eacc26a11af（2024/3/3最終確認）

2) 石川幹子（2006）「広域視点からの緑地の保全・再生・創出」国土審議会第4回大都市圏制度専門委員会、国土交通省ウェブサイト、https://www.mlit.go.jp/singikai/kokudosin/daitoshiken/4/07.pdf（2024/2/12最終確認）

8章
公園緑地の設計

1 公園緑地の計画から設計へ

1 公園緑地を計画・設計することは？

「公園緑地を計画・設計する」ことは都市や地域に生活する、子どもから高齢者まであらゆる人々のための屋外の場所をつくることです。子どもが公園に求める遊びや活動、オフィスワーカーが求める昼食や休憩の場所、そして高齢者が求める憩いや散歩などの多様な活動が共存する場所をつくるにはどのようにすれば良いのでしょうか。夏の暑さを木陰や四阿で緩和したり、生物の生息場所を創出するなど公園緑地の環境性能を高めるには？　公園緑地を計画・設計することは社会的な基盤をつくることです。そして、公園緑地を通して都市・地域の価値を高め、変化を起こすことを強く意識する必要があります。

2 対象地の調査分析

公園緑地の計画を踏まえ、設計段階では「誰のために、どんなニーズに応える公園緑地を設計するのか」を考える必要があります。例えば、気候変動などの社会課題にどう応えるのかなど、設計方針を立てる上で重要なプロセスが調査です。公園緑地の敷地内に限定した調査だけではなく、公園緑地と周辺の都市・地域との関係を構築するための基礎的な情報を整理しましょう。調査内容の地図化、視覚化を通じてスケールごとの「敷地の読み方」（図8･1）をまとめていきます。

重要なのは、スケールを変えて調査を実施し、設計に活かすことを強く意識して統合的な視点をもつことです。地形を例に解説していきましょう。段彩図は色によって地形を塗り分け、可視化をしていく手法です（図8･2）。例えば、地域スケールで地形を見た場合は崖線、川、谷筋、尾根など周辺環境との関係を可視化、敷地スケールでは保全すべき地形・水系の把握や、傾斜方向、斜度などの分析は、動線計画や諸施設の配置にも関係してきます。

3 公園緑地の設計方針

一連の調査分析により、自然的・社会的・人文歴史的条件から対象地のもつ価値や課題が可視化されます。ここまでが敷地を「読む」プロセスですが、設計者には、敷地に新しく「描く」「書く」力が求められます。発注者からの要求、利用者の意見、要求などとも向き合い、議論を深め、「何を」「誰のために」つくるのか明確にすることが必要になります。この段階で多主体

図8･1　敷地を読む

図8･2　東京農業大学世田谷キャンパス周辺の地形断彩図

鶴間公園を"核（コア）"とした
水と緑の健康生活ゾーン

自然　　アクティブ インクルーシブ　　パークライフ

図8･3　鶴間公園コンセプト（出典：町田市）

の意見を聞き、編集して丁寧に設計プロセスに織り込むことが有効です。

例えば、町田市[1]の運動公園である鶴間公園では、図8･3に示す通り「鶴間公園を“核（コア）”とした水と緑の健康生活ゾーン」という考えのもと、「多摩の自然を取り込む」「誰もが健康になる」「パークライフを再発見」という3つのコンセプト（基本理念）が設定されました。図や文章を通じて公園設計のコンセプトが共感を生むものになることは大切なプロセスの1つです。

4 公園緑地の空間構成の検討

公園緑地の設計段階では、空間機能別の面積を設定し、様々な配置パターンを検討します。中央に芝生広場を配して諸機能を芝生周辺に連結させる集約型、敷地全体に満遍なく分散させる分散型など、エリアの構成から検討を行います。空間構成の検討の面白さは、敷地の性格を読んだ上で行う点です。敷地にはすでに地形や既存樹があり、まちや道路との関係で入り口や動線も影響を受けるでしょう。諸施設の配置、地形を生かした造成計画、園路の幅員や構成、植栽計画などが個別に検討された後、最終的に平面図として統合されます。大まかな空間の骨格と諸施設の配置、動線などがイメージとして整理された図となります。

2 公園緑地を設計するとは？

1 設計条件と方針の確定

まず現地調査、利活用調査などを通して設計条件を整理していきます。加えて、敷地の状態が測量図やデータと整合しているか、既存樹や植生、土壌の調査なども確認しましょう。インフラに関する項目では、電気・雨水排水などの条件も確認します。他にも、構造物上の敷地では土被りや荷重条件の確認も必要でしょう。設計者で診断するだけでなく、発注者とも確認を進め合意しておくことが必要です。

基本設計方針の確定は、設計方針として共通の概念を組み立てること、エリアごとの空間の特徴や質など、設計の目指すべき方向や内容を支える軸となります。この段階で、設計の成果品とスケジュールについても設定を行います。公共・民間によって成果品の内訳は異なりますが、基本設計レベルでの成果品は基本設計平面図、断面図、施設計画平面図、割付平面図、造成排水計画図、植栽計画図、給排水・電気系統計画図、イメージ図、工事概算書、基本設計報告書などが最低限の成果品となります。ダイアグラム、パースや模型写真など、ビジュアルの資料と文章で設計内容をわかりやすく記したブックレットを作成したり、ワークショップや市民参加プロセスの成果を報告書としてまとめることもあります。

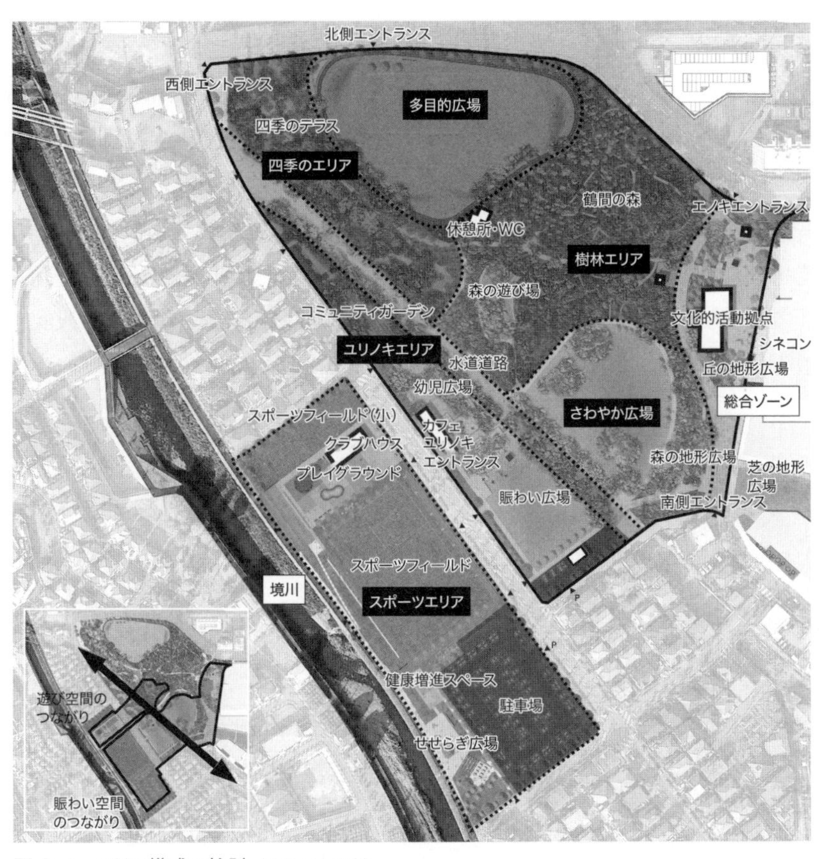

図 8･4　エリア構成の検討（出典：町田市）

2 エリアの構成を設計する

基本設計段階では、踏み込んでエリアの構成の検討を行います。例えば、前述の鶴間公園では、①公園がひろがる（公園の活動領域や人のつながりを広げる）、②つながる（公園と川、公園内の空間の連続的、視覚的なつながり）、③質が上がる（新たな施設や機能の導入による公園利用者の生活の質の向上など）の３点を基軸にエリア構成の検討を進めました。

町田市の景観形成の考え方ノート[2]に示すように、賑わい広場とスポーツフィールドは道路や園路を隔てていますが、視覚的には連続し「ひろがり」のある一体的なエリアとして設計されています。また、遊び場のエリアに関しては小学校低学年以上を想定した森の遊び場、幼児とその保護者の利用を想定した幼児広場、スポーツフィールドや川に隣接し積極的に体を動かして遊ぶプレイグラウンドのエリアが連続するように設計されました。結果として３つの空間と利用の「つながり」を生んでいます（図8･4)。設計段階では常に「部分と全体」を意識して設計を進めることが重要です。

3 公園緑地のカタチを設計する

1 全体と部分の設計

公園緑地の設計をする上で重要なのが「全体」と「部分」の設計です[3]。公園緑地の中の１つのエリアを屋外のリビングルームとして設計したとしましょう（図8･5)。芝生広場、四阿、屋外家具や、舗装のパターン、サインも全て「部分」の設計です。一方で、公園緑地「全体」は地形、植栽、水、施設、動線などが相まってカタチとして現れます。「全体」は街区の、そして地域の公園緑地ネットワークの一部を構成しており、さらには都市スケールへと広がるものです。屋外の空間を設計することは、オープンエンドなのです。ここでポイントになるのがスケールの伸縮、全体と部分の関係性の構築です。次に、公園緑地の設計の大きな骨組みを、①地形（土）の設計、②植栽の設計、③動線の設計、④施設配置の設計の流れで説明していきます。

図8･5　屋外のリビングルームとしての公園緑地（神戸市東公園、再整備後）

2 地形（土）の設計

建築の設計との大きな違いは、「ランドスケープに平らなところはない」[4]こと「全ての地面が異なること」でしょう。この地面の設計が公園緑地の設計における醍醐味の１つです。ここでは地形の設計に関して、いくつかのアプローチを紹介します。

１つ目は、コンテクストから発想する方法です。設計対象地の現況地形の把握、地形の変遷などから、その敷地に適した設計方針が見つかるでしょう。２つ目は利用

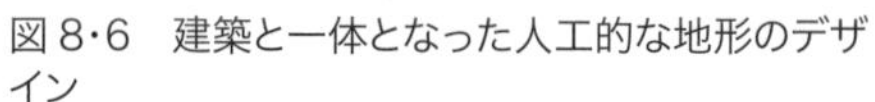

図 8・6　建築と一体となった人工的な地形のデザイン

図 8・7　模型による公園のカタチの検討
（出典：町田市）

者の視点から、人の動きや流れ、活動の内容から地形を発想していく方法です。地形のつくる囲繞感と開放性をコントロールすることで風景が閉じたり開いたり、または空間を包み込むような地形の設計を考えることができます。3 つ目は人工的な地形を創出する方法です。例えば屋上空間、都市に新たな地形をつくることで利用者の活動を誘発することも可能でしょう（図 8・6）。人工構造物上では、植栽基盤の土厚や排水の設計条件を先行して建築・構造のエンジニアと調整する必要があります。地形を設計することは、これから形作られていく自然や人々の活動の器をつくることでもあります。図面での検討だけでなく、断面、模型、3D などを通して検証することが重要です（図 8・7）。

3 植栽の設計

植栽設計では、機能・形態・植栽位置などの検討が必要になります。植栽の機能には日照・気象の調節、ランドマークなどがあり [5)]、目的を明確にすることが必要です。まず敷地の植生調査を行います。既存樹林を活かした設計の場合は潜在自然植生図 [6)] 等を参考にしつつ、適切な植栽の設計が求められます。公共と民間緑地における植栽は整備費や管理費も異なるため区別して考えることが必要です [7)]。

植栽の設計は大きく 2 つの方向性に分けられます。大規模な緑地や既存樹林の保全・再生を基調とした植栽設計では、植生の特徴を把握した上で、樹林地の間伐や本来あるべき姿へ遷移を誘導するような植栽計画を立て、必要に応じて補植を実施します。新たに創出される公園緑地の植栽設計では、空間や諸機能と整合させながら植栽を構想していきます。例えば、子どもの遊び場や広場では緑陰植栽を、車道に隣接した芝生広場では飛び出しを防止する遮蔽植栽、入り口には色彩や芳香をもつ草本の植栽など、植栽のエリアを設定した上で、実際の植物の配植を構想します。植物の樹高・目通り幹回り、枝張りなどを示す材料表と植栽設計平面図を作成します。植栽設計の真価が問われるのは経年での変化です。植栽管理計画を作成し、適切な管理を持続することが重要となります。

4 動線の設計

「どんな空間でもアクセスできなければ使えない。情報や物を受けたり発信するため、その中で動ける

図 8･8　公園へのアクセスと動線の検討（出典：町田市）

ようになっていないと、その空間に価値はない」[8]と言われています。動線設計は骨組みづくりとも言える重要な設計です。車道・管理車道・歩道などの動線を検討する中で公園緑地の入り口の位置も重要な事項です。周辺のまちや地域からの人の流れを連続させ、多方向からのアクセスを向上させます（図 8･8）。

次に歩行者動線（園路）の設計ですが、主動線においては公園緑地内の主要な施設や出入り口、広場等をつなぐことを意識してルートを検討します。地形の高低差や既存樹林などを丁寧に読み解き、幅員は最低でも 1.5m、バリアフリーの園路では 5％以下の縦断勾配で園路を設計します。公園緑地内の動線は実に多様な利用者が使うものです。その線形、ルート取り、全体の勾配のバランスなどに加えて舗装材料の機能性、審美性も考えて設計しましょう。

5 施設の配置設計

公園緑地内に配される施設には、広場・噴水などの修景施設、四阿・滞留空間などの休養施設、子どもの遊び場などの遊戯施設、プールなどの運動施設、植物園などの教養施設、駐車場・便所などの便益施設などが都市公園法に定義されています。例えば、修景施設の中の広場は、規模、形状、素材、配置などを丁寧に検討する必要があります。広場で想定される活動は遊びからスポーツ、イベントまで多様です。その周縁部の設計、園路や滞留空間、緑陰などが鍵になりますので利用者の活動内容を十分想定して設計を行いましょう（図 8･9）。

都市公園法改正により民間企業の積極的な参入が見られるのが便益施設です。公園緑地に立地するか

図 8･9　公園内の四阿

図 8･10　民間施設内の滞留空間

らこそ実現できる便益施設の魅力や価値を高めるためには施設周辺の空間をテラスや滞留空間として計画する工夫も必要です。公園緑地の「全体」の世界観に呼応するような色彩や素材、形状を意識した「部分」の設計を行いましょう（図8･10）。地形・植栽・動線・施設の設計は公園緑地を構成する機能別のレイヤーに分けて検討しつつ、相互の関係性を調整し一体性を意識して設計することが重要です。

4 公園緑地の性能設計

1 公園緑地の性能

公園緑地の設計において、近年その性能に関する認識と重要性が高まっています[9]。用・強・美の3つの設計原理のうち、従来公園緑地単体としての諸機能（用）が設計されてきましたが、グリーンインフラとしての多機能性も欠かせない視点です。例えば、一ノ瀬[10]の整理によると環境的な恩恵としては、大気の浄化・雨水の貯留浸透等、社会的な恩恵としては健康と福祉の向上・資産価値の向上等、気候変動の緩和と適応への恩恵としては、洪水緩和・炭素固定と貯留・暑熱緩和・防減災効果などにまとめられています。今後求められるのは公園緑地のもつ効用を評価し、社会課題に直面する都市や地域に効果を波及させることです。

例えば、都市河川と公園を一体的に再整備したシンガポールのビシャン・パーク（図8･11）、高潮に脆弱な沿岸域の土地を嵩上げし、減災機能を持つ公園緑地として再整備が進行するニューヨーク市のBIG-U[11]のように、公園緑地の性能を都市にどう活かすかは、重要なテーマといえるでしょう。

2 公園緑地においてグリーンインフラを実装するには

グリーンインフラという言葉は「自然が持つ多様な機能を賢く利用することで、持続可能な社会と経済の発展に寄与するインフラや土地利用計画」と定義されています[12]。建物の屋上、歩行者空間や広場まで多様な形をもつ公園緑地において、グリーンインフラを実装するためには設計段階において性能の検証が必要になります。暑熱緩和を目指すのであれば敷地内の風の流れ、地形、施設配置と植栽設計の組み合わせの検討、雨水の一時的貯留・浸透であれば、公園緑地全体の地形を生かし、排水や動線計画

図8･11 ビシャン・パーク（出典：PUB）

図8･12 公園緑地内で雨水の一時的貯留・浸透

を持続的雨水管理という視点で設計します（図8・12）。今後は流域治水推進の流れの中で、公園緑地内での雨水の貯留・浸透は重要な課題となるでしょう[13]。健康の視点から、ロンドン市交通局のヘルシー・ストリート・フォー・ロンドン[14]では、未病対策として快適で歩きやすい道の創出を目指しています。公園緑地では歩行に適した園路を設計しつつ、運動量や質のデータを取得してマネジメントに還元したりすることも可能でしょう。以上のように、公園緑地の性能を設計するには、設計段階から戦略的に位置付けていくことが必要になります。

5 利活用やマネジメントと設計

1 利活用と設計

多様な人々の利活用を想定した公園緑地の設計をどのように進めるかは、重要な部分です。設計の中で利活用について考えるには、様々なアプローチがあります。例えば、エリアを設計する中で、敷地の特性に合った利活用を考えます。芝生広場を中心とする空間では、ピクニックからイベントまで、いつ、誰が、どれくらいの大きさの活動を実施するのかを空間への落とし込み、必要な機能のチェックを行います。例えば、図8・13、図8・14では、芝生広場で想定される利活用のイメージと求められる屋外家具や施設など部分の設計と配置を検討したものです。

日常的な利活用が小スケールのアクティビティだとすると、中スケールや大スケールの利活用プログラムについても検討する必要があります。週末に実施されるファーマーズマーケット、夏の音楽祭や桜祭りなど、大人数が一同に集う場所では電源、水栓、排水、照明、ステージ、屋根のある空間などが必要になるかもしれません。利活用は設計と切り離さずに、空間の設計検討の中で考えていきましょう。

2 プレイスメイキング、設計からマネジメントへ

設計者として公園緑地の利活用を考えていく上で、市民ワークショップや将来の利活用者との社会実験やプレイスメイキングは大きなヒントとなります。手法は多くありますが、大切なのはワークショップでのアウトプットを設計に落とし込む編集作業です。出てきたキーワードや意見を整理していく中で、最終的には設計者としての編集作業を行い、図面に落とし込み、設計プロセスをオープンにします。誰に参加してもらい、何について、どのような議論をしたいのか、アウトラインの設計が大切です。例えば「みどり」「健康・スポーツ」など設計を進める上での課題から設定し、広報の仕方を工夫してみるのも良いでしょう（図8・15）。

設計段階に応じてワークショップやプレイスメイキングを精査します。基本設計条件を定める前であれば、公園緑地の設計方針に活かすことができますし、逆に実施設計の段階であれば整備後を見越して、参加者が小さなプレイスメイキングや社会実験を実施することで将来の公園緑地のマネジメントにつながる場合もあります（図8・16）。以上のようなプレイスメイキングや市民協働の設計プロセスは設計時にしっかりと施主とその内容やスケジュール、成果を詰めていく必要があります。設計者が全てを担う

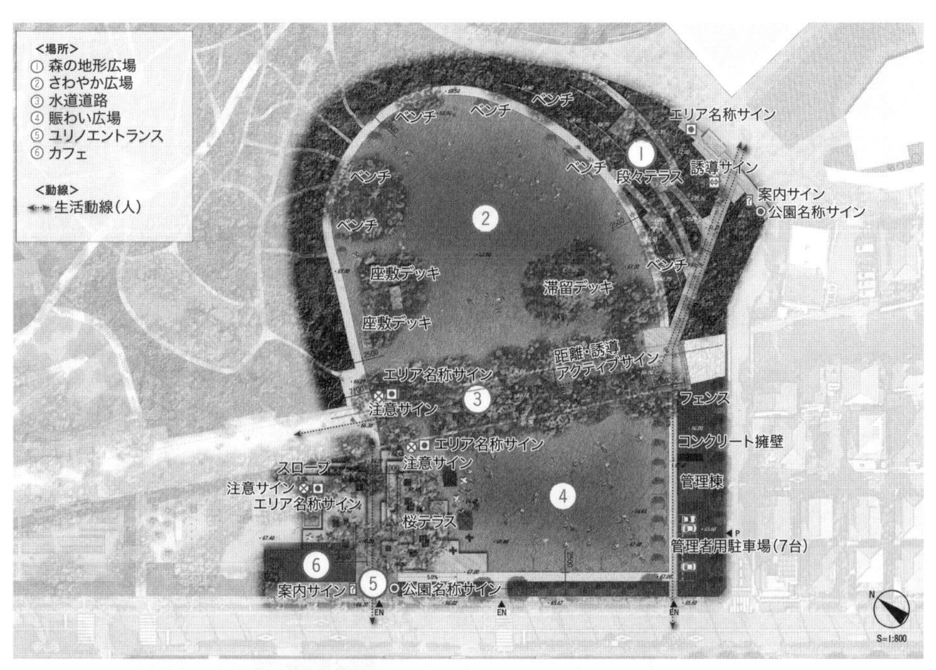

図 8・13　広場における滞留空間の配置検討（全体）（出典：町田市）

図 8・14　滞留空間の設計検討（部分）（出典：町田市）

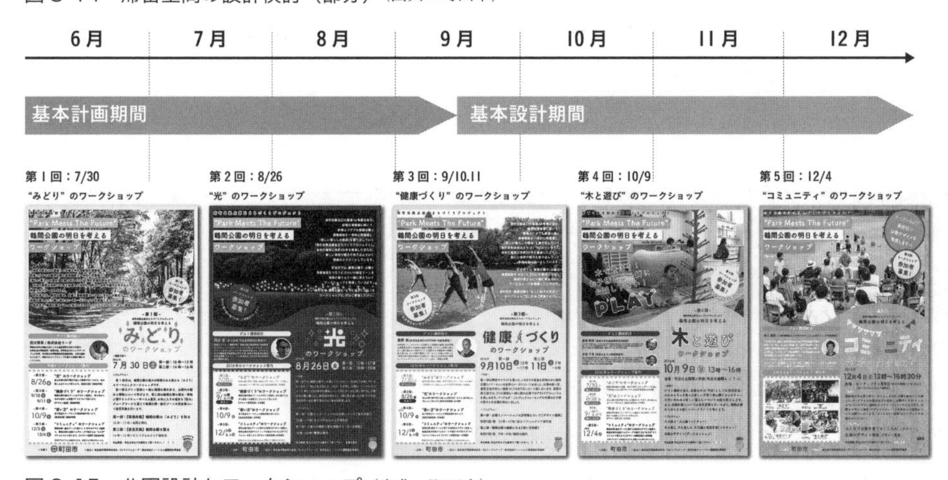

図 8・15　公園設計とワークショップ（出典：町田市）

図 8・16　公園での社会実験の様子

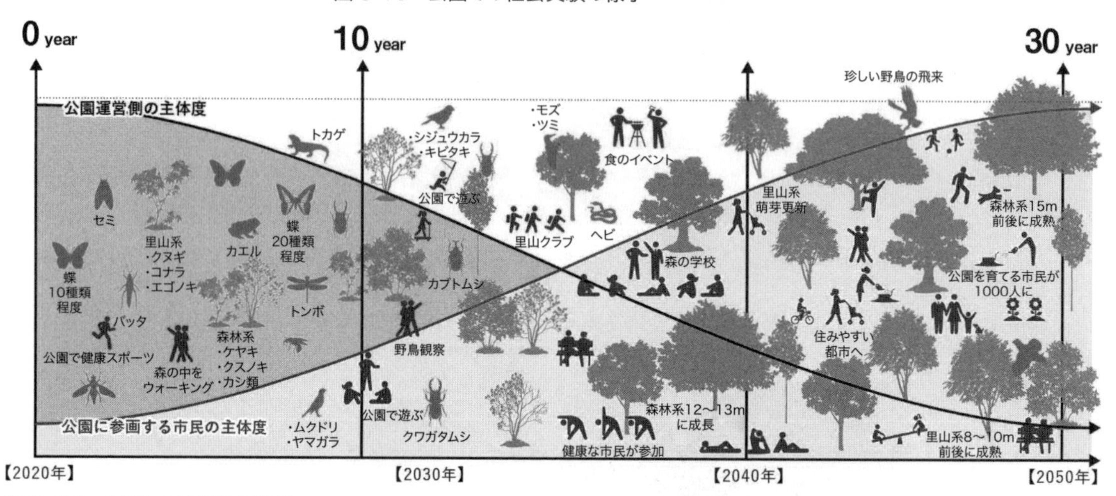

図 8・17　公園との関係性と時間

のではなく、施主側の自治体や民間企業も一緒に進めることが重要です。

公園緑地の設計はリニアなプロセスではありません。社会実験から始まり、結果として公園が再整備されることになった神戸市東遊園地の事例などは、まさに利活用や市民協働から始まった逆方向の設計であるともいえます。2015 年から始まった社会実験の成果もフィードバックしながら設計が進められ、2023 年 4 月に再開園しました（p.94、図 8・5 参照）。

公園緑地を設計することは、設計のプロセス、カタチ、性能、そして利活用まですべてを統合的に考えて社会的な基盤をつくることなのです。そして皆さんが設計した公園緑地において、設計の真価は時間とともに現れてくるのです（図 8・17）。

計画事例　南町田グランベリーパーク「すべてが公園のようなまち」の設計

①計画の背景と課題

南町田グランベリーパークは、東京都町田市の南端に立地し、東急田園都市線「旧南町田駅」南側に広がる 22ha のエリアに駅・商業施設・都市公園などを再整備するプロジェクトです。プロジェクトは大きく 3 つの敷地で構成されています。整備から 40 年が経過した町田市の運動公園「鶴間公園」、東急の旧グランベリーモールという商業施設（2000～2017年）の建て替えと、再配置された旧市道の上に整備された美術館や公共施設を一体的に計画設計していくことが本プロジェクトの目的でした。対象エリアの課題としては、駅の南北の歩行者動線の分断、鶴間公園の老朽化、雨水浸水などに加えて、駅・商業・公園の敷地が道路によって分断されていることでした。

②計画策定の経緯

町田市都市計画マスタープラン（2013年）において南町田を町田駅周辺に次ぐ副次核として位置付け、新しい暮らしの拠点として再整備されることが求められました。町田市と東急は、2014年に「南町田駅周辺におけるまちづくりの推進に関する協定」を締結、2015年に「南町田駅周辺地区拠点整備基本方針」を策定、土地区画整理事業では鶴間公園と商業街区の間の市道を再配置し、一体的な街区に再構成しました。「南町田駅周辺地区拠点整備基本方針　歩行者ネットワークの方針図」では駅から商業街区、公園、そして境川までが歩行者ネットワークでつながる枠組みがつくられました[15]。

③計画・設計の内容

南町田グランベリーパークの大きな特徴は、3つの敷地が公園緑地を中心に一体的に再整備され「すべてが公園のようなまち」をつくることを目指している点です。1つ目の敷地は町田市の都市公園（鶴間公園）です。既存の公園内の地形や自然（樹林地）などの特性を丁寧に読み取り、子どもから高齢者までの多様な利活用を受け止める公園として、公園内の7つの広場や遊び場のつながり、動線上に配された多様な滞留空間、施設間をシームレスにつなげる動線のデザインなどで高い利活用と滞留度を実現しています（図8･18）。運動公園は特定スポーツ競技者の施設利用に偏りがちですが、本公園ではアクティブデザインというコンセプトを導入し、誰もが健康になれる場所を目指しています。具体的には、ランニング・ウォーキングコースのほか、多機能型のスポーツフィールド、スタジオをもつクラブハウスなどが導入されたほか、隣接する境川のランニングやサイクリング利用者やまちの生活者も気軽に公園を使い、通り抜けられるような入り口と動線の設計がされています（図8･19）。

2つ目の敷地は商業施設（グランベリーパーク）です。建て替え前のモールと同様にオープンモール構成となっており、ヴィレッジ型に配された低層の施設群は7つの広場とストリートによってネックレス状につながるような設計となっています。商業施設としての利用のみならず、建物と建物の間の広場では、飲食・散歩・子どもの遊び場・社会的な活動の場として多様な利活用を観察することができます。

3つ目の敷地は旧市道の官民融合敷地、パークライフサイトです。スヌーピー美術館を核に、寄贈された本で構成されるまちライブラリー、子どもクラブなどとカフェが同居する施設は公園とも隣接し、町田市の子ども達が文化的な活動・体験をできる場所になっています。

④現在の状況

2019年11月に南町田グランベリーパークが開園しました。商業施設のグランベリーパークは東急モールズディベロップメント、鶴間公園は

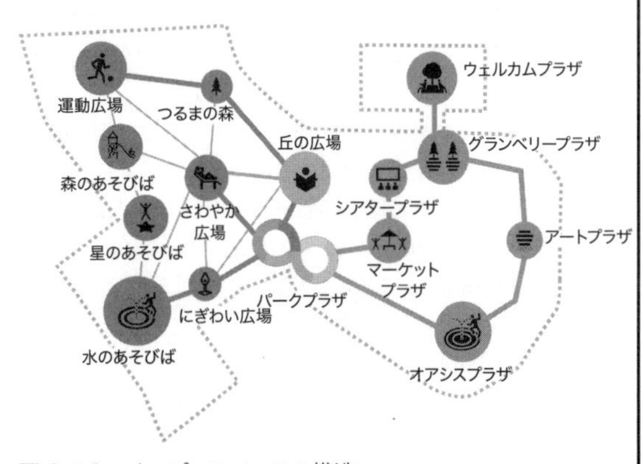

図8･18　オープンスペースの構造

TSURUMAパークライフパートナーズによる10年間の指定管理、パークライフ・サイトは㈱コングレによって管理運営されていますが、まち全体のマネジメントには一般財団法人みなみまちだをみんなのまちへが関わり、公園のようなまちのPR、イベント、活動サポートなどの資金助成を行う仕組みができました。今後は官民のパートナーシップによる持続的なまちづくりの展開が期待されています（図8･20）。

図8･19　再整備後の鶴間公園

図8･20　市民のステージとしての公園
（出典：町田市）

■ 演習問題8 ■

（1）大規模な屋外公共空間（公園・広場・公開空地・もしくはそれらの組み合わせ）を１つ選び、その空間の分析や使われ方について調査を実施してください。

（2）調査に基づき設計条件を立てた上で、再整備設計案を提案してください。空間の構成、具体的な場所のデザイン、使われ方などがわかるよう平面図、イメージ図などを適宜作成すること。

（3）上記で設計提案した公園緑地の中で、滞留空間や施設等を含む一部のエリアを選定し、部分の詳細や利活用の様子について説明してください。

参考文献

1）町田市「南町田駅周辺地区拠点整備基本方針」、https://www.city.machida.tokyo.jp/kurashi/sumai/toshikei/ekisyuhen-machidukuri/minamimachidamachidukuri/mm_kihonhoshin.files/mm_hoshin.pdf

2）町田市「南町田拠点創出まちづくりプロジェクトにおける景観形成の考え方ノート」、https://www.city.machida.tokyo.jp/kurashi/sumai/toshikei/keikan/keikaku/minamimachidakeikan. files/minamimachidanote. pdf

3）B., Cannon Ivers（ed）, *250 Things Landscape Architect Should Know*, Birkhaeuser

4）長谷川浩巳『風景にさわる』丸善出版、2013、pp.66-67

5）内山正雄編『都市緑地の計画と設計』彰国社、1987、p.121

6）環境省自然環境局「植生図について」、http://gis.biodic.go.jp/webgis/sc-009.html

7）山本紀久『造園植栽術』彰国社、2012

8）ケヴィン・リンチ著、山田学訳『新版　敷地計画の技法』鹿島出版会、1987、p.155

9）小川貴裕著・監修『公園が主役のまちづくり』工作舎、2021、p.29

10）一ノ瀬友博「10 造園学の展望」亀山章監修『造園学概論』朝倉書店、2021、p.182

11）グリーンインフラ研究会編『決定版！グリーンインフラ』日経BP社、2020、pp.216-227

12）同上、p.16

13）国土交通省都市局「緑地政策におけるグリーンインフラの実装に向けた検討会資料集」、https://www.mlit.go.jp/toshi/park/content/001418002.pdf

14）Healthy Street for London、https://content.tfl.gov.uk/healthy-streets-for-london. pdf

15）南町田拠点創出まちづくりプロジェクト、https://minami-machida. town

9章 公園緑地の緑化と植栽

1 公園緑地と緑化植物

公園緑地では、屋外空間で我われが快適に過ごせるように、いろいろな設備を造りますが、樹木や草花などの植物を植えた空間は、自然や我われを取り巻く環境を意識させるとともに、次項に述べるような様々な機能を有し、我われに多様なサービスとして還元してくれます。その植物たちが健全に生育するように、定期的に適切な管理をすることも公園緑地においては必要となります。植栽に関して、用いる緑化植物の特性をよく知り、その特性を活かす配置を計画し、植栽･管理をしていくことになります。

樹木の寿命は人間よりも長く、一度植えたら、病害虫などによる枯死あるいは伐採等で排除しない限り、その場所に存在して長期にわたって空間を占有することになります。また、植物の生長していく過程で樹高が高く枝張りが広くなり、より茂ることによって、視界を遮ったり通行に支障が生じたり、電柱や電線、建物やその基礎などと競合してしまったりすることがあります。本章では、公園緑地に必要不可欠である緑化と植栽に関することを解説します。

1 緑化植物

わが国において、植物の種類は6000種、中でも樹木は1200種あるといわれている中で、特に公園や公共施設などの緑地空間に用いるための植物のことをまとめて緑化植物と称しています。

現在、多くの緑化植物は、市場などで売買できる流通のシステムが成り立っています。植木生産者は

表9･1 植物材料の基本的な事柄

項目	定義
公共用緑化樹木等	主として、公園緑地、道路、その他公共施設等の緑化に用いられる樹木等をいう。
樹形	樹木の、特性・樹齢・手入れの状態によって生ずる幹と樹冠によって構成される固有の形をいう。なお、樹種特有の形を基本として育成された樹形を、「自然樹形」という。
樹高 （略称：H）	樹木の、樹冠の頂端から根鉢の上端までの垂直高をいい、一部の突出した枝は含まない。 なお、ヤシ類など特殊樹にあって「幹高」と特記する場合は、幹部の垂直高をいう。
幹周 （略称：C）	樹木の幹の周長をいい、根鉢の上端より1.2m上りの位置を測定する。この部分に、枝が分岐しているときは、その上部を測定する。幹が、2本以上の樹木の場合においては、おのおのの周長の総和の70%をもって幹周とする。なお、「根元周」と、特記する場合は、幹の根元の周長をいう。
枝張（葉張） （略称：W）	樹木等の、四方面に伸長した枝（葉）の幅をいう。測定方向により幅に長短がある場合は、最長と最短の平均値とする。なお、一部の突出した枝は含まない。葉張とは、低木の場合についていう。
株立（物）	樹木等の、幹が根元近くから分岐して、そう状を呈したものをいう。 なお、株物とは、低木でそう状を呈したものをいう。
株立数 （略称：B.N）	株立（物）の根元近くから分岐している幹（枝）の数をいう。樹高と株立数の関係については、以下のように定める。 2本立――1本は、所要の樹高に達しており、他は所要の樹高の70%以上に達していること。 3本立以上――指定株立数について、過半数は所要の樹高に達しており、他は所要の樹高の70%以上に達していること。
単幹	幹が、根元近くから分岐せず1本であるもの。

（出典：国土交通省『公共用緑化樹木等品質寸法規格基準（案）の解説（第5次改訂対応版）』[2]）

公共用緑化樹木等の規格になるべく適合するように生育を調整しながら生産し、購入者は、それらを購入し、植栽に用いるわけですが、市場などでの卸売りや小売りのほか、生産者の植木生産圃場などでの買い付けなども行われています。

緑化植物は、病虫害や環境などに対して強く、健全な生育が望め、早期の緑化完成を目指して成長の比較的早い樹種がよく用いられます。さらには、時代とともに、よく好まれて用いられる種類が少しずつ変わってゆきます。先に述べたように、公共用緑化植物等については規格が定められており、それらの規格に基づいた積算表から工事の請負の金額の算出などが可能となります[1]。国土交通省都市・地域整備局公園緑地・景観課緑地環境室監修の『公共用緑化樹木等品質寸法規格基準（案）の解説（第5次改訂対応版）』[2]では、これらの樹木の品質や寸法の基準について200種ほどを詳しく解説するとともに、公園緑地などの公共空間で用いる植栽工事や樹木等の植物材料を扱う際の基本的な事柄や用語解説（表9･1）がわかりやすくまとめられています。

2 緑化植物の種類

緑化植物は、植物学的な裸子植物、被子植物といった分類とは異なり、形態や特性、また用途によって分類されています。大別すると、木本類は、①高さとして、高木か低木か、②着葉状態として、常緑か落葉か、③葉の形状として、針葉樹か広葉樹か、またこれらの他、壁面緑化などによく用いられるつ

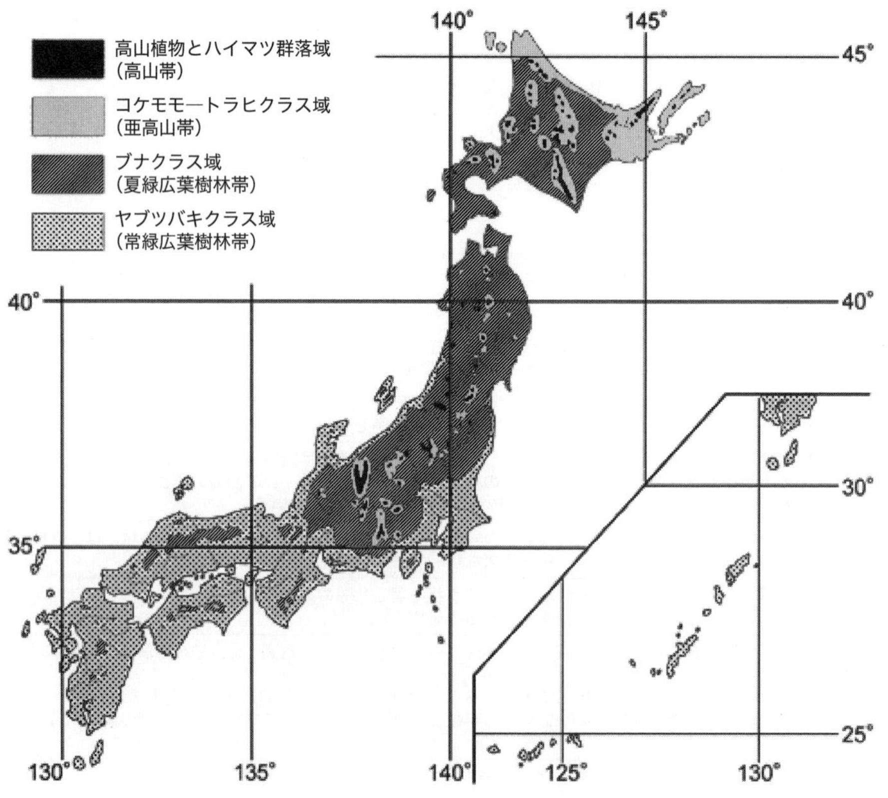

図9･1　日本の自然植生図（出典：宮脇昭編『日本の植生』学研教育出版、2010）

る性植物、特殊樹と称するシュロやヤシ類、タケやササ類などに分類されます。また花壇などで用いられる草本類は、園芸学的な分類として、①一年草、②二年草、③球根類、④落葉性多年草（宿根草）、⑤常緑性多年草に大きく分類されます。さらに地被植物と称して、シバなどのイネ科植物、シダ類、コケ類、さらにはハスなどにみられる水生植物など、用途に応じて分類されています。

現在、日本で見られる既存植生の多くは、人による土地の造成や伐採により、他の植生に置き換わった代償植生です。これに対して、現時点の立地がどのような自然植生を支える潜在的な能力をもっているかを推定した植生が自然植生図です（図9·1）。その土地への植栽に適した植物が何であるかを知るためや、自然立地的土地利用計画を目的とした生態系に配慮した樹種を選定する際に用いられることがあります。

2 植栽の効果・効能

1 植栽の効果・効能

植栽された緑地空間は、ただ単なる植物が植えられている場所ではなく、存在することで多面的な効果が期待できます。我われの生活基盤は、身近に植物があることで何重にもその存在効果が発揮されて環境が守られています。従来、植栽の機能として、以下のことが知られています。

①大気浄化機能

植物は光合成を行う際に、二酸化炭素だけでなく、大気中に含まれている有害物質（一酸化炭素や塩素ガスなど）を吸収し、物質によっては無害化する能力を持っています。植物の大気浄化能力は、植物種によって差があります。例えば、大気汚染物質である二酸化窒素（NO_2）に対する浄化能力は、植物の無機養分として硝酸代謝経路を介して代謝し、無害化されると考えられています。高いNO_2浄化能力を持つ植物の一例として、イオンビーム法により作出されたオオイタビ新品種（KNOX）[3]があり、実際に幹線道路沿いの壁面緑化などに使われ実用化されています（図9·2）。

図9·2　壁面緑化に利用されているオオイタビ（KNOX）（出典：塚田伸也撮影）

②防災・減災機能

植物の物理的・生理的機能により、多くの災害を防いだり、被害を減少させたりすることが知られています。古くは、防風林や防火林など、暮らしを守る意味での屋敷林がこれに該当します。これは、防雪、防潮、飛砂防止、土壌侵食防止、防音などの観点から古くから暮らしの中に取り入れられてきました。現在の都市域では、安全を考慮した法規制によりこれらの防災機能は個々の家屋というより、都市域を守る防災公園などにその機能が移ってきています。植栽する樹種は、地域によっても異なりますが、これらの環境に耐え、目的に合う樹種を選択することが大切です。

③侵入防止機能

古くは野生動物、現在では人間などの立ち入りを防ぐために、周辺に遮蔽機能と侵入防止の植栽を行っています。視覚的にも心理的にも侵入しにくくなるよう、葉先が鋭いものや枝などに棘のあるものなどを選定します。例えば、バラ、ハマナス、ボケ、メギ、ヒイラギ、ピラカンサス、ヒイラギナンテン、ナギイカダなどがあげられます。また、管理をする立場の場合、剪定時には厚手の手袋などを準備し、剪定枝葉は他の枝葉とは混ぜることなく、別途単独で扱うなどの注意が必要となります。

④境界・誘導機能

並木や生垣、街路樹などにみられるように、境界としてまた方向性を示す誘導機能を備えています。また前述した防災・減災機能として、公園の植栽や街路樹などが火事の延焼を防いだり避難時の通路や道路を保護したりする事例が報告されています。

⑤修景・鑑賞・象徴機能

植栽は、その場所の景観的向上を果たすだけではなく、美的なものとして鑑賞対象やランドマークやシンボルとしてその地域、その場所に特別に意味を付与します。樹種としては、比較的大きく、存在感があり、目印となる樹種、特に樹形や枝葉が秀麗な樹種、地域の特色を示す樹種などが選定されます。

⑥生態系保護機能

近年特に、都市域の消滅しつつある緑地に対し、従来の自然環境を保全、創出する目的で検討される公園、緑地があります。生態系も小さな昆虫類から鳥類の保護など多種多様なものがあります。身近な例では、学校ビオトープなどもこれに含まれます。生態系の保護には、まず、誘導したい動物の食餌植物をあらかじめ選定して植栽したり、定期的な維持管理を行ったりすることが必要不可欠となります。また近隣の緑地とのつながりも生態系の多様な自然環境を存続させるために考慮しておく必要があります。

⑦遊戯運動機能

人々の健康を担保するために適宜運動できる広場や子どもたちの自由な遊び場としてのプレイパークなど、目的にあった植栽を施す必要があります。子どもたちにとって冒険ができるような起伏や木登りができるような枝ぶりの樹種などそれらの目的が叶う配置をしますが、周辺からの距離や安全な空間づくりが必要となります。またレジャーや運動を主目的とするのであれば、芝生広場などを設け、その周囲にランニングやサイクリングなど、周遊できるコースを設けたり、健康増進のための屋外用健康遊具を設置したり、植栽以外の設備を施します。いずれにしても緑地空間として、開放的で安心できる環境で、リラックスして過ごすことができる緑地の配置を行います。

2 地球温暖化と二酸化炭素固定

我われは植物を主役とする緑の環境がなければ生きていくことが困難になります。現在、我われが直面している深刻な地球規模の環境問題として、第一に取り上げられるのは、地球温暖化です。これは、大気中の温室効果ガスの増加によって引き起こされる現象です。温室効果ガスの中でも、最も量が多く、最も影響が大きいと考えられているのが二酸化炭素です。二酸化炭素は、化石燃料の燃焼や森林伐採などによって排出されています。二酸化炭素の増加は、地球の表面温度を上昇させるのみならず、それに伴い、気候変動や海面上昇などの深刻な問題を引き起こしています。

しかし、この二酸化炭素は、植物にとっては必要な栄養素です。植物は、光合成という過程で、二酸化炭素を水と太陽光のエネルギーを使って、酸素と有機物を生成します。この有機物は、植物自身の成長や生命活動に必要であり、また、動物や人間に食物や資源として提供されることになります。つまり、植物は、二酸化炭素を吸収することで、地球温暖化の原因となる温室効果ガスを減らし、同時に生命の維持に欠かせない酸素や有機物を生成することで、地球上の生態系やそこに成り立つ生命圏を支えています。

3 ヒートアイランド現象と緩和策

同じ温暖化でも、地球規模ではなく、都市部に起こるヒートアイランド現象があります。このヒートアイランド現象とは、都市域において、高層ビルなどのガラスなどによる反射熱や道路の輻射熱などで高温傾向になり、さらに道路やビルなどのコンクリート、アスファルトなどが蓄熱すること、車や冷暖房などの排熱の発生源の激増などによって気温がさらに上がり、高密度化し乱立する高層ビルによって大気の循環が妨げられ、そこだけが気温の高い場所が生じてしまう状態となることを言います。この現象に都市部の緑地は、大きな緩和の役割を果たしています。緑地は、樹木の樹冠（木陰）によって地面への直達日射が減少することや、植物自体が光合成を行う際に、水を大気中に放出しますが、液体の水から気体の水蒸気に相変化をする際に周辺の熱を利用するため、気温が下がる現象を引き起こします。これを気化熱と呼んでいます。水を多く含んだ土の表面や水面も同じく日射によって気化熱を生じます。さらに風によりこれらの熱が移送されやすくなり、結果的に緑地はヒートアイランド現象とは対照的に気温の低い状態を作ることができます。これをクールスポットまたはクールアイランドと称することがあります。このことより、都市部では、緑地を増やすための方策として、地上部の緑地面積を増やすこと以外にも屋上緑化や壁面緑化などで緑地面積を多くするなどの対策も講じています。

3 緑化植物の植栽管理

植栽地の管理については、その場所の利用目的によって、管理水準および年間計画をあらかじめ設定しておくことが望ましいでしょう。わが国の気候は、温暖な多雨気候であり、植物にとっては比較的生育しやすい条件が揃っています。植栽地の維持管理を樹木管理、芝生管理、草本の多い花壇管理の３つに分けて解説します。

1 樹木管理

樹木は、健全な生育、美観、機能の維持のために定期的に以下に述べる管理を行う必要があります。ただし、樹種によっても扱いが異なりますので、場合によっては、より専門的な書籍やグリーンアドバイザー、樹木医などの資格を持った専門家に指南を求めるとよいでしょう。

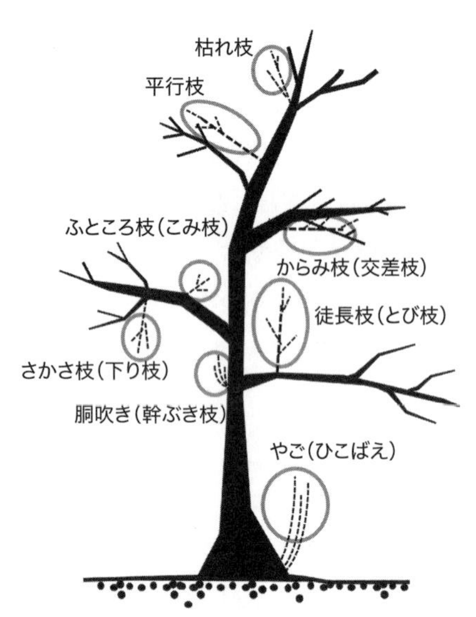

図9･3　剪定対象の忌枝

①剪定

樹木の剪定は、美観的に形を整える整枝剪定の他、実用的に通行の障害となるような枝や防犯の目的で枝下を取り払うなどの機能的剪定があります。また、健全な生育を促すために、例えば繁茂した枝葉によって日照が遮られ風通しが悪くなることによって病害虫が発生するのを未然に防ぐため、枝葉の更新のために行うなどといった生理的剪定を行うことがあります。樹木が生長する過程において、不必要となる枝のことを「忌み枝」と称します（図9･3)。忌み枝は、①樹木の生長に必要な養分を奪う、②樹木の姿が悪くなる、③病害虫が発生しやすくなるといった、樹木にとって悪影響を及ぼすことも多くあるため、剪定を行う際に除去する必要があります。このように、剪定の頻度や時期、剪定の対象枝など、あらかじめ植栽管理の計画に盛り込んでおくとよいでしょう。また、花木などは、花芽分化の時期を考慮した剪定が必要となります。このため剪定する枝や切除する部位については、剪定後にどのように枝が伸長していくかを予想し、樹形や樹冠の形成を維持しつつ、目的に沿った形で剪定を行っていく必要があります。

②施肥

植栽地の樹木の特に植栽時に施す元肥（基肥）や生育の段階における追肥、特に花や実の終わった後のお礼肥、冬期前の寒肥など、名称や種類、施肥の時期などが一般的に知られています。また、肥料の種類やその効果、また樹木への施肥の方法などは実際の樹種によって異なりますので、あらかじめ植栽の計画時に確認をするとよいでしょう。近年では、環境に配慮し、落葉落枝を堆肥化し、再利用するなどの環境配慮型の管理も積極的に推奨してされています。

③病虫害防除

公園や緑地における樹木管理で、病害虫被害は甚大であり、適切な措置を講じないと枯死に至ったり、周辺の樹木へも被害が拡散してしまったりすることがあります。菌類が蔓延して被害が拡大するサクラ類のテングス病や、虫が媒介して病気を蔓延させるナラ枯れやマツ枯れなどはこれに該当します。このほか、チャドクガやイラガなど樹木のみならず人への被害につながるものもあります。以前は農薬の散布などでの防除を行っていましたが、近年では薬剤散布については最小限にとどめ、環境への負荷が低い天敵や遺伝子操作、生理活性物質などの様々な対処法で防除していくようになってきています。

2 芝生管理

芝生は公園緑地で欠かせない広場の植栽として、非常に人気がありますが、設計時に管理のことを検討せずに設計を行うと、施工後、半年から1年程度でオーバーユーズによる植物の枯損や土壌の固結による生育不良、さらには潅水設備や排水設備の不備などによって生育せずにはげて土がむきだしになり、他の草種の生育に負けるなど、健全な生育状態を保てない公園や緑地などが多々見受けられます。国営公園などでは、4段階の管理水準を設け、芝生管理に欠かせない、潅水、芝刈り、施肥、エアレーション、目土（めつち）、病害虫の防除などの維持管理作業について、頻度や時期を設定しています。芝生地については、管理手法や管理機器が確立されつつありますが、草種やその時々の天候などに柔軟に対応できるような管理が望まれます。

3 花壇管理

花壇は、緑化植物の項でも述べた通り、分類や育種といった園芸学的な視点で展開する必要がありますが、基本としては、美しい景観の創造を主に、季節の演出など楽しめる空間づくりに欠かせません。また観光資源としても、話題性としても大変好まれています。

花壇を1つつくるだけでも公園の施工や管理と同等の計画、設計、施工さらには細かい管理運営計画と実施手順が必要となります。使用する草種は、在来種や外来種以外にも交配によって新しい品種が創出され、毎年多くの新品種が導入されています。また、地域によっても生育手法や花期が異なるなど、それぞれの地域で改めて検討を要します。

花壇は、その限られた花期があり、管理目標として、1年中花が楽しめる植栽計画が立てられることが望ましいのですが、購入や人件の費用などの面からも十分な検討が必要です。近年は、ボランティアや近隣の企業など地元の人々との共同で管理を行うなど、公園の花壇がコミュニティ形成の場として、今後の地域や社会づくりに大きな役目を担っています。

4 樹木の種類と選び方

都市公園に植栽する樹木を選ぶ際は、原則として樹種の特性に応じた自然樹形であり、かつ樹形が整っている枝葉が四方に均等に配分されているものを選ぶとされています（公共用樹木等品質寸法企画基準(案)[2)]）。表9･2は、都市公園の植栽計画（樹木の種類と選定方法）について、環境に応じた選び方、機能に応じた選び方、観賞に応じた選び方の3点から代表的な樹種をまとめたものです。

環境に応じた選び方では、陽樹（アカマツやハナミズキなど）と陰樹（アスナロ、アオキなど）があります。陽樹は、日光を好み明るい場所での育成に適しており、光を多く取り入れることにより開放感のある空間をつくります。これと比較して陰樹は、日陰や半日陰の環境でよく育ち、木陰を提供することで、暑い時期に冷却効果も発揮します。耐乾性（ニセアカシア、ソテツなど）の樹種は、降水量が少ない地域や水分供給が限定される場所に適しており、耐湿性（スギ、シダレヤナギなど）の樹種は、湿地や排水が不良な場所での植栽に適しており、水分を吸収して湿地環境を保つ役割も果たします。

猛暑に緑陰となるケヤキは涼しい日陰を提供し快適な空間を作りますが、美しい葉を楽しむイロハモミジやカツラ、初春に白い花をつけるコブシ、初夏に鮮やかな紅の花をつけるサルスベリ、秋に芳香を楽しむキンモクセイ、冬に花をつけるサザンカなど、多くの樹木が季節を通じて美しい花を楽しむことができることから、これらに配慮した樹木を選ぶよう、都市公園の植栽計画には、環境条件や機能、観

表 9·2　都市公園における植栽樹木の選定配慮の例

区分	名称	内容
環境に応じた選び方	陽樹	アカマツ、クロマツ、ヒマラヤスギ（針葉樹）／カナメモチ、キョウチクトウ（常緑広葉樹） ハナミズキ、ハナカイドウ、ソメイヨシノ（落葉広葉樹）
	陰樹	アスナロ、イチイ、イヌマキ、カヤ（針葉樹）／アオキ、カクレミノ、サンゴジュ、ツバキ、 サザンカ（常緑広葉樹）／アジサイ（落葉広葉樹）
	耐乾性	アカマツ、クロマツ、モミ（針葉樹）／シラカンバ、ニセアカシア（落葉広葉樹）／ソテツ、 ユッカ（特殊樹）
	耐湿性	スギ、ラカンマキ、サワラ、イヌマキ（針葉樹）／アオキ、サンゴジュ、ネズミモチ（常緑広葉樹） シダレヤナギ、ポプラ、雑木類（落葉広葉樹）
	大気汚染	イチョウ、アオギリ、エンジュ、スズカケノキ、シダレヤナギ（落葉広葉樹）
	耐潮性	クロマツ、カイズカイブキ、イヌマキ（針葉樹） ウバメガシ、サンゴジュ、トベラ、マテバシイ、ヤマモモ（常緑広葉樹）
機能に応じた選び方	遮蔽・遮断	サンゴジュ、ヒイラギモクセイ（常緑広葉樹）
	緑陰	ケヤキ（落葉広葉樹）
	防風	マツ、スギ（針葉樹）／シラカシ（常緑広葉樹）
	防火	サンゴジュ、ユズリハ、ツバキ、モッコク、シイ、カシ（常緑広葉樹）
観賞に応じた選び方	葉	ベニカナメモチ、クスノキ、アセビ、フイリアオキ、コニファー（常緑広葉樹） イロハモミジ、カツラ、ケヤキ、ノムラモミジ、ベニスモモ（落葉広葉樹）
	花	ツバキ、サツキツツジ、キョウチクトウ、サザンカ、カンツバキ（常緑広葉樹） サクラ、ウメ、モモ、コブシ、モクレン、フジ、ハナミズキ、サルスベリ（落葉広葉樹）
	樹皮	アカマツ（針葉樹） アオギリ、サルスベリ、シラカンバ、ヒメシャラ（落葉広葉樹）
	実	アオキ、クロガネモチ、ピラカンサ、ナンテン、センリョウ、マンリョウ、ヤブコウジ（常緑広葉樹） マユミ、ナナカマド、ハナミズキ（落葉広葉樹）
	芳香	ニオイヒバ（針葉樹） クチナシ、キンモクセイ、ジンチョウゲ（常緑広葉樹）

賞価値を考慮することが不可欠です。樹種選びは、各々の樹種が持つ特性を理解して、目的に合ったものを選ぶことが、快適で美しい公園をつくるためのポイントとなります。これにより、環境環境や都市生活の質が向上することにも貢献しています。

4 公園緑地と植栽基盤

1 都市域における植栽基盤

都市域の植物を植える場所としての植栽地は、例えば公園の再整備などにより自然な土壌の上に植栽されることがありますが、多くの植栽地は、建築物や道路などのアスファルトやコンクリートなどの人工物の上部や近傍に造成されることが多いのが現状です。植栽基盤とは、植物が生育するにふさわしい地盤のことを指し、植物の生育に適するように整備し、改良することを植栽基盤工といいます。

図 9·4　屋上緑化の事例（六本木ヒルズ）

植物の生育のための根が支障なく伸長して、水分と

表 9・3　植物材料の基本的な事柄

項目	定義
植栽基盤	植栽の根が支障なく伸長して、水分や養分を吸収することのできる条件を備え、ある程度以上の広がりがあり、植物を植栽するという目的に供される土層
広がり	植物の根が十分に伸びることのできる面積がある
深さ	植物の根が十分に伸びることのできる土層厚がある
物理性の条件	適正な硬度、良好な保水性、良好な透水性がある
化学性の条件	有害物質を含まない、適正な酸度、適度な養分がある

養分を吸収することができる空間が必要となります。植物の地上部の大きさによって大まかに根の張りなども変わりますが、植栽基盤が整っていれば、植物は健全に成長し、長年にわたって都市域の緑地が果たすべき役割を十分に発揮することができます。

一般的には樹木の高さによって、その樹木の根域に必要な土層の深さが変わってきます。これを有効土壌厚と呼んでいます。特に造成地や人工地盤、屋上緑化（図 9・4）などでは、この考えが大切になります。さらに植栽する樹種の根の特性もあらかじめ検討をしておく必要があります。地上部からの垂直方向の深根性や浅根性に加え、水平方向の広がり方についても理解をしておく必要があります。しかし、これらは樹種や実生か否か、また土壌条件をはじめとする生育環境によっても異なるため傾向としての特徴を捉えておくことが必要となります。これら、植物の根が十分に伸長することが可能な土壌厚と、その下部に余剰分の水を排水できる機能を持った地盤を併せて植栽基盤と称しています。土壌は、植物にとって地上部分を支える支持体であり、根域に養分と水分と酸素をそれぞれ供給する基盤となります。土壌には、土粒子をはじめとする土壌の固体部分以外に、土壌の粒子の隙間（孔隙）があります。この隙間は、降雨や潅水などによって水分が供給される空間となり、乾燥が進んでいくと水分が抜けたところに空気が入り込むことで酸素が供給される根の伸長空間となります。この土壌内の水は、土壌内に保たれることになりますが、土壌の特性によって保たれる能力は大きく異なります。

土壌の中で粘土分の多いものは、保水性が高くなりますが、逆に排水性が低くなります。砂分の多いものは、保水性は低くなりますが、排水性が高くなり、適宜潅水をすることで、人為的に水分調整が行いやすい状態をつくることができます。

土壌内の水は重力による下部への排水と表層の乾燥による蒸発するための水の移動がありますが、この均衡状態の水を植物は利用しています。ところが土壌内で水分が過湿状態となると酸素の供給が減少し、根腐れを起こすことがあります。また乾燥が進んでいくと水分の吸収ができずに乾燥しこの状態が続くと枯死に至ります。植物を長く健全に管理するためには、植栽時の植栽基盤が植物の生育特性に合うように施工する必要があります（表 9・3）。

2 屋上や壁面の植栽基盤

人工地盤上に設ける植栽の基盤は、あらかじめ緑化する目的や人工地盤の構造の把握、関連法規の確認、環境条件、植栽計画、さらには維持管理計画などを検討しておく必要があります。特に目的に合致するように植栽基盤を設けるために、構造物として土量から計算する土壌重量、さらに水を含んだ際の重量、植物が生育をした際の重量を併せて構造体への荷重を見積もっておく必要があります。特に建築物などの上に設ける場合は、植栽地盤からの排水が停滞することなく行われるような仕様にすることと構造物への防水を施した上で植栽基盤を設けることの両立がなされていないと、構造物への例えば漏水につながり、長期に渡るとこれらから構造物の劣化が進んでいくと考えられています。

人工地盤に用いる植栽基盤の土壌は、軽量の人工土壌が用いられてきています。これらを単独で用いる場合と、自然土壌と混合して用いる場合がありますが、構造物の荷重制限と植栽する植物の特性を考慮して計画されます。人工土壌は、その特性上保肥力があまりないため、植える樹種の生育が制限されることで急激な荷重負担にならないメリットがある一方、養分を多く必要とする樹種などの生育には適さないとデメリットがあります。また、人工地盤植栽する植物の樹種選択をする上で、人工地盤上、特に急激に生長する樹種は、荷重制限や風による倒木などにつながることが懸念されるため、使用することを推奨されていません。具体的にはイチョウ、ケヤキ、サクラ類は急激に生長し荷重増となりやすく、アカシア類やユリノキ等は風で幹が折れたり、シダレヤナギやプラタナス等は根返りで転倒しやすい樹種です[4)]。屋上緑化等で用いる高木は、植栽時に3m程度のものを指しています。それ以上に成長する樹木については、適宜剪定を行うなどの適切な管理が必須となってきます。このほか、タケ類などの根が堅強な植物は、植栽基盤の特に地下部の設備部分に密に絡みついたりする懸念があり、同じく使用を避けたい樹種とされています[4)]。都市域においては、土地利用が過密になり、壁面に緑化を施すことで植栽がさらに都市環境の形成を担ってきています。壁面の植栽基盤は、地上部分に根域があるツタ類、フジ、ツルバラ、クレマチスやノウゼンカズラなどを用いる一般的な壁面植栽のものから、エスパリエと呼ばれる果樹栽培を起源とする樹木の垂直仕立ての生け垣様式のもの、さらに植栽する植物の種類によってはつる植物の登攀の補助材として、トレリスやワイヤーなどの格子状の植栽パネルを補助的に用いたものなどが見られます。このほかに、小型の植物をユニット式コンテナに植栽し、壁面に取り付けるものや、不織布などにポケット状に切り込まれた部分に植栽を施すものなど各メーカーなどの仕様によってそれぞれ異なります。

いずれも土壌の量が少ないことや風がよくあたるため乾燥が進む環境であること、設置する場所によっては、日中の日当たりが非常に良い場所と日中であっても日陰となる場所などそれぞれの植栽環境を熟考し、設計と施工を進めなくてはなりません。また壁面設置型の植栽については、特に潅水と排水の設備を設置し、定期的な見回りや剪定などの管理計画を併せて検討しておく必要があります[5)]。

5 街路樹と基盤整備

街路樹は都市の景観や環境に大きな影響を与える重要な要素として考えられています。街路樹は、道路沿いに植えられた樹木のことですが、車道と歩道を物理的に仕切ることで、お互いが安全かつ安心できる空間をそれぞれに提供しています。特に歩行者や自転車利用者には、樹冠によって日陰を提供し、快適な移動空間を創出することができます。また街路樹は、都市の美観を高め、地域の特色の形成に寄与するだけでなく、前述の通り、空気の浄化や騒音の低減、温暖化の緩和などの多面的機能の効果を併せ持っています。さらに、街路樹は、生物多様性の保全として、緑のネットワークに多大な貢献をしています。

1 街路樹と機能効果

街路樹の景観効果は、都市の印象や魅力に大きく関わっています。街路樹は、道路の幅や形状、植栽する樹木の種類やそれらの配置などによって、様々な景観を創出することができます。例えば、並木道は、視覚的に道路を狭めて自動車の速度域を抑制することが可能となります。また移動をしていく中で、例えば歴史的な雰囲気を創出したり、リゾート地などでは開放的な空間や非日常的な景色を演出したりすることができます。一方、中央分離帯に植えられた街路樹は、道路の広さや直線性を強調し、安全なイメージを与え、安定した運転となるように心理的に働きかけを行います。また、季節や時間によって変化する街路樹の色彩や光影は、都市やその地域の表情を豊かに演出することができます。

街路樹の環境に対する効果は、都市の快適性に大きく関わります。すでに植栽の機能について詳述していますが、特に街路樹は、葉や枝で太陽光を遮ることで、アスファルトなどの蓄熱性の高い地表面や道路沿いのコンクリートなどの建物の温度上昇を抑えることにつながります。これにより、ヒートアイランド現象の緩和やさらには特に夏場における建物の冷房などのエネルギー使用量を抑えることで省エネに貢献することができます。また、街路樹は、光合成によって二酸化炭素を吸収し、酸素や水蒸気を放出しています。これにより、空気の浄化や湿度の調整に寄与しています。この他にも葉や枝で騒音を吸収し、車道を視界から遮ることで騒音を意識させないなどの心理的効果、さらに風により葉が擦れる音などで消音や減音につながるマスキング効果があるといわれています。街路樹は、道路という人工の無機質な構造物を植物の有機的な存在によって、心理的な安心感や安全性の担保に資することができ、都市の価値向上にも大いに貢献することができます。

街路樹の生物多様性に対する効果は、特に緑のネットワークの形成につながり、都市の生物多様性という生態系の生命維持に大きく関わってきます。街路樹は、都市における自然環境の重要な構成部分であり、鳥類や昆虫などの特に飛来動物にとって重要な生息地となっています。これにより、生物多様性の保全や生態系サービスの提供に貢献しています。また、街路樹は、地域の気候や土壌などの条件に応じて選定されることが多く、その地域の歴史や特性を反映させることができます。これにより、地域文化の伝承や郷土愛、個人や都市のアイデンティティの形成にも関与してきます。

2 街路樹の計画と管理

街路樹の適切な計画は、都市の持続可能な発展にとって不可欠となります。さらに街路樹の健全な成長と管理には、あらかじめ適切な植栽基盤の設計と施工が必要です。また、都市空間にある街路樹は様々な制約を受けており（図9･5）、これら制約の中で計画と管理を行う必要があります。

街路樹の種類や特性、植栽基盤としての土壌や水分条件、道路や歩道の幅員や形状、交通や安全性などについて計画的に検討を進めます。街路樹の樹種の選択は、その地域の景観的にも大きくシンボルとなるため、慎重な検討が必要となります。樹種選択の上で、排気ガスなどの耐煙性、病虫害の被害が少ない強健な樹種、さらには管理が比較的容易、結実などがないまたは少ないなどの条件に合う樹種を選択する必要があります。公園や緑地などの入り口付近やそれぞれの施設への誘導などでは、これらの条

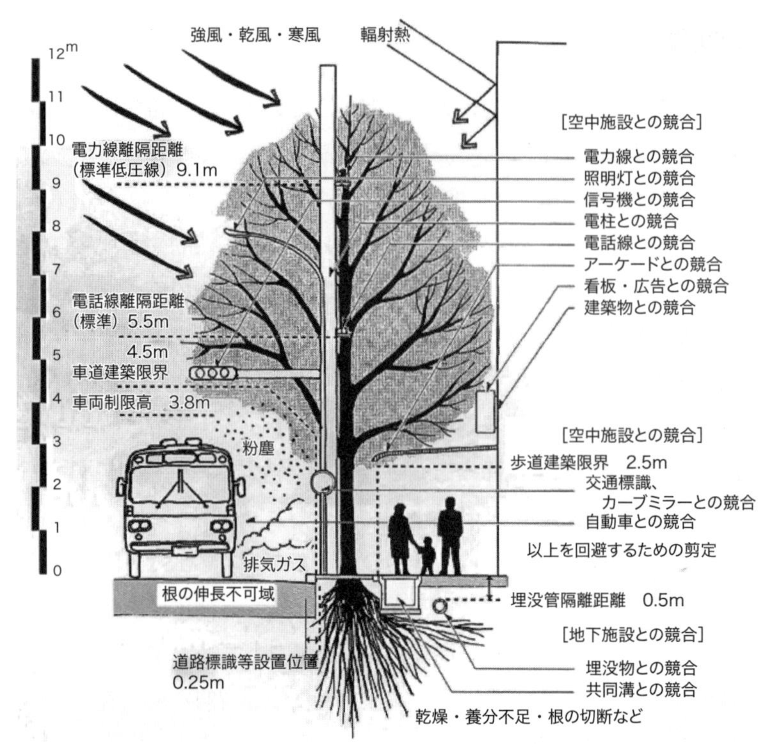

図 9･5　街路樹をとりまく様々な制約（出典：山本紀久『造園植栽術』彰国社、2012、p.104）

件は一般的な道路よりも制約が少ない分、多くの樹種選択が可能となります。管理としては、日常の点検に加え、落葉の清掃なども管理上欠かせません。多くの街路樹や公園樹木は、台風などに備えまた費用の面からも数年に一度、強剪定（図 9･6）を施すことがあります。植物の特性や美観から必要最小限とし、健全で好ましい景観形成を目指した管理が必要となります。特に近年では、樹木の高齢化による枯死や、根域の生育不良による枯死、強風などの自然現象に対して樹木の落枝や幹折れ、根返りなど様々な課題が発生しています。安全かつ安心できる暮らしのための植栽が我われの生活の中で、被害が最小限となるよう、初期の計画や施工また日常の管理など、十分な検討が必要となります。

図 9･6　強剪定の例（前橋市）

歩道の境に植栽される高木には、建築限界や民地側への越境をクリアした上で可能な限り大きな樹冠を確保することが必要です。樹高、枝張ともに強く抑制されている街路樹は、建築限界以下の枝を切除しても切り口やその周辺から胴吹や胴元から「やご」が多く発生します。建築限界を恒常的にクリアするためには、樹冠上部の抑制剪定を可能な限り控えることが重要です。そうすることで通行の安全性や緑陰機能の確保と健全な育成が期待できます[6]。

計画事例 東京都における校庭の芝生化に対する取り組み

①計画の背景

東京都は、教育環境の一層の充実のため、都内全公立小中学校の校庭等の芝生化を推進してきました。学校に芝生のスペースを設置することで、児童・生徒の日常的な運動量が増加し、たくましく健康な体を育むことができるだけでなく、理科教育・環境教育面での体験的な学びの機会が増加します。また、芝生の活用と維持管理を通じて、地域と学校とのきずなが深まり、地域の力を取り込んだ学校の活性化につながることが期待されています。

②問題・課題

小中学校の教諭は、校庭の芝生化に対する意識をどのように持っているのか、東京都世田谷区、文京区、日野市、多摩市、狛江市、町田市、神奈川県秦野市、平塚市、伊勢原市、栃木県の小中学校の教諭を対象に2006年9月にアンケート調査（小学校67、中学校46）を行いました。

教諭にとって管理を行なうことは負担になるかという設問に対して、「強く思う」「思う」と回答した人が88％と最も多い結果となりました。また、小中学校の多くの教諭が校庭の芝生化事業そのもの、また、その管理対応について十分な知識や理解力がないため、芝生化された場合に管理作業等が自らの過度の負担になるという不安に一層の拍車をかけ、芝生化に対しての前向きの姿勢を示すことができない厳しい現実が見られました。このような不安の解消、改善等が今後の校庭の芝生化の実施と成否の要点であることがわかりました。

③事業の進め方

東京都教育委員会は、「全ての児童・生徒に芝生を！」をキャッチフレーズに、芝生化実施後に必要な専門的維持管理作業に要する経費の一部を補助する「公立学校運動場芝生化維持管理経費補助金」を創設するとともに、芝生化した学校等に対して、芝生化5年目までの間、芝生の専門家を定期的に派遣して、維持管理等のアドバイスを行っています。

また、東京都では、公立幼稚園や公立小中学校等において、日常的な芝生の維持管理作業を安全に行うための基本的知識を習得してもらうことを目的として「園庭･校庭における芝生維持管理マニュアル」を作成、校庭の芝生化、屋上緑化及び壁面緑化について理解を深めてもらうため、「緑の学び舎ニュースレター」を掲載して、事業実施校の取り組み等を紹介しています[7)]。

④東京都における校庭の芝生化の特徴

東京の気候条件では、夏芝、冬芝のどちらか1つだけで1年中緑の芝生にすることはできません。

このため、夏芝と冬芝の2つを組み合わせ、夏芝の上に冬芝の種子をまき育てる1年中緑の芝生を保つ技術があります。この技術は、ウィンター・オーバー・シーディング（Winter Over Seeding : WOS）と呼ばれています。WOSは、都内の学校や幼稚園で数多く実施されています。WOSを行うことで、一年中緑を保つことができるので、特に運動会を春に実施する学校では、冬芝の緑の上で運動会を開催することができます。冬芝の種まきから使える芝生に仕上がるまで養生が必要であり、養生期間は2週間から1カ月程度が必要です。冬芝が最も生長するのは4月から6月ですが、この時は夏芝が新芽を出してくる時期です。そのため4月から6月にかけて、冬芝の旺盛な生長を芝刈りによって抑えることによって地面に日光が当たるようにすることで夏芝の新芽が萌芽しやすく日常管理を行なっています。

⑤現在の状況、計画の効果（渋谷区立長谷戸小学校）

計画のはじめからPTA、地域の方は「先生に負担は掛けない。先生は授業に専念してほしい」「長谷戸小学校と児童を応援したい」という思いで結束しており、現在PTAの50人（任意参加）、地域の方8名、地域の体育委員等、合計約60人で芝生を維持管理しています。校長・副校長先生は、校庭芝生をどのように維持管理しているか児童、保護者に伝えることと、児童が間近で芝生の世話を見る機会を増やすことを考えています。図9･7は児童たちが芝の苗の手入れをしている様子です。

図9･7　校庭の芝生化事例
（出典：渋谷区立長谷戸小学校ホームページより）

芝生でのイベント開催と参加促進を挙げ、校庭芝生の良さを体験すれば、子どもの環境、地域資産の観点で芝生を見てもらえます。大好評イベントの「大水鉄砲大会」「バーベキュー大会」「焼き芋大会」に加え、「芝生の上で汗をかいてみませんか」「芝刈り健康法」「青空昼寝大会」など参加したくなる企画を検討している様子も見られています。

■ 演習問題９ ■　屋上緑化や壁面緑化など、人工的に植栽基盤が造られている植栽地がどれぐらいあるか調べてみましょう。

(1) それらがどのような基盤に成り立っているかについて、植栽基盤の様子、土壌の有無や潅水設備の有無などを調べてみましょう。

(2) 植栽されている植物の生育状況を観察してみましょう。

参考文献

1) 公園・緑地維持管理研究会編『改訂５版　公園・緑地の維持管理と積算』経済調査会、2008、pp.3-8
2) 国土交通省都市・地域整備局公園緑地・景観課緑地環境室監修『公共用緑化樹木等品質寸法規格基準（案）の解説（第５次改訂対応版）』日本緑化センター、2009、pp.1-212
3) 高橋美佐「特集　大気環境浄化における植物の可能性」におい・かおり環境学会、Vol. 42 (1)、2011、pp.2-7
4) NPO法人屋上開発研究会監修『新版　屋上緑化設計・施工ハンドブック』マルモ出版、2014、pp.77-78
5) 植栽基盤整備ハンドブック編集委員会『植栽基盤整備ハンドブック』（第６版）社団法人日本造園建設業協会、2024、pp.1-142
6) 藤井英二郎・松崎喬『造園実務必携』朝倉書店、2018、pp.380-381
7) 竹内理沙・水庭千鶴子・近藤三雄「校庭の芝生化に対する小中学校の教諭の意識について」『芝草研究』(36)、2007、pp.36-37

10章
自然公園の計画

1 自然公園とは？

本章では、自然公園について理解し、その中で行われる保護と利用の計画について学びます。まず、自然風景地や生態系を保護しながら、観光レクリエーション・野外活動・野外教育などの利用を行う自然空間が自然公園と呼ばれています。日本においては、主に自然公園法により指定される国立公園や国定公園などを示します。

日本の自然公園は都市公園やテーマパークのように、入口と出口が明確とは限りません。地図上では、区域は明確に分かれているのですが、現実世界ではその境界線がはっきりしないことが多いです。

日本で最も利用者の多い富士箱根伊豆国立公園も、「富士山に登った」「箱根に旅行した」「伊豆で温泉に入った」という方は多くいても、国立公園で遊んできたと思う方は少ないのではないでしょうか。

本章では、自然公園という制度の発祥から学び、日本における自然公園法の概要、そして自然公園の中で行われる観光について解説します。さらに、将来世代に自然公園を引き継いでいくために、解決しなければならない課題について考えます。

1 日本の自然公園制度の誕生とその背景[1)]

日本の自然公園制度は、米国の国立公園を模して導入されたとされています（2章参照）。欧米の自然保護思想や景勝地の情報、自然の楽しみ方が取り入れられるようになると、米国のような国立公園をわが国にも導入しようとする機運が高まってきました。

日本における最初の国立公園に関わる出来事は、1911年（明治44年）第27回帝国会議に提案された「国設大公園設置ニ関スル建議」案が発端です。しかし、その建議の実現には、かなりの歳月がかかり、政府が国立公園の設立に動き出したのは1920年（大正9年）頃から、法律制定の準備やどこを国立公園にするかという調査が始められてからです。日本の国立公園の設立に際し、田村剛博士が主張する「保全型」と、上原敬二博士が主張する「保護型」で意見が分かれました。保全型とは、自然風景を守りつつ、公園内で観光等のためにある程度の開発は必要とする考え方です。一方、保護型とは、公園内での開発を一切認めず保護するという考え方です。日本の国立公園では、田村剛博士の考え方が採用されることとなり、田村剛博士は日本の「国立公園の父」と呼ばれています。1931年（昭和6年）に国立公園法が制定され、それに基づいて1934年（昭和9年）に瀬戸内海、雲仙、霧島の3つの国立公園が日本で初めて指定されました。

2 国立公園指定地の変遷

日本で国立公園制度が導入された当初は、名所・旧跡・伝統的な探勝地といった古くから民衆に親しまれてきた風景や、山岳などの原始性の高い自然の大風景で明治・大正の文化人や外国人が発見した風景が指定対象となっていました。その後、上信越国立公園に代表されるような居住地に近接したスキーなどのレクリエーション適地や海蝕崖・リアス海岸等の海の風景が指定されるようになりました。1957年に自然公園法が制定されると、自然性の高い生態系が創出する景観、サンゴなどの海中景観、野生生物の生息地としての景観、広大な湿原景観など、多様な景観が指定されるようになりました。2000年代に入ると、尾瀬国立公園が日光国立公園から分離独立したように、それぞれの国立公園の魅力向上や保護の強化が行われました。また、やんばる国立公園や奄美群島国立公園のように、世界自然遺産登録を目指す中で、国立公園として保護と利用を促進するような指定も行われました。

2 自然公園法

1 制度概要

米国やオーストラリアなどの諸外国の国立公園は、全て国有地の上にあり、国立公園だけのために管理されているため、ほかの省庁と権限が重複することはありません。このように、公園管理者がその土地や施設の所有権等の権原を有し、その権原に基づいた管理をする公園を「営造物公園（Artificial Park）」といいます。日本でも、新宿御苑や皇居外苑などの国民公園や都市公園は、国や地方自治体が土地・施設の所有権等を有し、管理する営造物公園です（図10･1左）。

一方、狭小な国土に過密な人口を擁し、さらに山間部の奥地まで開発が進み、土地所有が複雑な日本では、米国の国立公園のような営造物公園として公園用地を確保することは極めて困難でした。そこで、日本の自然公園は、国有地、公有地、私有地などを公園区域の中に含め、風致景観の保護の観点から一定の開発行為を規制する（公用制限）という仕組みである「地域制公園（Zoning system Park）」という制度によって指定しています[2]（図10･1右）。国立公園のうち、国有地は約60％を占めますが環境省が所有する土地はごくわずかで、ほとんどは林野庁が所有する国有林です。そのほか、都道府県が所有す

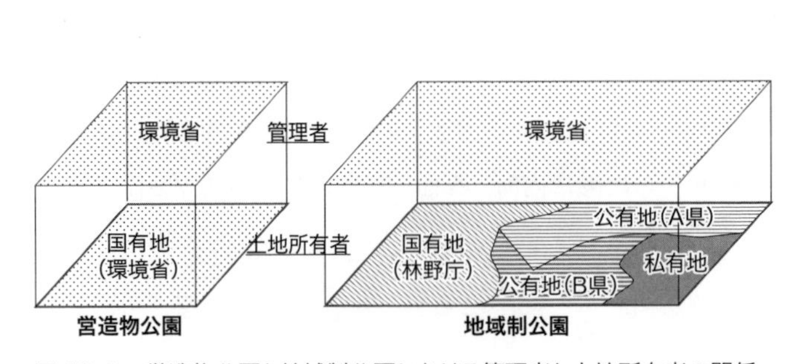

図10･1　営造物公園と地域制公園における管理者と土地所有者の関係

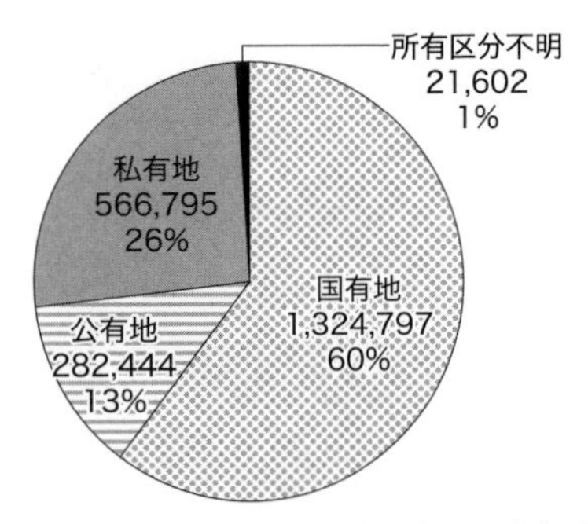

図10･2　国立公園土地所有別面積（ha）
（出典：環境省公開データをもとに著者作成）

る公有地が約13%、私有地が約26%となっています（図10･2）。国立公園内に住んでいる人も多く、農林水産業も行われていることから、国立公園の管理はそこに暮らす人々や産業などとの調整をしながら進められています。保護の面でも利用の面でも多くの利害関係者がいることから、多様な主体の連携による「協働型管理運営」が重要になっています[3]。

2 自然公園設置の目的および指定者と管理者

自然公園法においては、自然公園設置の目的を「優れた自然の風景地を保護するとともに、その利用の増進を図ることにより、国民の保健、休養及び教化に資するとともに、生物の多様性の確保に寄与すること」と定めています。教化とは、「教え導いて善に進ませること」[4]です。そして、自然公園には、国立公園、国定公園及び都道府県立自然公園の3種類があります。自然公園設置の目的のうち「生物の多様性の確保」は2002年に加わった比較的新しい責務ですが、自然公園は日本の国土面積の約15%（5,602,912ha）をカバーしているため、自然公園はわが国の生物多様性の保全における屋台骨としての重要な役割を担っています。

国立公園は、「わが国の風景を代表するに足りる傑出した自然の風景地」と定められており、環境大臣が指定し、公園管理に関わる事業（公園事業）を執行する者（管理責任者）は国（環境省）となります。国定公園は、「国立公園に準ずる優れた自然の風景地」で、環境大臣が指定し、都道府県が事業執行しています。都道府県立公園は、都道府県知事が指定する「優れた自然の風景地」で、都道府県が事業執行しています。

2024年3月現在、国立公園は34カ所、国定公園は58カ所、都道府県立公園は310カ所が指定されており、年間のべ約9億人が利用しています。2024年6月24日に、日高山脈襟裳国定公園が解除され、新たに日高山脈襟裳十勝国立公園が指定されました。最新情報は、環境省国立公園ホームページ（https://www.env.go.jp/park/）や自然公園財団ホームページ（https://www.bes.or.jp/invitation/）を参照してください。

3 公園計画[5]

国立公園の保護と利用を適正に行うために、国立公園では公園ごとに公園計画が定められています。図10･3のような公園計画に基づいて、国立公園内の規制の強弱（地種区分と公用制限）や施設の配置等が決められています。公園計画は「規制計画」と「事業計画」に大別されます。

「規制計画」とは、無秩序な開発や利用の増大に対して、公園内で行うことができる行為を規制することで自然景観の保護を図るための計画です。規制される行為の種類や規模は公園の地種区分に応じて定められ、自然環境や利用状況を考慮して特別保護地区、第1種～第3種特別地域、海域公園地区、普通地域の6つの地種区分を設けています。利用が多すぎて自然環境が破壊されるおそれが生じたり、適正で円滑な利用が損なわれたりしている地域には、利用調整地区を設け、立ち入ることのできる期間や人数を制限するなど、良好な自然景観と適正な利用を図っています。

「事業計画」とは、公園の景観又は景観要素の保護、利用上の安全の確保、適正な利用の増進、並びに生態系の維持又は回復を図るために必要な施設整備や様々な対策に関する計画で、施設計画と生態系維

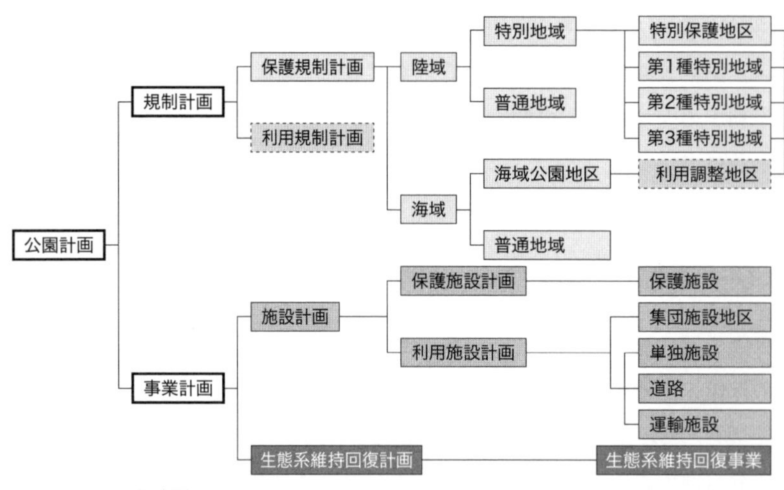

図 10・3　公園計画の図
（出典：環境省ホームページ https://www.env.go.jp/park/about/history.html より転載）

持回復計画があります。施設計画では、適正に公園を利用するために必要な施設、荒廃した自然環境の復元や危険防止のために必要な施設を計画し、それぞれの計画に基づき公園事業として施設の設置を行います。生態系維持回復計画は、シカやオニヒトデなどによる食害、他地域から侵入した動植物による在来動植物の駆逐などによる生態系への被害が予想される場合、あるいは被害が生じている場合に、食害をもたらすシカやオニヒトデ等の捕獲、外来種の駆除、自然植生やサンゴ群集の保護などの取り組みを予防的・順応的に実施することにより、優れた自然の風景地を維持・回復するための計画です。

4 地種区分

自然公園はその規制の強弱に応じて、地種区分といわれる地域が定められています。規制の強い順に、特別保護地区、特別地域（第1～3種）、普通地域に分けられます（図 10・4）。それぞれの地種区分ごとに公用制限が行われます。公用制限とは、風景地保護に支障を及ぼすような行為を法律上で規定して、当該行為を行うに際して事前の許可や届出といった規制をかけることです[6]。特別保護地区は、公園の中で特にすぐれた自然景観、原始状態を保持している地区で、最も厳しく行為が規制されています。第1種特別地域は、特別保護地区に準ずる景観をもち、特別地域のうちで風致を維持する必要性が最も高い地域であって、現在の景観を極力保護することが必要な地域です。第2種特別地域は、農林漁業活動について、つとめて調整を図ることが必要な地域です。第3種特別地域は、特別地域の中では風致を維持する必要性が比較的低い地域であって、通常の農林漁業活動については原則として風致の維持に影響を及ぼすおそれが少ない地域です。2009年の自然公園法改正によって、海

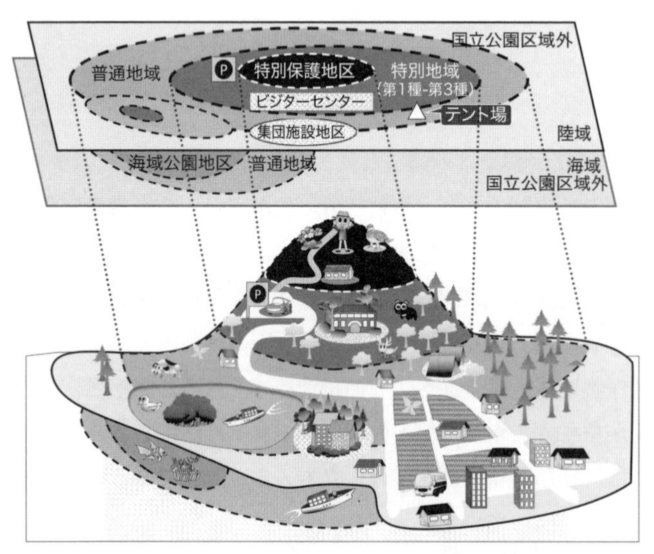

図 10・4　国立公園における公園計画（地種区分）の概念図　色の濃淡が規制の強弱を示す
（出典：環境省資料 https://www.env.go.jp/content/000063507.pdf をもとに著者作成）

域公園地区が加えられました。海域公園地区は、熱帯魚、サンゴ、海藻等の動植物によって特徴づけられる優れた海中の景観に加え、干潟、岩礁等の地形や、海鳥等の野生動物によって特徴づけられる優れた海上の景観を維持するための地区です。

特別保護地区・第１～３種特別地域・海域公園地区で、規制される行為を実施する場合は環境大臣の許可が必要です。普通地域は、特別地域や海域公園地区に含まれない地域で、風景の保護を図る地域です。特別地域や海域公園地区と公園区域外との緩衝地域（バッファーゾーン）といえます。普通地域で規制される行為を実施する場合は、事前に届出が必要となっています。

利用調整地区は、特にすぐれた風致景観を持つ地区で、利用者の増加によって自然生態系に悪影響が生じている場所において、利用者の人数等を調整することで自然生態系を保全し、持続的な利用を推進することを目的とする地区です。利用者の立ち入りは認定制になっています。

5 国立公園管理の業務と担い手[7)]

国立公園の現地管理者を自然保護官（レンジャー）と呼びます。自然保護官は国家公務員で、アメリカの国立公園の「パークレンジャー（Park Ranger）」にならい、1953年（昭和28年）に12名が各地の国立公園に「現地駐在管理員」として配置されたことに始まります。自然保護官の業務は、表10･1に示すように多岐にわたります。これ以外にもNPOや地域の住民たちと協力し、国立公園内に限らず、野生生物や希少生物の保護、外来種対策、森林・河川・里山里地の保全などの自然保護業務も行っています。2019年度末時点で、全国に88カ所ある出先事務所に177人が配置されています[8)]。2007年から自

表10･1　レンジャーの公園管理業務の一部

各種許可に関する仕事
国立公園では、開発行為などにより自然が破壊されることを防ぐため、また公園内に生息、生育する動植物を保護するため、様々な行為が規制されています。それらの行為に対して、許可や認可の審査を行っています。
公園づくりに関する仕事
自然公園法に基づいて指定された国立公園では、自然環境を厳正に保護する区域、その保護のための規制の強弱の区分け、利用するための施設などの公園計画を定めています。この公園計画は、変化する自然環境に対応する等の理由から定期的に見直されており、その調査や計画案を作成しています。
保護管理のための調査や巡視
公園内の自然環境や動植物の保護のための調査や利用状況の調査、自然公園法に違反した行為がないかを確認したり、歩道等の安全点検をするための巡視などを行っています。
利用のための施設の整備と管理運営
国立公園を訪れた人が自然への理解を深め、安全・快適に自然とふれあうことができるよう、ビジターセンターや歩道、トイレや展望台などの施設整備を行うとともに、それらの管理運営を行っています。
自然再生の推進
NPOや住民などの地域の多様な主体と連携して、過去に損なわれた自然環境を積極的に取り戻していくための自然再生事業を実施、推進しています。
美化清掃のための事業
国立公園を含めた自然公園では、毎年８月の第１日曜日を「全国一斉クリーンデー」として清掃活動を行っています。清掃活動を通して自然環境の保護や利用者にとって快適な公園作りに努めています。
自然とのふれあい推進
国立公園の自然を生かし、ビジターセンター等を拠点にして、自然観察会やクラフトづくりなど様々なイベントを開催し、環境教育を推進しています。

（出典：環境省ホームページ https://www.env.go.jp/park/workers/ranger.html をもとに著者作成）

然保護官補佐（アクティブ・レンジャー）という非常勤国家公務員（任期は2年程度）を配置し、自然保護官の現地業務（国立公園等保護地域内のパトロール、利用者指導、自然解説、自然公園指導員およびパークボランティアとの連絡調整等）を担っています。それ以外に、都道府県や関連する行政機関の職員がそれぞれの立場で管理に携わっています。

自然保護官や自然保護官補佐だけで対応できない国立公園の現地管理業務を、NPOや自然愛好家などが補助しています。日本の国立公園で自然保護官をサポートする制度として最初のものは1957年に整備された「国立公園臨時指導員」で、1966年に名称が「自然公園指導員」に変更され、現在でも運用されています。また、1994年に「パークボランティア」というボランティア制度も運用されています。自然公園指導員もパークボランティアも無償で、国立公園等の保護と利用を支援する方々です。しかし、広大な区域を限られた自然保護官やボランティアだけで管理することは非常に困難です。そこで、国立公園等民間活用特定自然環境保全活動事業（通称：グリーンワーカー事業）という有償で、自然公園内の自然環境の適正な保全管理を担う事業者を雇う制度が2001年から運用されるようになりました。さらに、2002年から、国立・国定公園内の風景地について、環境大臣、地方公共団体もしくは公園管理団体が土地所有者との間で風景地の保護のための管理に関する協定（風景地保護協定）を締結し、その土地所有者に代わって風景地の管理を行う制度が加わりました。これは、草原やツツジの群落などの人為的な管理が必要な二次的な自然から構成される良好な風景地を維持するために必要な維持管理業務を将来に継承していく仕組みです。

3 自然公園の価値を伝える手段

1 インタープリテーション[9)]

インタープリテーションとは、一般的に「通訳」を意味する言葉です。自然公園の中で、インタープリテーションという言葉を使う場合、「自然解説」と訳されることが多いです。米国の国立公園における自然解説活動から始まったとされ、「本物とのふれあい体験や説明用のメディアを通して、事実や情報ではなく意味と関係性を伝える教育的な活動」とされています。このインタープリテーションは、自然公園内で活動するガイドにとって必要なスキル（技能）です。日本においても、「参加者の興味や関心を引き出しながら、ものごとの背後にある本質に迫ろうとする、体験を重視した教育活動」とされています。特に、インタープリテーションを実施する人を「インタープリター」と呼びます。国立公園等の自然公園の魅力は、単に風景を楽しむことだけではなく、その風景を作り出す地形やそこに生息する動植物も含まれます。しかし、利用者がすぐにその魅力を理解することは難しいため、自然公園の適正な利用とその魅力を高めることがインタープリテーションに求められています。自然公園の目的にある「教化」を実現する技術がインタープリテーションといえます。

2 ビジターセンター[10)]

ビジターセンターは「主に自然公園の地形、地質、動物、植物、歴史等に関し、公園利用者が容易に理解できるよう、解説活動又は実物標本、模型、写真、図表等を用いた展示を行うために設けられる博物展示施設」です（自然公園法施行令第1条第9号）。ビジターセンターには、自然研究路、解説施設、解説員研究施設などが併設されることもあります。主な目的として、公園内の自然・人文の特徴を説明すること（自然解説)、自然保護思想の普及啓発、公園利用に関する情報提供の3つがあります。新緑や紅葉など季節変化のある観光資源となる植物に関する現地情報を提供することは、利用者に公園の魅力を伝える重要な役割です。また、クマの出没状況や登山道の危険情報などを提供することで、利用者が安全に自然公園を楽しむための情報も提供しています。ビジターセンターには、案内、解説、体験を促進する、休憩・避難、調査・研究、管理運営といった機能があります。また、ビジターセンターに自然保護官事務所が併設されていたり、施設内に会議室や資料室などを備えたりしており、ボランティア活動を含む自然公園の保護管理の拠点になっていることもあります。以前の展示は、はく製や模型といった見るだけのものが多かったですが、最近では触れることのできる実物展示や参加型クイズ、VR（仮想現実）を利用した展示（図10・5）など多様になり、自然公園の魅力を利用者に伝える技術も日々進歩しています。

図10・5　ジオラマとVR（仮想現実）を組み合わせた展示（大雪山国立公園旭岳ビジターセンター）

3 エコツーリズム

エコツーリズムとは、マスツーリズム（大衆観光）による自然環境および地域社会への影響が問題視されるようになった1980年代に生まれた観光のあり方で、環境保全と地域経済の両立を目指す観光形態です。日本では、1990年頃に環境庁（現、環境省）が沖縄県竹富町西表島などで導入しようとしたことが始まりです。その後、2004年から2006年に環境省によるエコツーリズム推進モデル事業が全国13地区で行われました。世界的には原生自然が残る国立公園内での観光が主流ですが、日本の場合は人の手の加わった里地里山と呼ばれる二次的な自然で行われる観光も対象になっています。日本の二次的な自然は、一次産業の衰退や少子高齢化などの原因により、維持することが難しくなっています。そこで、日本ではエコツーリズムが二次的自然の新たな利用と、地域経済の発展に寄与する観光のあり方として期待されています。

2007年に、適切なエコツーリズムを推進するための総合的な枠組みを定める法律「エコツーリズム推進法」が議員立法により制定されました。基本理念は、「自然環境の保全」「観光振興」「地域振興」「環境教育の場として活用」と定められています。本法律では、エコツーリズムを「観光旅行者が、自然観光資源について知識を有する者から案内又は助言を受け、当該自然観光資源の保護に配慮しつつ当該自然観光資源と触れ合い、これに関する知識及び理解を深めるための活動」と定義しています。定義の中にある「自然観光資源について知識を有する者」はエコツアーガイドと呼ばれるインタープリターを指しています。つまり、エコツーリズムはインタープリターによる案内や助言を前提にした観光体験であることがわかります。また、自然観光資源には「動植物の生息地又は生育地その他の自然環境に係る観光資源」および「自然環境と密接な関連を有する風俗慣習その他の伝統的な生活文化に係る観光資源」があります。

本法律に基づき、市町村がエコツーリズムを推進しようとする地域ごとに、エコツーリズム推進協議会を設置します。本協議会は、当該市町村および関係行政機関や関係地方公共団体に加え、エコツーリズムの案内や斡旋等を行う事業者（特定事業者）、地域住民、自然観光資源や観光に関する専門的知識を持つNPO等、土地所有者などがメンバーになることを想定しています。そして、この協議会で、地域が目指すエコツーリズムについての議論を行い、「全体構想」という計画書を作成します。特に、市町村によって保護の措置を講じる必要があるものを「特定自然観光資源」に指定することができます。全体構想が環境省による審査を受けて認定されると、①特定自然観光資源を指定および保護措置、②特定自然観光資源への立入制限、③国ホームページでの広報、④道路運送法上の取り扱いの緩和が実施できるようになります。特定自然観光資源の保護措置に反した者に対して、30万円以下の罰則を科すことができるとされています（同法第19条）。2024年12月現在、全国の19都道府県にある27地域の協議会が全体構想の認定を受けています。認定された地域には、自然公園の指定区域が多く含まれています。最新情報は、環境省ホームページ「エコツーリズムのススメ」（https://www.env.go.jp/nature/ecotourism/try-ecotourism/）を参照してください。

4 自然公園における持続可能な観光

自然公園での観光活動を行う場合、自然環境および資源の状態といった生態学的側面（自然科学）と、レクリエーションの質といった観光的側面（社会科学）における対立が問題となります。持続的に観光活動を続けていくためには、どちらの側面も科学的なモニタリングを行いつつ、利用者の指導や利用の規制といったルールに従った管理手法を実行していく必要があります（図10･6）。

1 生態学的側面：資源の状態

国連世界観光機関（UNWTO）が定める持続的な観光とは「訪問客、業界、環境および訪問客を受け入れるコミュニティのニーズに対応しつつ、現在および将来の経済、社会、環境への影響を十分に考慮する観光」です。これを実現するために「観光環境収容力（Tourism Carrying Capacity）」という考え方があり、「ある観光地において、自然環境、経済、社会文化にダメージを与えることなく、また観光客の満足を下げることなく、一度に訪問できる最大の観光客数」とされ、多くは施設・設備に依存する要素（フライト数、宿泊ベッド数、水資源量、電気供給量、ゴミ処理能力など）で評価されます。

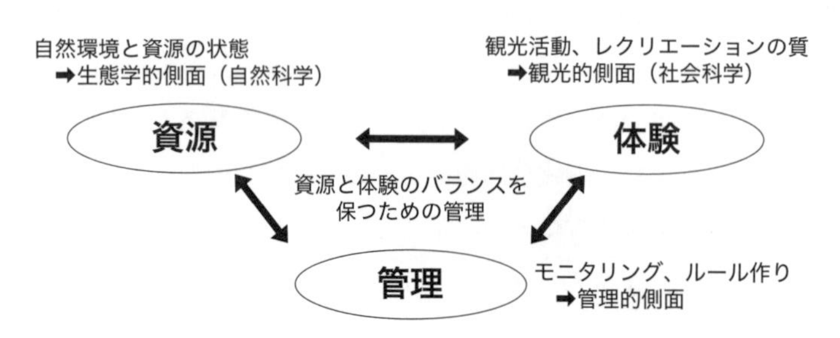

図10･6　自然公園における観光活動の管理プロセス
（出典：藤稿[11] に著者加筆）

一方で、国立公園などの保護区や自然地域における観光活動では、「環境収容力（Carrying Capacity）」という考え方が使われます。これらの地域では施設・設備だけでは管理できないものが多く、観光地があるエリアの自然環境の環境収容力にほぼ等しいと言えます。具体的には、観光地がある自然環境が持っている浄化力・再生力・生産力の範囲のことで、観光はこの範囲内で行なわなければなりません。前提となる考え方に、「不確実性」「不可逆性」「予防原則」という3つがあります。不確実性とは、話題の事象が確実でないことを指す概念で、発生確率が不明で計算できない状態のことです。不可逆性とは、一度絶滅した生物は自然界で勝手に復活することができないということです。最後に、予防原則とは、観光開発などが自然環境に重大かつ不可逆的な影響を及ぼす恐れがある場合、科学的に因果関係が十分証明されない状況でも、規制措置を可能にする制度や考え方のことです。自然公園内における環境収容力は、その自然環境が有する環境収容力となります。そのため、持続的に利用するためには、これら注意点を踏まえた管理が必要になります。

南アルプス国立公園などの山岳地では高山植物群落とそこに生息する希少動植物、西表島国立公園などの島しょ地ではサンゴ礁と熱帯魚などが観光資源になっています。これらの資源は、脆弱な環境に存在するため、環境の変化に敏感です。地球温暖化の影響で、高山植物群落の植生が変わってしまうことや、サンゴ礁が白化し消失することが問題となっています。さらに、山岳地ではニホンジカが増加することで、高山植物群落が食害を受け、希少種が消失する事態が全国的に問題となっています。また、一度失われた自然環境は、簡単に復元することはできないため、自然科学的なモニタリングによって、自然環境の変化をとらえつつ、取り返しのつかないことになる前に対策が必要となります。

2 観光的側面：体験の質

自然公園内での観光を持続するためには、利用者の体験の質を高めることも必要です。体験の質を決める要素として、利用者の満足感・混雑感・混雑度・静けさ・安全性などの社会科学的指標に基づく評価があります。また、これらの要素は互いに関連しあっています。例えば、自然公園ではあまり人に会わないはずだと思っていた利用者は、少しでも人に会う（混雑度）と混雑していたと感じてしまい（混雑感）、その体験に対する満足の度合い（満足感）が低くなることが考えられます。逆に、混んでいることを予想して訪れた利用者は、同じような人数（混雑度）でも、混雑感は低くなるため、満足感に影響しないことも考えられます。また、登山道が舗装されていないような野趣性を期待していた利用者にとっては、バリアフリー化された登山道は過剰整備と感じ、満足感が低くなってしまうかもしれません。施設整備の状況によっても、利用者の満足感は変化します。このように観光的側面は、利用者の期待によって影響を受ける要素であるため、画一的に決定することが難しく、その管理は様々な状況を想定して検討することが必要となります。

利用者の体験の質を管理する方法に、米国の国有林で開発されたROS（Recreation Opportunity Spectrum）という手法があります。レクリエーション空間を物理的環境、社会的環境、管理水準という3つの側面から評価し、ある一定範囲のレクリエーション機会を達成するため、活動と利用体験の種類などを組み合わせて示す手法です。具体的には、①原生地域、②車両の入れない準原生地域、③車両の

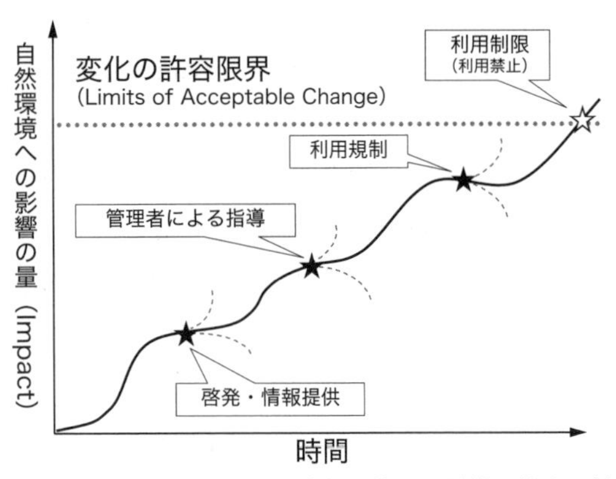

図 10･7　時間経過による自然環境への影響の拡大と対策の関係（出典：敷田・森重[12]を参考に著者作成）

入れる準原生地域、④車道のある自然地域、⑤田園地域、⑥都市地域などに人の影響度の強弱により段階を設定し、ゾーニング（区域）ごとに利用できる活動や管理水準を決定するものです。日本でも大雪山国立公園などで導入を検討した研究があります。しかし、日本の国立公園の多くは、管理者や所有者が複雑な状況にあるため、米国のようにうまく適応できないようです。

3 生態学的側面と観光的側面を考慮した管理手法

自然公園において持続的な観光を実現するためには、自然環境への影響を把握しつつ、その影響に合わせて対策を講じていくような管理体制が必要です。自然環境に全く影響を与えないようにするには、観光活動を含む人為的な影響を排除するしかありません。しかし、利用者が一人でもいれば、自然環境への影響が生じる可能性があります。そこで、自然公園では、人為的な影響は避けられないという前提のもと、どの程度までの変化を許容できるかという考え方で管理する必要があります。この考え方を「変化の許容限界（LAC：Limits of Acceptable Change）」といいます。管理者は、自然科学的なモニタリング調査によって生態学的な変化を把握しつつ、その変化量に応じて対策を講じることになります。対策は、「啓発・情報提供」「管理者による指導」「利用規制」というように状況に合わせて強化していきます。そして、許容限界を超える前段階で、悪化した状況を回復するために人為的影響を排除するために「利用制限（利用禁止）」を実施することになります（図 10･7）。また、自然環境への影響が顕在化する前に、混雑度といった社会科学的指標に基づき、管理方策を実施することも考えられます。

5 世界遺産と自然公園

人類や地球にとってかけがえのない価値を持つ記念建造物や遺跡、自然環境などを、人類共通の財産である「世界遺産」として保護し、次の世代へ確実に伝えていく仕組みが「世界の文化遺産及び自然遺産の保護に関する条約（世界遺産条約）」です。世界遺産条約は 1972 年の第 17 回 UNESCO 総会で採択され、世界中の様々な文化財や自然環境を、「顕著な普遍的価値（Outstanding Universal Value）」をもつものとして「世界遺産リスト」に掲載するものです。顕著な普遍的な価値とは、人類全体にとって、現在だけでなく将来世代にも共通した重要性を持つとされる価値のことです。世界遺産条約の大きな特徴は、文化遺産と自然遺産を 1 つの条約の下で保護している点です。評価基準（Criteria）は 10 項目あります。文化遺産に関する評価基準が 6 項目（ⅰ～ⅵ）で、国際記念物遺跡会議（ICOMOS: International Council on Monuments and Sites）が諮問機関です。自然遺産に関する評価基準は 4 項目（ⅶ～ⅹ）で、国際自然保護連合（IUCN: International Union for Conservation of Nature and Natural Resources）が諮問機関です。世界遺産登録されるには、10 項目の評価基準の 1 つ以上を満たす必要があります。複合遺産

表 10･2　世界自然遺産登録地と関連する自然公園等保護地域

No	世界自然遺産登録名称	登録年	vii	viii	ix	x	世界遺産登録地とその周辺の自然公園等の保護地域
1	屋久島	1993	●		●		屋久島国立公園、屋久島原生自然環境保全地域
2	白神山地	1993			●		白神山地自然環境保全地域、津軽国定公園、 赤石渓流暗門の滝県立自然公園、秋田白神県立自然公園
3	知床	2005			●	●	知床国立公園・遠音別岳原生自然環境保全地域
4	小笠原諸島	2011			●		小笠原国立公園・南硫黄島原生自然環境保全地域
5	奄美大島、徳之島、沖縄島北部及び西表島	2021				●	奄美群島国立公園、やんばる国立公園、西表石垣国立公園、 自然環境保全地域（崎山湾・網取湾）

vii：自然美（最上級の自然現象、又は、類まれな自然美・美的価値を有する地域を包含する。）

viii：地形･地質（生命進化の記録や、地形形成における重要な進行中の地質学的過程、あるいは重要な地形学的又は自然地理学的特徴といった、地球の歴史の主要な段階を代表する顕著な見本である。）

ix：生態系（陸上・淡水域・沿岸・海洋の生態系や動植物群集の進化、発展において、重要な進行中の生態学的過程又は生物学的過程を代表する顕著な見本である。）

x：生物多様性（学術上又は保全上顕著な普遍的価値を有する絶滅のおそれのある種の生息地など、生物多様性の生息域内保全にとって最も重要な自然の生息地を包含する。）

※自然環境保全地域は、自然環境保全法（1972 年）に基づいて優れた自然環境を保全するために環境大臣が指定した地域。

は、文化遺産と自然遺産のそれぞれの登録基準を同時に満たす遺産となっていますが、日本には複合遺産はありません（2024 年 12 月現在）。

世界遺産登録にはいくつかの前提条件があり、その一つに「遺産が保有国の法律などで保護されていること」というものがあります。世界自然遺産は、環境省と林野庁が協議して推薦候補を決定することになっており、国立公園等の自然公園によって保護されている遺産が多くあります。表 10･2 に示すように、日本には 5 つの世界自然遺産が登録されています。その多くの核心地域が環境省によって管理される国立公園または自然環境保全地域です。また、登録地のほとんどが国有林でもあります。世界文化遺産においても、厳島神社（瀬戸内海国立公園）、日光の社寺（日光国立公園）、紀伊山地の霊場と参詣道（吉野熊野国立公園）、富士山–信仰の対象と芸術の源泉（富士箱根伊豆国立公園）などの構成資産は国立公園内に位置しています。

計画事例 1　国立公園の公園計画（奄美群島国立公園）

奄美群島国立公園は、鹿児島県の最南部に位置し、2017 年（平成 29 年）3 月 7 日に 34 番目の国立公園として指定されました。奄美群島の島々には、豊かで多様な自然環境と固有で希少な動植物からなる生態系、そして人と自然のかかわりから生まれた文化景観が残されています。島ごとに個性的で魅力のある自然と、人々の営みの歴史や暮らしを感じる体験を楽しむことができます。図 10･8 のように公園区域が指定され、公園計画が定められています。

1974 年（昭和 49 年）2 月 15 日に、奄美群島国定公園は主に海岸部を対象に指定されました。その後、世界自然遺産登録を検討する中で、2017 年（平成 29 年）に奄美群島国立公園の公園区域の指定及び公園計画が決定されました。2021 年 7 月に、沖縄県の西表国立公園とやんばる国立公園とともに、世界自然遺産に登録されています。国立公園内には、1 市 9 町 2 村（奄美市、大島郡大和村、大島郡宇検村、大島郡瀬戸内町、大島郡龍郷町、大島郡喜界町、大島郡徳之島町、

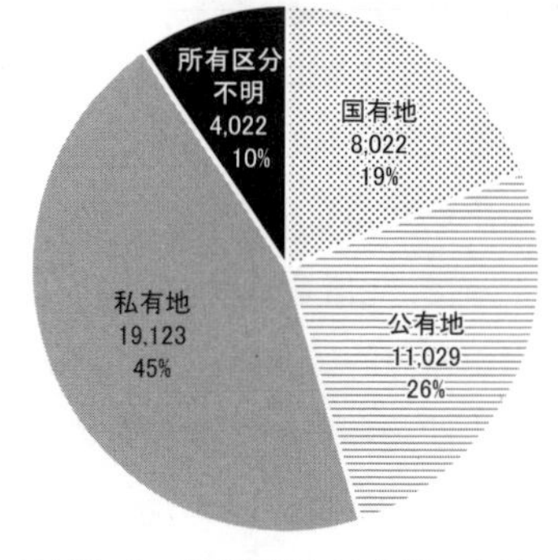

図 10･9　奄美群島国立公園の土地所有者割合（陸域のみ）（ha）
（出典：環境省公開データをもとに著者作成）

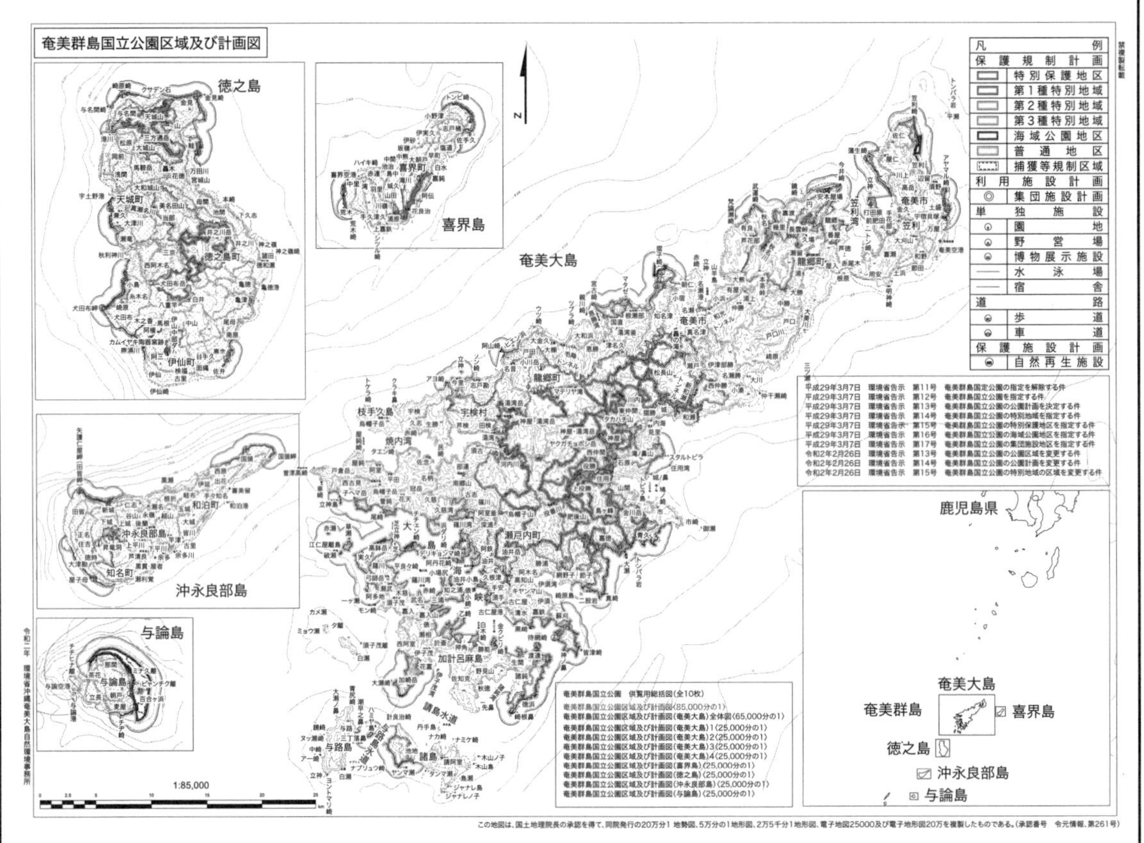

図 10･8　奄美群島国立公園区域および計画図
(出典：環境省ホームページ「奄美群島国立公園」https://www.env.go.jp/park/amami/index.html を著者が一部改定)

大島郡天城町、大島郡伊仙町、大島郡和泊町、大島郡知名町、大島郡与論町）があります。

奄美群島国立公園の土地所有は、国有地が約 19%（8,022ha）、公有地が約 26%（11,029ha）、私有地が約 45%（19,123ha）、所有者区分不明が約 10%（4,022ha）となっていて、私有地の割合が最も多いです。そのため、国立公園の管理運営においては、地域住民の協力が欠かせないことがわかります（図 10･9）。

計画事例 2　自然公園における生態系維持回復事業（シカ食害対策）

近年、深刻化しているシカの食害や外来生物の侵入等に対して、予防的かつ総合的な対策を順応的に講じるため、生態系維持回復事業によって、生態系の維持回復を図るための施設整備が重点的に実施されています。具体的には、植生防護柵等の植生保全のための施設整備や大型仕切り柵や囲い罠等の捕獲のための施設整備、注意喚起標起標識等の普及啓発の施設整備があります。

図 10･10　北岳（3,193m）付近の植生保護柵

南アルプス国立公園では、これまでシカが到達することがなかった森林限界（標高約2,500m以上）を超えて、シカの行動範囲が拡大しています。絶滅危惧種のキタダケソウやそのほかの希少な高山植物を保護するために防鹿柵を設置しています。冬季は積雪で壊れることのないように撤去し、次の春にシカが行動する前に設置する必要があるため、大変な技術と労力が必要な作業です。防除柵がないと、ほとんどの植物は食べられてしまい、保護柵の中と外では全く異なる植生になってしまいます（図10･10）。

■ 演習問題 10 ■

10-1　あなたの生まれ故郷の近くにある国立公園に関する情報を環境省のウェブサイトを参照して、調べてください。そして、公園計画図を入手してください。

(1) 選んだ国立公園にある有名観光地はどの地種区分にあるか調べてください。

(2) 保護対象の動植物を調べてみましょう。

10-2　図10･11は国立公園の年間利用者数を示しています。1991年をピークにその後は減少から横這いになっています。国立公園利用者数は、国民の国立公園に対する関心を示しているともいえます。今後の日本社会で少子高齢化が進行すると、国立公園の管理でどのような影響が出るか具体例を示しつつ、考察してください。

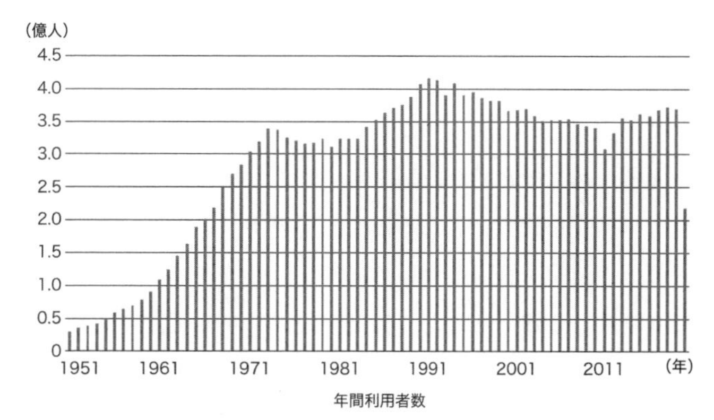

図10･11　国立公園の年間利用者数の推移
(出典：環境省公開データをもとに著者作成)

参考文献

1)　国立公園財団・自然公園財団『自然公園への招待（国立公園・国定公園ガイド）』2012
2)　畠山武道「(3) 自然公園法の仕組み」『自然保護法講義』（第2版）、北海道大学出版会、2006、pp.210-221
3)　環境省「日本の国立公園の特徴」、https://www. env. go. jp/park/about/index. html
4)　岩波書店『広辞苑』（第7版）
5)　環境省「公園計画」https://www. env. go. jp/park/about/history. html
6)　佐山浩「自然公園法における『風致』『景観』『風景』の使用と風景保護」亀山章編『造園大百科事典』、2022、pp.106-107
7)　環境省「働く人々」https://www. env. go. jp/park/workers/index. html
8)　武正憲「日本の国立公園等保護地域で活動するエコツアーガイド従事者に求められる環境保全の役割」『ランドスケープ研究』（オンライン論文集）vol.14、2021、pp.34-40
9)　津村俊充・増田直広・古瀬浩史・小林毅 編『インタープリター・トレーニング』ナカニシヤ出版、2014
10)　環境省「ビジターセンターについて」、https://www.env.go.jp/nature/ari_kata/shiryou/031010-7.pdf
11)　藤稿亜矢子「第2章　サスティナブルツーリズムの概要」『サスティナブルツーリズム』晃洋書房、2018、pp.23-57
12)　敷田麻実・森重昌之編『地域資源を守っていかすエコツーリズム』講談社、2011

11章 歴史的・文化的空間の公園緑地

1 空間の保全活用に関する計画

1 歴史的・文化的空間の保全

本章では、人が関わり文化として発展してきた歴史的な空間に関わる制度について解説します。1976年に採択されたユネスコの「歴史的地区の保全および現代的な役割に関する勧告」では、歴史的地区が文化的、宗教的及び社会的活動の豊かさ及び多様性の重要さが指摘され、その継承や保全並びに現代の社会生活への統合が都市計画や国土計画の基本的要素であることが述べられています。歴史的な空間は文化的な資産であるだけでなく、都市の個性やオリジナリティとなり、将来の都市のあり方の指針ともなりうる重要な存在です。

歴史的あるいは文化的な空間やそれを取り巻く環境の保全には総合的な政策が必要であり、その保全を図るためには必要な計画を定めることになります。その具体的な内容は表11･1のようになります。これらの制度を確立するためには、適用すべき地区の範囲の確定・行為及びその責任者の指定・適用される分野の特定・認可について責任を負う機関の指定・保全のための事業計画実施のための措置が必要となります。また、そのためには市民に対する丁寧な意見聴取や参加の体制づくりが重要になります。

2 日本における歴史的・文化的空間の歴史

日本における歴史的空間の保全は社寺や城跡等を対象に始まったとされています。明治維新以降、荒廃しつつある社寺境内の保全を目的に、1873年に「古来の勝区、名人の旧跡等是迄群衆遊覧の場所」を公園とする太政官布達が出されました。これに基づいて、上野、浅草、芝、深川、飛鳥山の5つの公園が定められました。このほか、名勝地や城跡を公園にすることも広く行われました（3章参照）。社寺に関しては、1897年に古社寺保存法が制定され、所有される宝物が「国宝」として、不動産が「特別保護建造物」として指定され保存されることになりました。

1919年に史蹟名勝天然紀念物保存法が制定され、「名勝」として公園や庭園などの営造物や著名な景勝地や眺望する場が指定されるようになりました。指定基準は人文的なもの（公園、庭園、橋梁、築堤）と自然的なものに大別されます。

同1919年に都市計画法、市街地建築物法が制定される

表11･1　歴史的・文化的空間保全の計画に必要な事項

保全のための計画で定めるべき事項
保護すべき地区及び物件
適用される条件及び制限の詳細
維持、修復及び改良工事において従うべき基準
都市生活又は田園生活に必要な供給網及び施設の整備を規制する一般的条件
新築を規制する条件

（出典：ユネスコ「歴史的地区の保全および現代的な役割に関する勧告」第11項より著者作成）

と、風致地区および美観地区の制度が導入されました。風致地区は都市内で豊かな自然を有する地区の環境保全のための制度であり、戦前において緑地の保全が唯一可能な地区制度でした。現在でも多くの場所で適用されています。また、美観地区は建築物を主体として良好な景観を形成するための制度であり、建築の制限をかけるものです。しかし、財産権の侵害と見られる傾向もあり、これを定めなかった地区が多くあります。

戦後の高度経済成長による開発が進むと、奈良や鎌倉や京都で歴史的環境保全運動が展開されました。これを受けて、1966年に「古都における歴史的風土の保存に関する特別措置法（通称「古都保存法」)」が成立しました。古都における都市周辺部の自然環境を歴史的風土保存区域および歴史的風土特別保存地区に指定して、保存計画を策定し、厳格に保存することが定められました。また、その他の市街地の保全に関しては、独自の条例による保全が行われ、金沢市伝統環境保存条例や倉敷市伝統美観保存条例、高山市市街地景観保存条例などがあげられます。

このように各地で自治体による条例の制定が続くなかで、国の法律により「点」から「面」の保存を求める世論が高まり、1975年に文化財保護法の改正が行われ、「重要伝統的建造物群保存地区」の制度が発足しました。これにより、集落や町並みといった面的な地区の歴史的風致の保存が可能になりました。

さらに、2004年の文化財保護法の改正により「重要文化的景観」の制度が発足しました。農山漁村の景観や特徴的な都市景観など、地域の人々の生活や生業、地域の風土により形成された景観を保全するものです。従来の文化財保護が凍結保存的な制度であるのに対し、文化的景観の概念は動態的保存であり、変容をともなう保全となっていることが特徴です。

3 歴史的空間の保全のプロセス

①現状把握と評価

空間の保全を図るためには、まず地域の歴史的資産の全体を理解し評価する必要があります。歴史的な空間の成立と展開についての建築史調査、自然地形や水系などの立地や気候または風土など環境を捉える景観調査、そして、空間を支える地域社会の現状や課題を把握する社会調査など、学術的調査に基づき固有性を明らかにし、その保存活用の推進に対する課題を整理します。

②基本構想と基本計画

次に、基本構想や基本計画として、対象となる空間について将来にわたっての目指すべき方向性を明示します。上記課題を踏まえて必要となる取り組みの基本的な考え方を示すとともに、持続可能な保存および活用を進めていく上で必要となる体制について整理します。さらに特定の地区に関しては、地区の詳細計画を立案することもあります。

③保全事業の計画

保全のための具体的なプロジェクトを構築し、個別あるいは面的な規制を立案します。規制には他の地区との合理的なバランスや、地域住民の生活の維持発展を阻害しないことなど、関係者の合意のもとに決定されるべきものになりますので、計画立案への市民参加や制度運用の透明性の確保が重要となります。

2 近代の庭園・公園等の保全と制度

1 近代の庭園

図 11・1　旧古河庭園

近代の庭園については一般に「近代以降に造られた庭園又は近世以前に造られた庭園を近代以降に改修したもの」と定義され、近代以降の改修の程度については、新たな近代の意匠・構成が随所に見られるものなどで、それが当該庭園の全体の価値に対して大きな影響を及ぼしていると認められるものが該当します。その様式は3つに大別されます。

1つ目は和風庭園で、近世以前に主流であった抽象的な石組を主題とする手法を継承したものをはじめ、近代になって流行した作為的でない自然風景の再現を特徴とする「自然主義」と呼ばれる様式のもの、さらには施主又は作庭家による独特の作風が加味された庭園等があります。特に小川治兵衛・重森三玲・田中泰阿弥・長岡安平等の著名な作庭家が関与した庭園等については、これまでにも名勝としての指定又は登録記念物（名勝地関係）としての登録が進んでいます。2つ目は洋風庭園です。近代以降になって新たに造られるようになった様式であり、本格的なものは主に明治時代の後期以降に作庭されており、皇室関係の庭園や、旧古河庭園（図 11・1）のようにジョサイア・コンドルが設計した洋館に代表されるような住宅に造影された庭園、公園や学校の敷地内に造影された公園などの事例があります。3つ目は住宅の芝庭で、これも近代以降になって造られるようになりま

表 11・2　所有者別の近代の庭園とその特徴

所有者の区分	特徴	主な事例
地方の地主・資産家等	明治時代から昭和初期までの日本社会における地主・資産家等の財力を反映したもの	旧渋沢栄一邸庭園（東京都北区）／古谿荘庭園（静岡県富士市）／野村別邸碧雲荘庭園（京都府京都市）
芸術家・学者等	施主の独特の思想または風景観などが反映したもの	白沙村荘庭園（京都府京都市）／旧朝倉文夫氏庭園（東京都台東区）／蘆花浅水 荘庭園（滋賀県大津市）
皇室	東京都内に代表的な事例が3件あり、その他、各地の保養地に所在する皇室の御用邸・別邸がある。公開されているものが多いが、ホテルまたは旅館の庭園として継承されているものもある	新宿御苑（東京都新宿区）／旧高松宮翁島別邸（福島県迎賓館）庭園（福島県猪苗代町）／旧沼津御用邸庭園（沼津御用邸記念公園）（静岡県沼津市）／旧秩父宮御殿場別邸庭園（秩父宮記念公園）（静岡県御殿場市）
旧藩主	明治維新後に華族となった旧藩主が、旧所領地に築造した質の高い邸宅の庭園	毛利氏庭園（山口県防府市）／立花氏庭園（福岡県柳川市）／旧徳川昭武松戸別邸（戸定邸）庭園（千葉県松戸市）
その他の個人の庭園	地域産業により発展を遂げた都市等において、財を成した実業家による複数の庭園が集中的に残っている地域がある	金沢・津和野など近世以来の街区を残す城下町／織物業の足利／塩業の赤穂
寺院または神社	伝統的な池泉庭園の様式に基づくもののみならず、著名な作庭家が新たな意匠・材料により手がけたものも多い	東福寺本坊方丈庭園（京都府京都市）／新勝寺成田山公園（千葉県成田市）／北神苑・東神苑（福岡県太宰府市）
公共施設・公開施設・学校・会社・工場等	近代化に伴って建設された施設に庭園が造営された事例	千葉大学園芸学部庭園（千葉県松戸市）／神戸女学院大学中庭（兵庫県西宮市）／道庁赤れんが前庭（北海道札幌市）／箱根美術館庭園（神奈川県箱根町）
ホテル・料亭等	ホテル・料亭等の庭園。この種の庭園は各地に所在	
花園等	主な事例は、梅林及びつつじ園	熱海梅林（静岡県熱海市）
その他	城跡又は農場に造営された庭園等	岸和田城八陣の庭（岸和田市）

（出典：『近代の庭園・公園等に関する調査研究報告書』[1) 2012より著者作成）

意見具申

地方公共団体から文部科学大臣あてに、文化財の保存・活用に関する意見を具申

文化審議会への諮問

文部科学大臣から文化審議会に対し、具申された記念物が指定に相当するものか否かを諮問

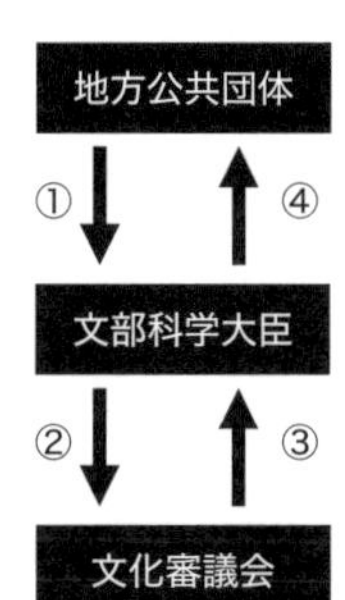

告示

官報に告示するとともに、史跡名勝天然記念物の所有者及び権原に基づく占有者に通知

文化審議会による答申

第三専門調査会の調査結果を受けて、文部科学大臣に答申

図 11･2　名勝指定の手続き（出典：『記念物保護の仕組み』[2] 2022 より著者作成）

した。主として明治時代の中頃以降に当たり、皇族関係の庭園や旧藩主または実業家の住宅庭園などがあります。近代以降に造られた庭園は、その所有者によって表 11･2 のように区分することができます。

近代の庭園について、価値の高い人文的な景勝地は名勝として指定され、それ以外の名勝地のうち保存や活用の措置が必要とされるものは登録記念物として登録されています。

①名勝による指定

名勝は、文化財保護法の中で、「わが国のすぐれた国土美として欠くことのできないものであって、その自然的なものにおいては、風致景観の優秀なもの、名所的あるいは学術的価値の高いもの、また人文的なものにおいては、芸術的あるいは学術的価値の高いもの」と定義され、公園・庭園や橋梁・築堤といった人文的な景勝地、峡谷、海浜、山岳などの自然の景勝地および眺望地点が対象となります。名勝は図 11･2 のプロセスに沿って調査研究が行われ、文化審議会の答申をもとに指定されます。さらに名勝のうち価値が特に高いものは特別名勝として指定されます。

②登録記念物による指定

登録記念物は 2004 年の文化財保護法の改正で設けられた制度で、史跡・名勝・天然記念物を補完するものとなっています。届出制と指導・助言・勧告を基本とする緩やかな保護措置を講じる登録制度です。原則として人文的なものにあっては造成後 50 年を経過したもの又は自然的なものにあっては広く知られたものであり、以下の 3 つの基準に該当するものになります。①造園文化の発展に寄与しているもの、②時代を特徴づける造形をよく遺しているもの、③再現することが容易でないもの。

2 歴史公園

歴史公園とは、古代、中世、近世、近代等の時代や資源の内容にかかわらず、歴史的・文化的資源を適切に保存・再生・活用しながら、公園として一体性のある整備がなされた公園です。都市計画法上では、同法施行規則に定める特殊公園の一類型として「歴史公園にあっては、遺跡、庭園、建築物等の文化的遺産の存する土地若しくはその復元、展示等に適した土地又は歴史的意義を有する土地を選択して配置する」と定義されています。ただし、都市計画法施行規則上の総合公園においても、史跡や城郭を象徴として設置されている事例も多く、歴史公園を広義に捉えるとその数は多くなります。

2006 年から 2007 年にかけて都市公園法の施行 50 周年を記念して歴史公園のリスト化が行われ、全国からの推薦を受け 250 の歴史公園が選出されました。城や城跡と一体となった城址公園が最も多く、大

名庭園もこれに含まれます。その他に、山内丸山遺跡や吉野ヶ里遺跡などの古代遺跡の公園、三笠公園や平和記念公園などの近代化遺産の公園、大通公園や久屋大通公園などそれ自体が近現代史に関わる公園、天橋立公園や箕面公園など自然公園にも含まれる風致的公園など多様な公園が含まれます。

3 墓園

墓園とは、都市計画法上では「自然的環境を有する静寂な土地に設置する、主として墓地の設置の用に供することを目的とする公共空地である」と定められた都市施設であり、地方公共団体が設置します。都市公園の特殊公園に含まれ、墓地としての機能だけでなく、散策や休憩など静的なレクリエーション機能を持つ公園です。国土交通省によれば2023年3月31日時点で全国に320カ所（計画）存在します。

日本における最初の墓園は東京都府中市と小金井市の両市に位置する「多磨霊園」で、1923年に開園しました。この事例のように、墓園の配置については都市計画運用指針において「市街地に近接せず、かつ、将来の発展を予想し市街化の見込みのない位置であって、交通の利便の良い土地」とされています。また、規模についても「十分な樹林地等の面積が確保される相当の面積を定めることが望ましい」とされ、「環境保全系統の一環となるよう配置し既存樹林等による風致は維持するとともに、必要に応じて防災系統の一環となるよう配置する」とあるように環境への配慮もされています。

3 歴史的空間の保全と制度

1 歴史的風土保存区域

歴史的風土保存区域は、「古都における歴史的風土の保存に関する特別措置法」（以下、古都保存法）、及び「明日香村における歴史的風土の保存及び生活環境の整備等に関する特別措置法」に基づき、その対象は古都すなわち日本の政治、文化の中心等として歴史上重要な地位を有する市町村に限られ、京都市、奈良市、鎌倉市の3市の他に、政令によって天理市、橿原市、櫻井市、逗子市、奈良県生駒郡斑鳩町及び同県高郡明日香村、および大津市の5市1町1村が定められています。

古都保存法では、「歴史的風土」を「我が国の歴史上意義を有する建造物、遺跡等が周囲の自然環境と一体をなして古都における伝統と文化を具現し、及び形成している土地の状況」として定義したことが画期的であり、広域で面的な保存を

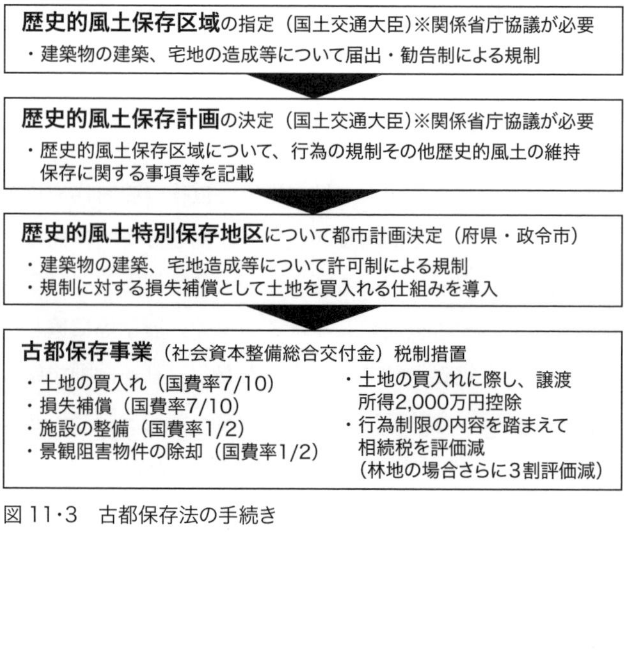

歴史的風土保存区域の指定（国土交通大臣）※関係省庁協議が必要
・建築物の建築、宅地の造成等について届出・勧告制による規制

↓

歴史的風土保存計画の決定（国土交通大臣）※関係省庁協議が必要
・歴史的風土保存区域について、行為の規制その他歴史的風土の維持保存に関する事項等を記載

↓

歴史的風土特別保存地区について都市計画決定（府県・政令市）
・建築物の建築、宅地造成等について許可制による規制
・規制に対する損失補償として土地を買入れる仕組みを導入

↓

古都保存事業（社会資本整備総合交付金）税制措置
・土地の買入れ（国費率7/10）
・損失補償（国費率7/10）
・施設の整備（国費率1/2）
・景観阻害物件の除却（国費率1/2）
・土地の買入れに際し、譲渡所得2,000万円控除
・行為制限の内容を踏まえて相続税を評価減（林地の場合さらに3割評価減）

図11·3　古都保存法の手続き

制度化したことが大きな特徴です。この制度では、国土交通大臣が歴史的風土保存区域を指定し、歴史的風土の保存に関する計画（歴史的風土保存計画）を決定します。歴史的風土保存区域内での開発行為の規制や土地の買入れ等により、古都における歴史的風土の保存を図っています（図 11･3）。

図 11･4　伝統的建造物群保存地区（輪島市黒島地区）

2 伝統的建造物群保存地区

文化庁は伝統的町並みや集落の保全のために 1975 年に伝統的建造物群保存地区の制度を設立しました（図 11･4）。市町村は調査と住民の合意形成などを経て伝統的建造物群保存地区条例を定め、これに基づいて保存すべき地区の範囲と保存計画を定めます。保存計画については、建築物とその他の工作物を伝統的建造物として、それらと一体をなして歴史的風致を形成する森林、樹木、川などと土地を環境物件として特定します。そして、地区の特性に合わせて建造物等や環境物件の修景計画を具体的に定め、保存措置がとられます。国が重要伝統的建造物群保存地区を選定する場合にも、このような保存措置は継続されるため、主体が市町村にあることが特徴とされます。

2024 年 8 月 15 日の時点では、重要伝統的建造物群保存地区に 43 道府県 106 市町村において 129 地区が選定されています。このように全国的に歴史的な町並みの面的な保存が進む中、多く地区では少子化や建造物の維持が深刻化しており、空き家の再生活用が大きな課題となっています。

3 歴史的風致

歴史的町並み保全について、古都保存法・文化財保護法・景観法・都市計画法によって関連制度が確立したが、以下の限定的な限界が指摘されていました。①古都保存法における対象地が古都の周辺の自

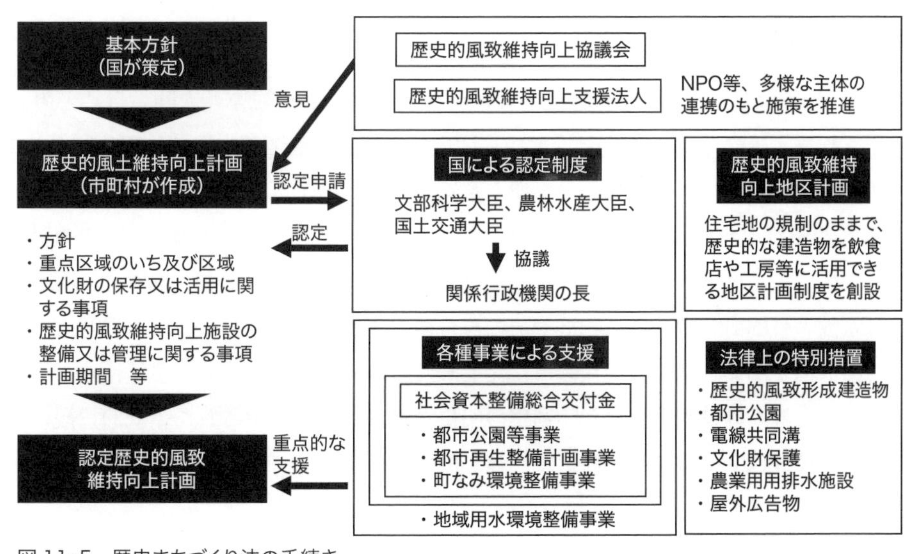

図 11･5　歴史まちづくり法の手続き

図 11･6　富山県高岡市金屋町の街並み

図 11･7　富山県高岡市伏木の旧伏木測候所庁舎・測風塔

然環境に限定されていること、②文化財保護法が文化財の保存活用が主であり、周辺環境の整備が直接系な目的ではないこと、③景観法や都市計画法は規制措置を中心としており、歴史的建造物の復元や活用などまちづくりへの積極的な支援措置がないこと。

そこで、2008 年に「地域における歴史的風致の維持及び向上に関する法律（歴史まちづくり法）」が制定されました。国により「歴史的風致維持向上方針」が定められ、これに沿って市町村は「歴史的風致維持向上計画」を策定します（図 11･5）。この計画によって「重要文化財、重要有形民俗文化財又は史跡名勝天然記念物として指定された建造物の用に供される土地の区域及びその周辺の土地の区域」あるいは「重要伝統的建造物群保存地区内の土地の区域及びその周辺の土地の区域」は「重点区域」として定められ、計画に基づく特別措置が受けられます。2023 年 2 月 15 日の時点では、39 府県 90 市町で「歴史的風致維持向上計画」が認定されています（図 11･6、11･7）。

4　文化的景観の保全と制度

1　文化的景観の概念

ユネスコの世界遺産では、1992 年の作業指針において、文化的景観を「人間と自然との共同作業によって生み出された」景観とし、「人間社会又は人間の居住地が自然環境による物理的制約の中で、社会的・経済的・文化的な内外の力に継続的に影響されながら、どのような進化をたどってきたかを例証する」（世界遺産条約履行のための作業指針）ものとされています。世界遺産における文化的景観は 3 つに分類されています。第 1 は「人間の意思により設計され創造された景観」で、庭園や公園的な景観であり、しばしば宗教等に関する記念建造物群やその複合体も含まれます。第 2 は「有機的に進化してきた景観」で、自然環境と関係しながら現在の形に発展した遺跡的景観、伝統的な生活様式と密接に関連して発展し、現代でも社会的役割を果たし、進化の明白な物質的証左が示された継続的景観の 2 つに小分類されています。第 3 は「関連する景観」で、自然的要素と宗教的、審美的、文化的な意義が関連づけられた景観とされています[3)]。

一方、日本国内においては 1975 年の文化財保護法の改正により文化的景観が定義されました。具体的

表 11･3　「文化的景観」世界遺産と文化財保護法の比較

世界遺産における文化的景観	文化財保護法における文化的景観
（1）人間の意思により設計され創出された景観 審美的な動機によって造営される庭園や公園が含まれ、それらは宗教的その他の記念的建築物やその複合体に（すべてではないが）しばしば附属する （2）有機的に進化してきた景観 ・残存している（あるいは化石化した）景観 進化の過程が過去のある時期に、突然又は時代を超えて終始している景観 ・継続していている景観 伝統的な生活様式と密接に結びつき、現代社会において活発な社会的役割を維持し、進化の過程がいまなお進行中の景観 （3）関連する景観 自然的要素との強力な宗教的、審美的又は文化的な関連によって、その正当性を認められるもの	地域における人々の生活又は生業及び当該地域の風土により形成された次に掲げる景観地のうち我が国民の基盤的な生活又は生業の特色を示すもので典型的なもの又は独特のもの （1）水田・畑地などの農耕に関する景勝地 （2）茅野・牧野などの採草・放牧に関する景観地 （3）用材林・防災林などの森林の利用に関する景観地 （4）養殖いかだ・海苔ひびなどの漁ろうに関する景観地 （5）ため池・水路・港などの水の利用に関する景観地 （6）鉱山・採石場・工場群などの採掘・製造に関する景観地 （7）道・広場などの流通・往来に関する景観地 （8）垣根・屋敷林などの居住に関する景観地 上記8項目が複合した景観地のうち我が国民の基盤的な生活又は生業の特色を示すもので典型的なもの又は独特なもの

には､「地域における人々の生活又は生業及び当該地域の風土により形成された景観地で我が国民の生活又は生業の理解のため欠くことのできないもの」とされています。そのため、文化的景観は可視的で静態的なこれまでの「景観」の捉え方とは異なり、有形・無形の諸要素が有機的に関係しつつ、一体として成立し、過去から現在までの時間のなかで蓄積されている「生きた景観」として扱われる点で新しいものになります。

世界遺産における文化的景観は文化財保護法の定義よりも広義なものになっており、第1の「人間の意思により設計され創造された景観」と第3の「関連する景観」は史蹟名勝天然紀念物保存法で扱われ、第2の「有機的に進化してきた景観」のうち遺跡的景観は伝統的建造物群保存地区の指定によって保護されています。したがって、日本の文化財保護法における文化的景観は第2の「有機的に進化してきた景観」における継続的景観にあたります（表 11･3）。

2 重要文化的景観

文部科学大臣は、景観法に規定する景観計画区域または景観地区内にある文化的景観であって、その保存のために必要な措置が講じられているもののうちとくに重要であるものを重要文化的景観として選定することができます。選定は、重要伝統的建造物群保存地区の制度と同様に地方公共団体の申し出に基づいて行われ、選定後の現状変更等については、重要文化財や史跡名勝天然記念物のように文化庁長官の許可制ではなく、登録文化財と同じく届出制となっており、文化庁長官は必要な指導や助言または勧告ができることになっています。文化的景観の制度は景観法と密接な関わりがあり、景観部局と文化財部局の連携が必要となります。

重要文化的景観の選定には文化的景観保存活用計画を定めることが必要となります。計画策定においては保存調査や普及啓発が行われ、これらは国からの経費補助が受けられます。また、選定後には整備計画の立案、説明看板の設置、防災のための工事、便益管理施設の設置、復旧・修理・修景について、経費補助が受けられます（図 11･8）。

2006 年に滋賀県近江八幡市の「近江八幡の水郷」が重要文化的景観第 1 号に選定され、2024 年 10 月

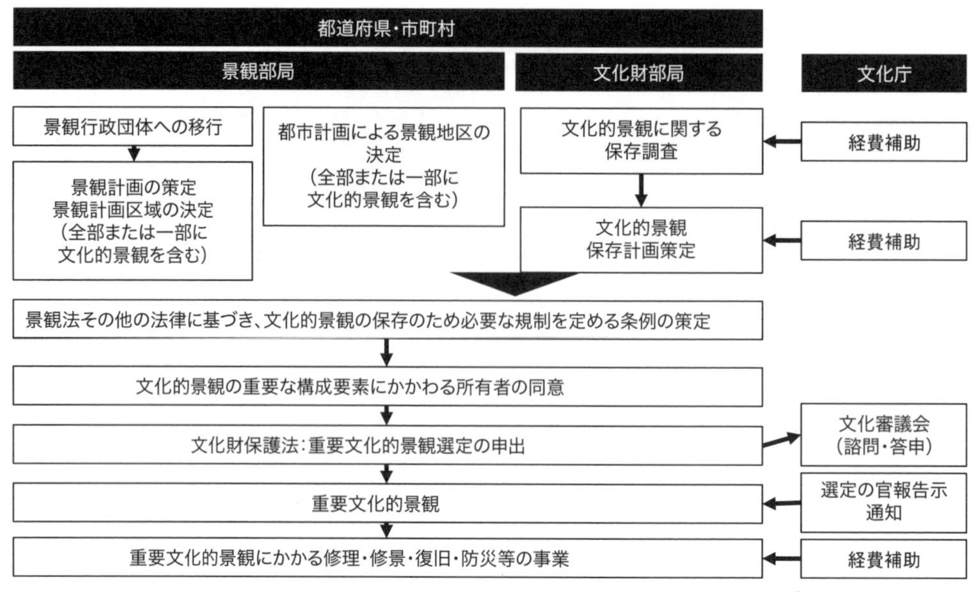

図 11・8　重要文化的景観の手続き（出典：文化庁『魅力ある風景を未来へ 文化的景観の保護制度』[4] より著者作成）

図 11・9　高島市針江の水路

図 11・10　高島市針江の水場「カバタ」

11 日までに全国で合計 73 件が選定されています。例えば、重要文化的景観に選定された「高島市針江・霜降の水辺景観」は、湧水を活用した石造りの洗い場である「カバタ」や複数の水路が存在し、豊かな水辺景観が文化的景観とされています（図 11・9、11・10）。高島市新旭町針江の湖岸沿いに残るヨシ群落一帯と、琵琶湖水域を含めた区域ならびに針江・霜降集落、そしてその 2 つを結ぶ針江大川と、その間に広がる水田地域一帯の、約 295.9ha を選定範囲としています。

このように文化的景観の保全が進む一方、人の生業と自然の歴史的な関係を表象する「景観」という新しい概念について共通認識を図ること、そして目に見えない「価値」の評価や保護手法のあり方については課題が指摘されています [5]。

計画事例　金沢城公園（石川県金沢市）

①計画の背景

石川県金沢市に位置する金沢城は1546年（天文15年）に本願寺が金沢御堂を創建したことに始まります。1580年（天正8年）に織田信長の命を受けた佐久間盛政が築城を始め、1583年（天正11年）に前田利家が入城し本格的な城造りがなされました。以降1869年（明治2年）まで加賀藩前田家14代の居城となっていました。天守閣は1602年（慶長7年）に落雷による火災で消失し、その後は再建されることはありませんでした。1631年（寛永8年）の大火災の後に武家屋敷は城内から城外へと移され、1759年（宝暦9年）の火災では金沢城が全焼しました。その後、二の丸を中心に整備が進められ、石川門も1788年に再建されました。しかしながら、1881年（明治14年）にまた火災が生じ、二の丸・菱櫓・五十間長屋・橋爪門続櫓が消失してしまいました。

明治以降の金沢城は、終戦までは陸軍第九師団司令部が設置され、陸軍の拠点として使用されました。戦後は城内に国立金沢大学が置かれ、1995年まで本部キャンパスとして利用されました。その後、「金沢大学跡地等利用懇話会」の提言により公園として整備されることとなり、1996年に石川県が国から金沢城を取得し、「金沢城址公園」として一般に開放されました。2001年には「金沢城公園」と改称されました。28.5haの総合公園として2006年に都市計画決定がなされています。

②問題・課題

金沢城は金沢市の中心に位置するため、市民の憩いの場となる空間づくりとともに、象徴的な歴史公園としての整備が求められます。相次ぐ大火により建造物の多くが消失していましたが、市民史料に基づいた復元とともに、求心力のある場作りが進められています。計画の目的においても、「金沢城の貴重な歴史的文化遺産を後世に継承し、兼六園と並ぶ県都金沢のシンボル公園として、また、本県の歴史・文化・伝統を継承する「象徴」として、本県の豊かな文化土壌に一層の厚みを加えるとともに、県下の交流人口の拡大と都心地区の魅力向上を図る」とされています。

③計画内容

金沢城公園は1996年から10年ごとに整備計画を策定し、公園内の整備を行ってきました(図11･11)。最初の10年間は第一期整備計画と位置づけました。都心部に残された貴重な緑を保全しながら、江戸時代後期の城郭の地割りを基に、史実を尊重し、整備が進められてきました。

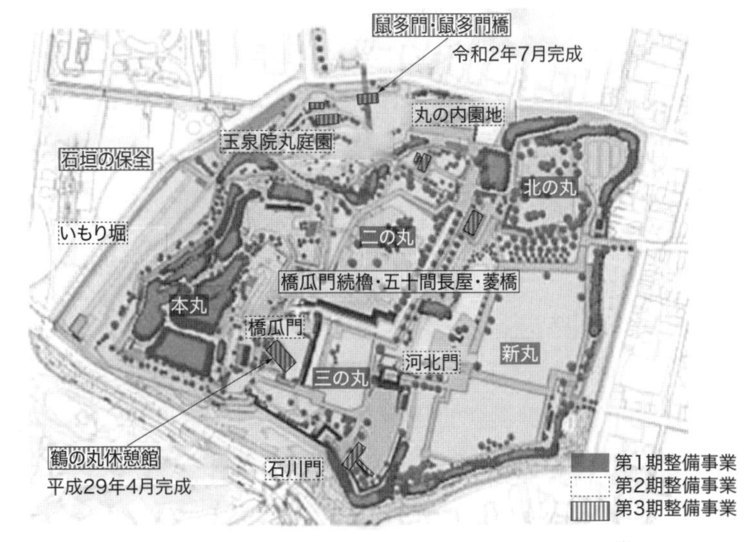

図11･11　金沢城公園整備事業（出典：石川県「金沢城公園の整備について」[6]）

江戸後期のシンボル的建物でもあった「菱櫓」「五十間長屋」「橋爪門続櫓」等の復元整備を進めるとともに、園路・広場・修景植栽など公園としての基盤を整え、2001年の全国都市緑化フェア開催に合わせ開園しました。

第二期整備計画は2006年からの10年間で、2015年の北陸新幹線開業とともに事業を完了しました。2010年に金沢城三御門の「河北門」の復元、旧陸軍によって埋め立てられテニスコートとして使用されていた「いもり堀」の水堀化を行いました。また、2015年には城内で最も格式が高かったとされる「橋爪門」、石垣と一体となり高低差が20m以上にも及ぶ立体的な造形が特徴の「玉泉院丸庭園」の復元を完了しました。

第三期整備計画は2015年に策定されました。2017年には、来園者の大幅な増加に対応して、休憩等のサービス機能や金沢城の魅力をより深く伝えるための展示機能の充実を図るために、「鶴の丸休憩館一体の再整備」が行われました。また、2020年には明治期の大火によって消失した「鼠多門」と「鼠多門橋」の復元整備が行われました。2014年から実施された埋蔵文化財調査や絵図・文献調査の結果に基づき、鼠多門は史実に沿った木造による復元、鼠多門橋は現代の安全基準を満たす構造としながら鋼材を木材で覆う仕上げで整備されています。

④現在の状況、計画の効果

新幹線開業後の2015年度の入園者数は、前年度の1.7倍となる238万人となり、石川県を代表する観光交流拠点となりました。このように今では多くの観光客が訪れる歴史公園となっています。また、観光客だけでなく、市民にも憩いの場として親しめるよう「県民参加による城づくり」が進められました。

金沢城の復元事業を契機に、業種の枠を超えた「石川の伝統的建造技術を伝える会」が組織されました。県内の伝統建造物の復元に必要な建築技術の習得・継承、関係する情報の収集、伝統工法に精通した後継者の育成を目的とした組織で、復元工事に実際に携わるとともに、普及啓発や後進の育成に取り組んでいます。

金沢城の復元整備は、文化遺産の価値を育むとともに、永く後世に引き継ぐべき新たな文化資産の創造を図るものであり、多くの県民・市民の参加のもと事業を進めていく必要があることから、計画段階、工事段階、そして完成など、それぞれのステージに相応しい、各種のイベント等が実施されました。工事の節目には、起工式、立柱式、上棟式、完成式などの式典が実施され、広報に努めるとともに、工事の実施状況が常時見学できる「見学ステージ」の設置や、工事の折々に伝統技術を体験できる見学会が実施されました。また、工事に使用する壁板や海鼠壁の平瓦に記念のメッセージを残す「寄進事業」を行っており、参加者が記したメッセージの内容や設置場所は、城内に設置された「寄進閲覧システム」やホームページ上で見ることができるようになっています。

このように、歴史的な建造物の復元が進み、公園として観光客や市民が訪れる場所となった金沢城公園ですが、現在は幕末・維新期まで御殿としての役割を果たしていた「二の丸御殿」の復元が計画されています。2018年から専門の学識者による検討や各種調査等が実施され、2021年3月に御殿の復元整備に向けた基本方針が策定されました。2021年からは、復元整備事業が着手され、基本方針に沿って調査や設計等の取り組みが進められています。

■ **演習問題 11** ■　あなたの住んでいる都市や、興味のある歴史的な都市や地域あるいは公園について、以下をインターネット等で調べてください。内容を把握した上で、地域の歴史的背景と歴史的な蓄積が現在にどのように景観として表象されているかに注目し、計画の効果や課題などについて考察してください。

(1) 関連している保全の制度と行政部局

(2) 保全されている地区／地域における歴史的資産と周辺環境との関係

(3) 保全に寄与している地域団体／市民団体や利用状況

参考文献

1) 近代の庭園・公園等の調査に関する検討会・文化庁文化財部記念物課『近代の庭園・公園等に関する調査研究報告書』2012 年 6 月

2) 文化庁『記念物保護の仕組み』2022 年 3 月

3) 独立行政法人 国立文化財機構奈良文化財研究所『世界遺産の文化的景観 保全・管理のためのハンドブック』2015 年 3 月、pp.27-31

4) 文化庁パンフレット『魅力ある風景を未来へ 文化的景観の保護制度』

5) 惠谷浩子「文化的景観という取組の有効性と課題」『農村計画学会誌 33 巻 2 号』農村計画学会、2014、pp.157-158

6) 石川県ホームページ「金沢城公園の整備について」、https://www. pref. ishikawa. lg. jp/kouen/siro/kanazawajyo. html

12章
防災と公園緑地

1 災害に対する公園緑地の役割

あなたは近所の公園で図12･1の白い札のような表示を見たことはありますか。これは、この公園が自治体によって一時避難場所に指定されていることを示しています。一時避難場所というのは、大きな地震が起きた時などに、近隣の人々が集まって無事を確かめ合ったり、より安全な場所へ助け合いながら避難する起点となったりする場所のことです。ちなみに、東京都では一時集合場所と呼ばれています[1]。このような身近な一時避難場所に加えて、より広範囲の人々が大火災などから身を守れるようにと、大きな公園などに指定される避難場所もあります。なお、類似の名称に避難所というものがありますが、これは被災された方々が一定期間生活を送られるための施設を指すものです。

図12･1　公園に掲げられた一時避難場所の表示

この他に、公園緑地は災害に対してどのような役割を果たすでしょうか。木下（2021年）[2] によれば、地震、津波、火山噴火、土砂崩れなど地殻変動に関連する地質災害、洪水、暴風、高潮、猛暑、山火事、大雪などの気象災害、病原微生物などが健康を害する生物災害に対して、被害を防いだり軽減したりすることが想定されます。具体的な役割としては、まず、避難場所、復旧復興支援の拠点といった発災時に利用される空間としての役割が挙げられます。次に、復興祈念や防災学習といった平常時に利用される空間としての役割が挙げられます。一方、公園緑地の物理特性に着目すると、雨水の貯留や浸透、沿岸の保護、漂流物の捕捉、延焼の防止、緑陰の形成といった災害被害を軽減する役割も挙げられます。このように多岐にわたる役割が期待される公園緑地ですが、特に本章では、国内で生じる可能性の高い地震と水害に対する役割に焦点を当てます。

2 地震に備える公園緑地

1 地震被害の軽減

ここでは公園緑地が地震被害を軽減する役割について考えてみましょう。表12･1は、公園緑地の主な物理特性と、その特性によって軽減される主な地震被害とをまとめたものです。

まず、公園緑地はほぼ空地です。そのため、建物の密集した市街地において、公園緑地の中にいれば、揺れによる倒壊物や落下物を回避しやすいと考えられます。熊本地震では余震が続き、屋内が怖くて近所の公園で過ごしたという声が聞かれました[3]。空地ゆえに炎上する建物から距離をとることもできま

表 12･1　公園緑地の主な物理特性と地震被害の軽減

物理特性	災害被害の軽減
空地である	倒壊物や落下物の回避　火災の回避　延焼の抑制
樹木がある	建物倒壊の抑制　延焼の抑制　漂流物の捕捉
地面が周囲より高い場合	津波の減衰　津波の回避（津波高より高い場合）
水がある場合	延焼の抑制　消防用水の確保

すし、火災が隣の街区におよびにくくなることも考えられます。

次に、公園緑地には樹木があります。揺れても倒れにくく、傍の建物を支える可能性があります。阪神・淡路大震災では街路樹が家屋を支えて倒壊を防ぎました[4)]。一方、木は燃えやすいと思われるかもしれませんが延焼を抑制します。阪神・淡路大震災では公園の常緑樹や住宅の庭木が延焼を食い止めました[5)]。また、津波の漂流物が建物などに衝突する危険性がありますが、東日本大震災では津波の漂流物が樹木群で捕捉されました[6)]。

さらに、公園緑地の地面が周囲より高い場合には、津波の減衰効果が期待されますし、津波高より高い場合には津波を回避できると考えられます。公園緑地に水路や水景施設などがある場合には、水面によって延焼が抑制され、消防用水の確保にもつながると考えられます。

このような物理特性ゆえに期待される役割に加えて、共同で利用できる空間ゆえに期待される役割も考えられます。例えば、自治会などが管理する倉庫を公園緑地に置き、防災用具や救援用具を保管して、発災時に使えるようにしておくことができます。また、避難してきた人々がお互いに声をかけ合い励まし合うことで、精神的な被害が軽減されるということも考えられます。

これら以外にも、地震被害の軽減に資する特性が公園緑地には備わっているはずです。あらゆる可能性を探求し、役割を最大限発揮するよう公園緑地の計画を行うことが大切です。

2 発災時の利用

ここでは地震発生時に利用される空間としての役割について考えてみましょう。図 12･2 は、熊本地震の

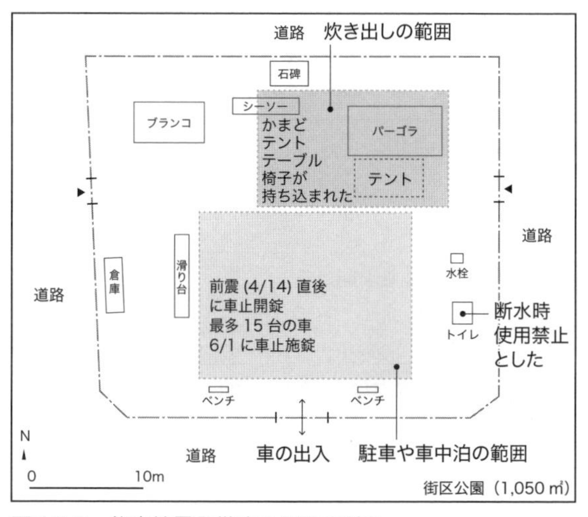

図 12･2　熊本地震発災時の公園の利用

発災時に公園がどのように利用されたのか、筆者らが公園の関係者にお聞きした内容を図示したものです。

左の公園では、車中泊や炊き出しが行われました。この公園では、5年前の東日本大震災以降、かまどに薪をくべて羽釜をのせ炊飯する炊き出し訓練が定期的に行われていました。本震の2日後には300人分のご飯を提供できたことから、非常時を想定した普段の利用がいかに大切かわかります。一方、右の公園では、車中泊やテント泊が行われました。テント泊のエリアでは、園内の緑陰樹を利用して雨よけのブルーシートが張られたそうです。また、園内にある小学校区の公民館（2階建）が避難所として運用されました。避難所が閉鎖されるまでの20日間に、60人の方々が滞在されたとともに、救援物資集配や炊き出しの場、自治会長会議の本部として利用されました。公民館前の空地にテントを設置して救援物資の仕分けや管理ができたことがポイントです。

両公園の周辺では小学校に避難所が開設されましたが、小学校だけではなく公園でも前述のような利用がなされるようになった理由として、小学校の避難所は人が一杯で入れなかった、遠くて行けなかったという声が聞かれました。公園が慣れ親しんだ場であったことも背景にあると考えられます。公園は、一時的な避難の場を提供するだけでなく、避難所を補完する役割も担うと言えます。なお、両公園を含む33の公園について、熊本地震の発災時に公園がどのように利用されたのか、まとめられた報告書がありますので参照してください[7)]。

3 地震に備える公園の設え

ここでは地震に備える公園の設えについて見てみましょう。前節の両公園は該当しませんが、過去の経験にもとづいて設えが工夫された防災公園というものがあります。「防災公園の計画・設計・管理運営ガイドライン（改訂第2版）」[8)]では、具体的な機能として、①避難、②災害の防止と軽減及び避難スペースの安全性の向上、③情報の収集と伝達、④消防・救援、医療・救護活動の支援、⑤避難及び一時的避難生活の支援、⑥防疫・清掃活動の支援、⑦復旧活動の支援、⑧各種輸送のための支援、⑨徒歩帰宅等の支援が挙げられています。

防災公園の設えには、主に表12･2のようものが挙げられます。これらは防災関連公園施設と呼ばれ、災害時に前述の機能を発揮するように設えられるものです。この他、通常の公園施設であっても災害時に活用されるものもあります。防災公園の計画や設計については、ここで挙げたガイドラインやハンドブックにより詳しく学ぶことができますので、ぜひ参照してください。

表12･2　防災公園の設え

園路・広場等（入口・外周・広場・園路の形態、ヘリポート、津波避難施設）
植栽（防火樹林帯）
水関連施設（耐震性貯水槽、非常用井戸、水景施設、散水設備）
非常用トイレ（マンホール）
情報関連施設（非常用放送設備、非常用通信設備、標識及び情報提供設備、海抜表示板）
エネルギー・照明関連施設（非常用電源設備、非常用照明設備）
備蓄倉庫
管理事務所

（出典：『［改訂版］防災公園技術ハンドブック』[9)]を参考に著者作成）

3 水害に備える公園緑地

1 流域治水における公園緑地の位置づけ

ここでは公園緑地が水害を軽減する役割について考えてみましょう。近年、国内各地で豪雨による水害が発生していますが、気候変動の影響で水害がさらに激化することが予想されます。そのため、堤防やダムの整備に加えて流域全体に対策の範囲を広げる「流域治水」が進められるようになりました[10]。図12･3は、国内の流域治水における主な施策を模式的に示したものです。山間部の集水域では、治水ダムの整備や利水ダムの活用に加えて、森林の整備等があります。平野部の氾濫域では、堤防の整備強化や河道の掘削に加えて、水田・校庭・公園・施設での貯留、遊水地の整備、土地利用の規制等があります。土と植物からなる公園緑地は水を浸透させやすく、流域治水において重要な位置を占めます。

流域治水において公園緑地が着目される背景に、Eco-DRR（Ecosystem-based Disaster Risk Reduction）という考えがあります。生態系の働きを利用して、洪水や地滑りなどの災害を予防または軽減することです。災害後の復旧復興にも生態系の回復が重要であり、生態系を保全することが防災・減災につながることが研究や実証事例から示されています。

2 流域治水を担う緑地の公園としての利用

ここでは流域治水を担う緑地が公園としてどのように利用可能なのか、霞堤を例に考えてみましょう。霞堤とは図12･4右のように所々が切れており不連続である堤防のことです。洪水時に堤防の隙間から堤内地（まち）に水が浸入しますが、洪水が終わると水は隙間から川へ排出される仕組みで、急流河川では合理的な治水方策と言われています[11]。左のように連続する堤防の場合、堤内地と堤外地（川）とが明確に分かれている状況となりますが、右のように堤防が不連続な霞堤の場合、まちと川とが堤防の隙間を通して近しい状況にあることが予想されます。筆者らは国内48水系296カ所の霞堤のうち38カ所において公園緑地としての利用を確認しました。現地を踏査すると、図12･5の写真のように堤防の隙間

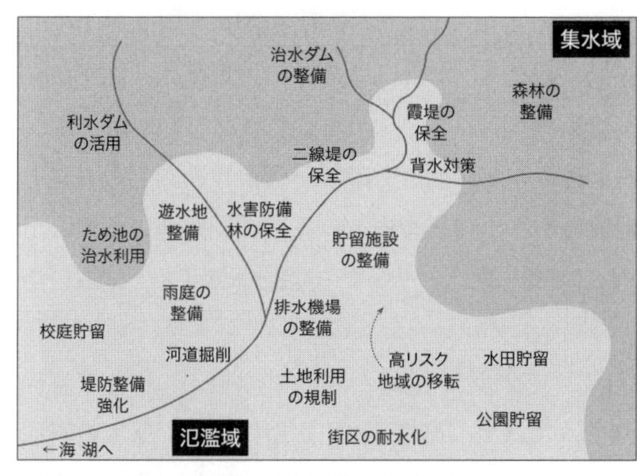

図12･3　国内の流域治水における主な施策

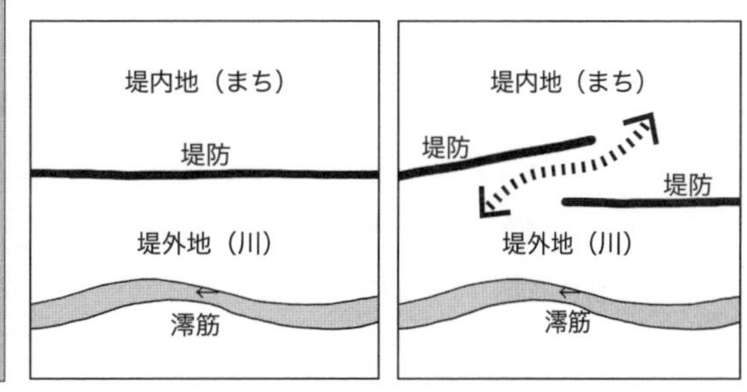

図12･4　河川堤防の連続・不連続の違いを表す模式図

図 12･5　霞堤の公園緑地（左：黒部川東山水辺公園、右：重信川かすみの森公園）

を通り抜けてまちから川へ散歩を楽しめるようになっているもの（左）や、両側の堤防と高木とによる高い囲繞性を有するもの（右）がありました。

このように、流域治水を担う公園緑地は、その特性を活かし、日常の親水利用を考慮した動線配置や空間構成とすることが大切です。

4 気候変動時代に備える公園緑地

1 海面上昇を見据えた公園緑地による沿岸の再編

ここでは、海面上昇に対応するための沿岸の再編において公園緑地がどのように位置づけられるのか考えてみましょう。IPCC 第 6 次評価報告書[12]によれば､2100 年までに世界平均海面水位が 1995 ～ 2014 年よりも 0.28 ～ 1.0m 上昇すると予想され、氷床の不確実性を加味すると 2m 上昇する可能性もあるとのことです。海に面して住空間や産業空間が集積する都市では、沿岸の再編が喫緊の課題です。アメリカ合衆国では、ニューヨーク、サンフランシスコをはじめ各地で再編プロジェクトが進行中ですが、土地のかさ上げや防潮堤の強化だけでなく、日常の親水利用を強く意識した公園緑地が主要素の一つに位置づけられている点が共通しています。

具体例としてボストン市について見てみましょう。市は 2016 年に気候変動適応策「Climate Ready Boston」をまとめ、最新の気候変動予測と脆弱性の評価に加えて、コミュニティの連携強化、海岸の保全、インフラの強化、建物の適応と、多方面での対策を掲げました。そのうち沿岸部については、2070 年代に年 1％の確率で高潮が浸水するようになるとの予測のもと、水害の抑制と親水性の向上の両立を目的に空間を再編するとしており、防潮堤の改築、地盤のかさ上げ、歩道デッキや公園緑地の整備、干潟や砂浜の再生などを進めています[13]。実現には相当の時間を要しますが、公園緑地がボストン市の沿岸に連なる状況を目標に掲げています。

その先駆けが図 12･6 のマーティンズ・パーク（設計：マイケル・ヴァン・ヴァルケンバーグ・アソシエイツ）です。幅 9m の遊歩道と建物との間に、植栽された盛土（高さ 3m）が造成され、盛土の斜面を利用した遊び場があります。また、図 12･7 のモークリー・パークでは改築計画（設計：STOSS ラン

図 12･6　マーティンズ・パーク（左：遊歩道と建物との間にある様子、右：盛土の斜面を利用した遊具）

図 12･7　モークリー･パーク（海に面した平地の様子）

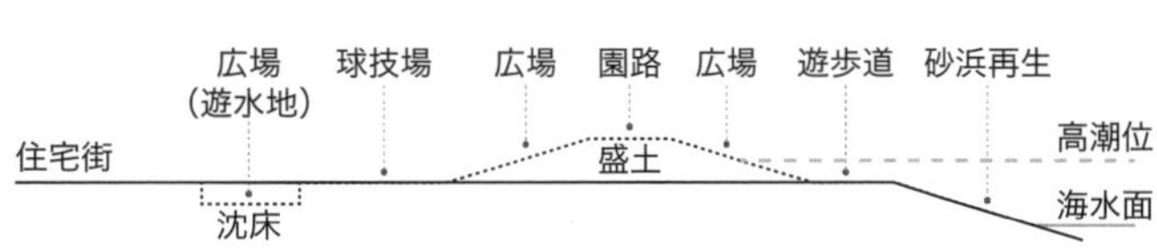

図 12･8　モークリー・パーク改築案の断面模式図

ドスケープ・アーバニズム）が進められています。海に面した大規模公園の地形操作、動線再編、調整池や諸施設の整備等をとおして、高潮の浸水を抑制するとともに、図 12･8 の模式図のように、従前の平坦な地形（実線）に凹凸（点線）をつけて、活動空間を生み出すというアイディアです。

2 都市の暑熱に対応する公園緑地の整備

ここでは、都市の暑熱に対して公園緑地がどのように位置づけられるのか考えてみましょう。前述の IPCC 第 6 次評価報告書では、地球規模で気候温暖化が進んでいると述べられています。これまでも夏季の暑さは厳しいものがありましたが、その傾向がさらに強まる可能性があるということです。日照りの中、木陰に入りホッとしたという経験をお持ちかもしれません。そのような暑熱の緩和効果に着目して、都市の暑熱に対応する都市林（Urban Tree）の整備が進められています。

具体例として、アメリカ合衆国のケンブリッジ市について見てみましょう。市では、リード･ヒルダーブランド（Reed Hilderbrand）他の専門家グループを中心に、2018 年より本格的な検討が進められ、2020 年に「ヘルシー・フォレスト・ヘルシー・シティ」[14] という都市林整備の基本計画書としてまとめられました。都市林として整備の対象となるのは、街路、公園、大学キャンパス、私有地等にある市内の全樹木です。表 12･3 のような方策が掲げられています。樹木を増やすだけではなく、土壌管理、樹木の健康チェック、街路改修、市民参加、条例整備、基金創設、開発誘導、行政組織改革など、多岐にわたる

表 12・3　ケンブリッジ市の都市林整備の方策

土壌管理計画の作成と実施
樹木の健康データの収集の拡大
重点地域での年 1000 本の植樹
植栽空間拡大のための街路改修
樹木の少ない地域に立地する公園の樹冠面積の最大化
市民参加の促進
樹木保護条例の改正
私有地への植栽を支援する基金の創設
新規開発における植栽を促進するためのゾーニングの改正
オープンスペースを増やすための計画審査の運用
市の各部門を横断する植栽所管組織の制度化

（出典：「Healthy Forest Healthy City」にもとづき著者作成）

図 12・9　ケンブリッジ市の街路（高木の樹冠が頭上を覆う状況）

ことがわかります。このような方策を背景として、図 12・9 のように森の中に都市がある状況を市全域で創り出そうとしています。

なお、この計画の原動力として、可視化された樹木の効果があります。具体的には、一本のカシの木が冷房のためのエネルギー消費を年間どの程度節約できるか、その金額が示されています。このようにすれば都市林の整備の意義が一般の市民に伝わりやすいですね。これを可能にしたのが、i-Tree という米国農務省森林局が提供するツールです [15]。現在では、世界中で一本の木から森林全体まで、都市部や農村部における価値実証や優先順位設定等に用いられています。

計画事例 1　京町公園（滋賀県彦根市）

①計画の背景

本公園の周辺は、主に木造 2 階建の住宅が並ぶ旧市街地であるとともに道路が狭く、緊急時に車両の進入が困難な地区です。長年未整備となっていた都市計画道路が廃止されたため、道路が有する防災機能の補完施設として、道路用地として取得済だった土地を中心に公園（2300 m^2）を整備することが 2016 年に決まりました。

②課題

いざという時に防災公園として機能を発揮するために、本公園が地域の方々に親しまれるよう、構想や計画の段階から住民の方々と一緒に考えていく必要がありました。また、境界線のうち宅地に隣接する区間の割合が約 65% と高く、公園の整備工事や供用開始後の利用に際して、近隣の住宅のプライバシー確保や騒音対策等に十分な配慮が必要でした。

③計画策定の経緯

まず周辺自治会においてアンケート調査を行い住民の方々の思いを把握しました。その上で、住民の方々への構想案の提示、意見の収集、構想案への意見の反映というサイクルを 3 段階実施し、2017 年に基本構想を策定しました。提示する構想案については、前出の「防災公園の計画・設計・管理運営ガイドライン」や「熊本地震都市公園利用実態共同調査報告書」を参考に模型や図面を作成しました。

表 12･4　京町公園基本構想で設定された空間諸元と施設

- 800m² 以上の広場を確保（有効避難面積 2m²／人 × 400 人分として）
- 中央を広く空け、災害時の利用や活動の空間を確保するとともに、周囲への延焼を防ぐ
- 4m セットバックさせて東南両方の街路と接続、東側には進入車両の転回できる余地を確保
- 入口の幅員を 6m 確保し、車止めを設置（普段は施錠、非常時に解錠）
- 入口、園路、広場、マンホールトイレ周辺のバリアフリー化
- 耐火性、耐熱性、耐久性のある材料の使用
- 広場の表層は、芝生、または草やほこりの抑制処理をした土系舗装とすることを検討
- 地盤改良、排水勾配の工夫、透水性舗装、浸透ます等により、雨水の敷地外への流出を抑制
- 宅地に接する外周に、樹高 3m、枝張 2m の常緑樹を配置、樹種は地元と協議
- 宅地に接する外周に、高さ 3m のフェンスを設置、フェンスの仕様等の詳細は地元と協議
- 要所にシンボルツリー 1 本を配置、樹種や既存樹木の活用有無については、地元と協議
- 災害対応型のあずまや（4m × 4m、テーブル、ベンチ）1 基
- かまどベンチ（0.5m × 2m）6 基
- 照明具 10 基（ソーラー照明、防犯効果があると言われるブルーライトの導入を検討）
- 備蓄倉庫（2.5m × 5m、ソーラーパネル付）1 基
- 非常用トイレマンホール 4 穴の配置（1 穴／100 人 × 400 人分として）
- 断水時に水を確保するための施設（手押しポンプ 1 基、雨水タンク 1 基）
- 備蓄倉庫、マンホール、手押しポンプは、南側にまとめて配置し、備蓄倉庫の街路側壁面に掲示板を設置
- 遊具（近隣の公園と異なる種類の導入を検討）
- あずまや、ベンチ、遊具は、中央に置かず、できるだけ宅地から離れた位置に配置

（作成：滋賀県立大学村上修一ランドスケープ研究室）

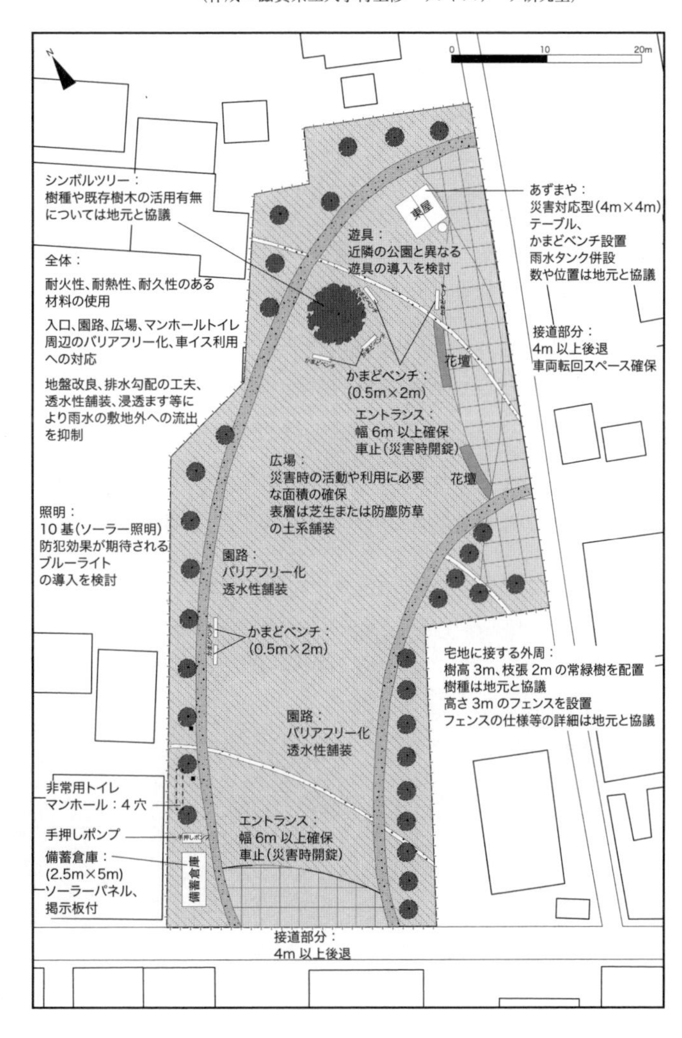

図 12･10　京町公園基本構想時の平面図
（作成：滋賀県立大学村上修一ランドスケープ研究室）

④計画内容

防災公園として機能するように、表 12･4 に挙げる空間諸元と施設を設定し、図 12･10 の平面図のような基本構想としてまとめました。

⑤現在の状況

2018 年に基本構想にもとづき実施設計が行われ、順次施工が進められ、2022 年に一部供用が開始されました[16)]。

計画事例 2　麻機遊水地（静岡県静岡市）[17)]

①計画の背景と経緯

二級水系の巴川流域では、1974 年に台風による大水害が発生しました。それを契機に巴川の総合的な治水対策が行われるようになり、1975 年より麻機遊水地（図 12･11）の整備が始まりました。もともと圃場整備が行われた農地を静岡県と静岡市が買収して遊水地にするものです。最終的には面積 200ha、約 350 万 m^2 の洪水の貯留を目標として現在も整備は続いています。一方、整備工事で農地を掘り起こしたところ、土の中の希少植物の種子が発芽して湿地環境が形成されました。湿地を保全する事業が進められ、2001 年には環境省より日本の重要湿地 500 の 1 つに指定されました。治水、湿地の保全、親水利用、地域交流と多岐にわたる取り組みが多主体によって行われ、2016 年には麻機遊水地保全活用推進協議会[18)]が設立されました。

②課題

遊水地は、放置すると植生の遷移、陸地化、外来植物の繁茂などの問題が生じるため、維持管理が重要です。外来植物、ヨシ、ヤナギ等が希少植物を覆ってしまうことのないよう、定期的に草刈りや火入れなどの撹乱をすることが望ましいのですが、遊水地の管理者だけで広大な面積全体をカバーすることは、労力や資金の面で困難です。

③計画の内容

多様な主体が遊水地と関わりを持つよう、ハード、ソフト両面での取り組みが行われています。たとえば、周辺に立地する病院、学校、福祉施設と連携し、農園や散策路（図 12･12）を整備し、イベント

図 12･11　巴川と麻機遊水地　左岸堤防の低い所から左側の遊水地に洪水が流れ込みます

図 12･12　遊水地の中に整備された散策路

の開催や日常的な利用をとおして撹乱を促進しています。また、地元企業と連携し、維持管理に要する設備機器や労力の提供を受けています。保全活用推進協議会に登録している団体は約80に達し、そのうち20団体が常時活動しています。草刈りのような維持管理活動だけでは続かないため、湿地の利活用を通じて里山の文化や伝統を楽しみながら継承していくような仕組みを企画しています。

④現在の状況

遊水地の一部が静岡市の公園として整備され、2021年より「あさはた緑地」[19]として供用されています。園内にはセンターハウスをはじめ、インクルーシブ遊具、観察小屋、芝生広場、体験農園等があり、公園としての利用の他に、遊水地や地域のことを学べるようになっています。現在、（一社）グリーンパークあさはたが指定管理者として運営を担っており、ガイドやイベントを行っています。

■ 演習問題 12 ■　あなたの身近にある公園を1カ所選んでください。面積が1,000～2,000m^{2}程度の小規模な公園の方が取り組みやすいでしょう。

(1) その公園へ実際に行き、簡単な平面図を描いてください。フリーハンドで結構です。マス目のある用紙を利用すると描きやすいでしょう。図12･2（p.143）を参考にしてください。出入口、建物や施設、遊具、高木は必ず描きましょう。

(2) 平面図を描き終えたら、そのまま現地に留まり、地震発災後の状況を想像して、気づいたことを平面図にメモしてください。2節1項の記述にあるような災害軽減効果や、2節2項の記述にあるような利用が、この公園ではどのように現れるか、想像してみましょう。

(3) メモが終わったら現地から戻ってください。現地での調査結果について考察し、この公園が災害時に十分機能するための課題と改善策をまとめてください。

参考文献

1) 東京都防災ホームページ「避難所及び避難場所」、https://www. bousai. metro. tokyo. lg. jp/bousai/1000026/1000316. html：2023年1月18日閲覧
2) 木下剛「自然災害への備えとしての公園緑地：東京のグリーンインフラパークへ」『都市公園』(231)、2021、pp.34-37
3) 熊本地震都市公園利用実態共同調査「平成28年（2016年）熊本地震 都市公園利用実態共同調査報告書」2017、https:// ba6e1265-a86f-4a79-bf9a-812506af49fd. filesusr. com/ugd/d4ec8d_581b782cf28c4bf9b2b1b4785b74b9c9. pdf：2023年2月14日閲覧
4) 森本幸裕・中村彰宏・佐藤治雄「街路樹の機能と阪神・淡路大震災」『国際交通安全学会誌』22（1)、1996、pp.49-56
5) 山本晴彦・早川誠而・鈴木義則「阪神・淡路大震災による神戸市長田区・須磨区における樹木の延焼防止機能の事例調査」『自然災害科学』16（1)、1987、pp.15-25
6) 国土交通省都市局公園緑地・景観課「津波災害に強いまちづくりにおける公園緑地の整備に関する技術資料」2012、https:// www. mlit. go. jp/common/000992746. pdf：2023年2月2日閲覧
7) 前掲3)
8) 国土技術政策総合研究所「防災公園の計画・設計・管理運営ガイドライン（改訂第2版）」『国総研資料』第984号、2017
9) 公益財団法人都市緑化機構・防災公園とまちづくり共同研究会編著『[改訂版] 防災公園技術ハンドブック』公益財団法人都市緑化機構、2021
10) 国土交通省水管理・国土保全局「流域治水の推進～これからは流域のみんなで～」2020、https://www. mlit. go. jp/river/ kasen/suisin/index. html：2023年2月14日閲覧
11) 大熊孝「霞堤の機能と語源に関する考察」『第7回日本土木史研究発表会論文集』1987、pp.257-266

12）文部科学省及び気象庁「IPCC 第 6 次評価報告書第 1 作業部会報告書 政策決定者向け要約 暫定訳」2022
13）City of Boston（2016）Preparing for Climate Change：
https://www. boston. gov/departments/climate-resilience：2023 年 2 月 20 日閲覧
14）City of Cambridge（2020）Healthy Forest Healthy City：
https://www. cambridgema. gov/-/media/Files/publicworksdepartment/Forestry/healthyforesthealthycity. pdf：2023 年 2 月 22 日閲覧
15）USDA Forest Service（2006）i-Tree、https://www.itreetools.org/：2023 年 2 月 22 日閲覧
16）彦根市 10 月 13 日プレスリリース「『京町公園』を供用開始します」2022、https://www. city. hikone. lg. jp/shisei/koho/press_release/10/r4/10/21020. html：2023 年 2 月 23 日閲覧
17）小野厚「障害者、高齢者、地域との連携した自然再生、地域活性化–麻機遊水地の自然再生の取り組み」（公開年不詳）、http://www. sz-cca. com/pdf/seminar/20160706-5. pdf：2023 年 2 月 24 日閲覧、および 2018 年に著者が現地を訪問し麻機遊水地保全活用推進協議会事務局の小野氏と望月氏よりうかがった情報をもとに執筆
18）麻機遊水地保全活用推進協議会、https://asabata.org/：2023 年 2 月 24 日閲覧
19）あさはた緑地、https://asahata-gp.com/about/：2023 年 2 月 24 日閲覧

13章
福祉・健康と公園緑地

1 なぜ福祉と健康なのか？

本章では、公園緑地が有する多面的な価値のなかでも、福祉の増進や健康づくりに関する価値について解説します。なぜ福祉と健康なのかと疑問に感じるかもしれませんが、国難とも呼べる超高齢・人口急減社会の今、福祉の増進と健康づくりはわが国の最重要課題だからです。

ここに3つの具体的なデータを紹介します。

1つ目は、超高齢化について。2024年9月に総務省統計局が発表した統計資料（2024年9月現在推計）によると、65歳以上の高齢者人口は3625万人と過去最多、総人口に占める割合は29.3％と過去最高となっています[1)]。つまり、約3人に1人が高齢者で、その人口も割合も年々増加しています。

2つ目は、人口急減について。2024年9月に厚生労働省が発表した令和5年（2023年）の人口動態統計（確定数）によると、2023年に生まれた日本人のこどもの数（出生数）は過去最少の72万7288人で[2)]、統計開始以降初めて80万人を下回った2022年の出生数をさらに下回りました。一方、2023年4月に国立社会保障･人口問題研究所が発表した将来推計人口（中位推計）では、日本人の出生数が73万人を下回るのは2034年と推計されていました[3)]。このように、実際には国の推計よりも11年も速いペースで人口が減少しています。

3つ目は、年金や医療、介護等に対して国が支出する社会保障給付費について。2024年7月に国立社会保障・人口問題研究所が発表した資料によると、2022年度の社会保障給付費は137兆8377億円（対GDP比24.33％）となっています[4)]。内訳は、年金が55兆7908億円（40.5％）、医療が48兆7511億円（35.4％）、介護が11兆2912億円（8.2％）です。これらのうち64兆2172億円が税金と借金で賄われています。2022年12月に閣議決定された「防衛力整備計画」で示された防衛費の総額が5年間で43兆円程度[5)]であることと比べても、いかに大きな額になっているかがわかるでしょう。

このように高齢者人口が増加し、こどもの数が減少し続ける[6)]ということは、支えるべき高齢者が増え、支え手（生産年齢人口）がどんどん少なくなるということです。つまり、年金や医療、介護等の増え続ける費用を少ない労働力で負担しなければなりません。国家財政の健全化を図り、私たち国民一人ひとりの暮らしを豊かで安定したものにするためにも、できるだけ医療や介護のお世話にならずに済むのがよいと思いませんか。これが福祉の増進と健康づくりを取り上げる理由です。

2 福祉とは 健康とは

1 福祉とは

皆さんは、「福祉」という言葉をどのように捉えているでしょうか。役場の課名･係名や公共施設の名

幸福。公的扶助やサービスによる生活の安定、充足。【広辞苑】
幸福。特に、社会の構成員に等しくもたらされるべき幸福。【大辞林】
公的配慮によって社会の成員が等しく受けることのできる安定した生活環境。【大辞泉】
国家によって国民に等しく保障されるべき安定した生活及び社会環境。【明鏡国語辞典】
満足すべき生活環境。【新明解国語辞典】

図 13・1 「福祉」の意味

称等でよく見かける「高齢者福祉」「障害者福祉」「児童福祉」を思い浮かべる人も多いかもしれません。福祉は、高齢者や障がい者、児童と呼ばれる特定の人を対象としたものでしょうか。

「福」と「祉」には、いずれも「さいわい」「しあわせ」という意味があります。この2文字からなる「福祉」の意味を調べると、図 13・1 のように、特定の人を対象にしたものではなく、すべての国民が等しく享受できる幸福や、安定した、または満足のいく生活環境や社会環境のことと解説されています。したがって、次項で解説する健康も、福祉の理念の中に含まれているといえます。また、福祉を意味する英単語には「welfare」や「well-being」があり、「welfare」がよく使われますが、幸福や安定した生活環境という意味においては「well-being」の方がしっくりきます。なお、ここで注意が必要なのは、福祉は哀れみや施しといった一方的に与えられるものではないという点です。互いに助け合うこと（互助)、支え合うこと、そして自らが感じ、選択し、つくっていくものという考え方が大切です。

日本国憲法の第 13 条には「生命、自由及び幸福追求に対する国民の権利については、公共の福祉に反しない限り、立法その他の国政の上で、最大の尊重を必要とする」とあります。つまり、個人の幸せ（幸福）を追い求める権利を保障しつつ、社会全体の幸せ（福祉）とのバランスをとりながら、それぞれの最大化を目指そうというものです。また、地方自治法には、地方公共団体は「住民の福祉の増進を図ることを基本として、地域における行政を自主的かつ総合的に実施する役割を広く担う」(第 1 条の 2)、「住民の福祉を増進する目的をもってその利用に供するための施設（公の施設）を設ける」(第 244 条) とあります。つまり、市町村や都道府県は、住民の幸福感や安定した生活環境をより高めることを使命とし、その実現のために都市公園をはじめとする公の施設を整備し、管理していることになります。

2 健康とは

「健康（health)」とは、どのような状態を指す言葉なのでしょうか。世界保健機関（World Health Organization、以下、「WHO」といいます。）の憲章前文に健康の定義があります（図 13・2)。

Health is a state of complete physical, mental and social well-being and not merely the absence of disease or infirmity.
「健康とは、完全な肉体的、精神的及び社会的福祉の状態であり、単に疾病又は病弱の存在しないことではない。」
(1951 年官報掲載の訳)[7]
「健康とは、病気でないとか、弱っていないということではなく、肉体的にも、精神的にも、そして社会的にも、すべてが満たされた状態にあることをいう。」
(公益社団法人日本 WHO 協会訳)[8]

図 13・2 WHO 憲章における健康の定義

ここで注意すべきは、肉体面と精神面だけではなく、社会生活面も重視しているという点です。肉体や精神の病気は医療で治すことができても、社会生活上の問題を抱えている状態は医療では治せません。社会生活上の問題を抱えている状態を治すにはどうすればよいか、そのことを考える必要があります。

また、WHOは、1986年に発表した「The Ottawa Charter for Health Promotion（健康づくりのためのオタワ憲章）」の中で、「健康は日々の暮らしのための手段であって生きる目的ではない」と述べ、健康のための前提条件として、平和、住まい、教育、食料、収入、安定した生態系、持続可能な資源、社会正義と公平性の8項目を挙げています[9]。健康であることが目的だと考えがちですが、そうではありません。なぜ健康なのか。健康の目的をしっかりと認識することが大切です。また、健康を得る上で、社会のどのような条件や仕組みが保障されていないといけないのかを理解しておくことも大切です。

さらに、WHOは、オタワ憲章で示した健康のための条件を発展させて、健康や寿命に対して影響を与える社会的な要因を「健康の社会的決定要因（social determinants of health, SDH）」として整理し、1998年に「Social determinants of health: the solid facts（健康の社会的決定要因　確かな事実の探究）」という出版物にまとめました。このなかで、公共政策に関連するSDHとして、社会格差、ストレス、幼少期、社会的排除、労働、失業、社会的支援、薬物依存、食品、交通の10項目を取り上げ、それぞれの健康に及ぼす影響について解説しています[10]。そして、同じくWHOが2008年に発表した健康の社会的決定要因に関する委員会最終報告書では、「健康の不公平は、権力、カネ、モノ、サービスが、地球規模でも国内でも平等に分配されないことによって生じている。これは自然に生じたのではなく、貧弱な社会政策、不公平な経済体系、悪い政治が組み合わさった結果である」[11]と強く主張しています。

健康を害する根本的な原因は病気ではありません。人々を取り巻く社会的な環境の中にその原因は潜んでいます。そのような、年月をかけてじわじわと健康を蝕む社会的な要因にまで遡って働きかけること、つまり原因の原因に意識を向けてアプローチすることが、健康を得るために、健康の目的に近づくためには非常に大切なのです。

3 社会的処方（social prescribing）

肉体や精神の病気は医療で治すことができても、健康を害する社会生活上の問題や困りごとは医療では解消できません。最近では、地域の人間関係の希薄化や孤立が、医療や介護に関わる諸問題の最上流にある[12]ともいわれています。こうした健康に関わる社会生活上の問題に対処するため、英国では「社会的処方（social prescribing）」と呼ばれる仕組みが整備されています。これは、「リンク

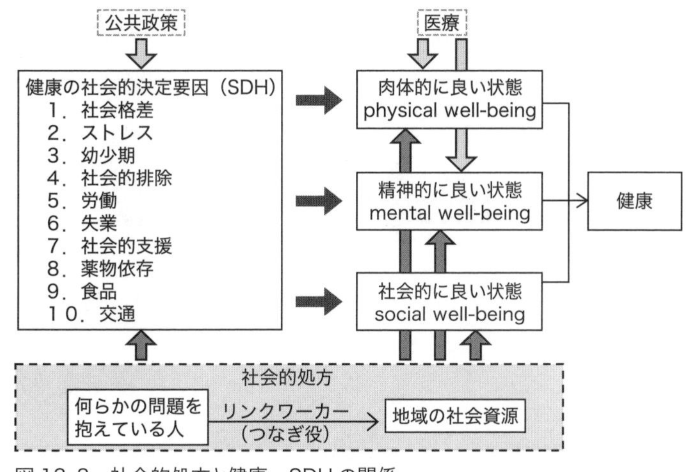

図13･3　社会的処方と健康、SDHの関係

ワーカー」と呼ばれる主に非医療者が、問題を抱えている人の話を聞き、その人の生活に注目し、問題を解決できそうな非医療サービス、例えば、地域のボランティア活動、芸術や料理等のサークル活動、ガーデニング、友達づくり、スポーツ等への橋渡しを行うというものです[13]。つまり、様々な問題を抱えて困っている人に、問題を解決し得る地域の非医療的な社会資源とのつながりを"処方"するという仕組みです。

このように、社会的処方を組み合わせることによって、社会生活上の問題を含む全人的な対処が可能となり、健康へより近づくことができるようになります（図 13･3）。日本各地の民生委員や「まちの保健室」「暮らしの保健室」は、健康や介護のことだけではなく、社会生活上の問題についても気軽に相談できる場となっており、なかには社会的処方の起点となるところもあります[14]。また、自殺対策におけるゲートキーパーの役割も、問題を抱えている人の話を傾聴し、必要な支援や資源につなげるという点では、リンクワーカーの役割と似ています[15]。

4 健康生成論（salutogenesis）

医療の分野では、病気の原因を除去、軽減するための治療や研究が数多く行われています。これは、人々を病気か健康かのどちらかに分けて、「何が病気をつくるのか？」という観点から病気の原因（危険因子（リスクファクター））に着目し、その除去、軽減をめざす考え方に基づくもので、この考え方を「疾病生成論（パソジェネシス、pathogenesis）」といいます（図 13･4）[16]。

従来の病気の治療に焦点を当てる疾病生成論に対して、「何が健康をつくるのか？」という観点からその人の身の上や生活に着目する「健康生成論（サリュートジェネシス、salutogenesis）」という考え方があります。健康生成論では、人々の健康状態を「健康（health-ease）と健康破綻（dis-ease）を両極とする連続体上の位置」で捉え、その位置を健康の極側へ押し上げる因子を「健康要因（サリュタリーファクター）」と呼び、その支援・強化をめざします[16]。現代社会に生きる私たちは、病気のほかにも進学や就職、仕事、人間関係などの多種多様なストレッサー（ストレス要因）に日々さらされています。こうしたストレッサーに直面したとき、何も対処しなければ、あるいはうまく対処できなければ健康破綻の極へ近づいてしまいますが、うまく対処できれば健康の極へ近づくことができます。ストレッサーに立ち向かうにしても受け流すにしても、うまく対処するためには何らかの資源が必要です。その対処資

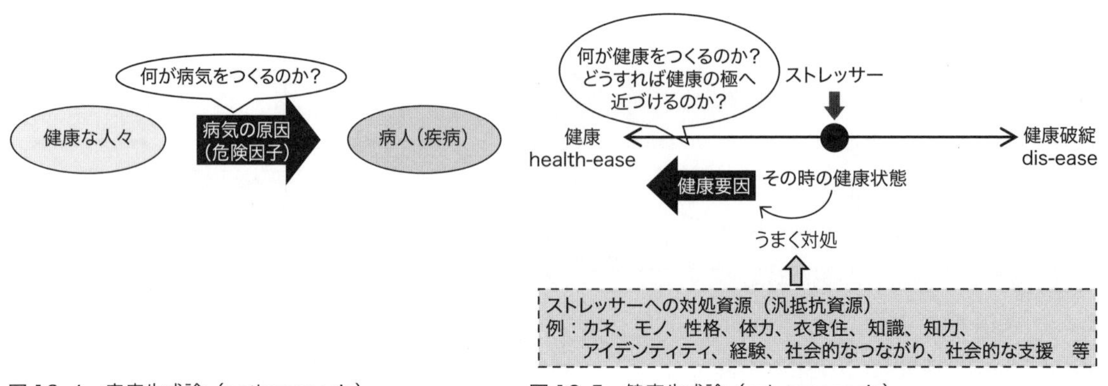

図 13･4　疾病生成論（pathogenesis）
（参考：アーロン・アントノフスキー『健康の謎を解く』[16]）

図 13･5　健康生成論（salutogenesis）
（参考：同上[16]、山崎喜比古 他 編『ストレス対処力 SOC』[17]）

源を、「汎抵抗資源」と呼び、「多種多様なストレッサーに対処するのに効果的なあらゆるもの」と定義されています[16]。人によってストレッサーへの対処の仕方は様々ですので、例えば、お金、性格、体力、住居、社会的地位、知識、経験等のほかにも、人とのつながり、ボランティア活動・サークル活動、社会的な支援等も対処資源（汎抵抗資源）になります（図 13・5）。

このように疾病生成論と健康生成論では、人々の健康状態の捉え方が大きく異なります。例えば、病気の原因を取り除いて病気でなくなれば、疾病生成論的には健康と言えるかもしれません。しかし、病気の原因であるストレッサーに対処する資源に乏しければ、健康生成論的にはすぐまた健康破綻の極側に近い状態になるかもしれません。逆に、疾病生成論的には病気であっても、健康生成論的にはうまく対処ができて健康の極側に近い人もいるでしょう。健康生成論と疾病生成論は、どちらが重要かということではなく、相互に補完し合う関係にあります。重要なことは、有形無形のあらゆる資源を、病気の治療や予防だけではなく、健康要因を強化することに対してもバランスよく配分することです[16]。

5 ウェルビーイング（well-being）

福祉の英訳や WHO 憲章前文の健康の定義の中で「ウェルビーイング（well-being）」という言葉が出てきました。この「well-being」という言葉は、WHO 憲章における健康の定義で初めて登場したといわれています。決まった定訳や定義があるわけではありませんが、WHO は「個人や社会が経験するポジティブな状態のこと。健康と同様に、日常生活のための資源であり、社会的、経済的、環境的条件によって決定される」と解説しています[18]。健康とウェルビーイングは、例えば、SDGs（持続可能な開発目標）の目標 3 が「Good Health and Well-being」（日本語訳は「すべての人に健康と福祉を」）と表現されていることからもわかるように、それぞれ独立した概念として捉えられています。

このようにウェルビーイングは「健康」や「福祉」に近い意味を持つと理解できますが、近年では、「幸福（または幸福度）」の意味で使われる場面が増えています[19]。そして、その対象には、個人（幸福、主観的ウェルビーイング）にとどまらず、社会全体（福祉）も含まれると考えることができます。例えば、持病や腰痛等の慢性的な病気や痛みがあっても、生活や仕事に対して満足できていたり、人間関係がうまくいっていると感じている人は、健康生成論的には健康の極側に位置し、ウェルビーイング（健康・福祉・幸福）を実感できているのではないでしょうか。

3 福祉の増進・健康づくりと公園緑地

ここでは、福祉の増進や健康づくりに果たす公園緑地の価値について、公園緑地を整備、管理する公共サービス分野（以下、「公園緑地分野」といいます。）と、福祉・健康に関する公共サービス分野（以下、「保健医療福祉分野」といいます。）の 2 つの異なる公共サービス分野においてどのように捉えられているか、そして市民はどのように捉えているかについて解説します。

1 公園緑地分野

まず、公園緑地分野から見てみましょう。公園緑地が持つ効果について国内の文献を調べると、公園緑地を利用することでもたらされる効果（利用効果）として、従来、「競技スポーツ・健康運動の場」や「休養・休息の場」「コミュニティ活動、参加活動の場」等が挙げられています[20]。このうち、スポーツやジョギング等の運動をする場、美しい自然や景色に触れる場として公園緑地を利用することは、健康の保持増進に必要な適度な運動、心身のリラックスやリフレッシュにつながる、つまり、WHOの健康の定義でいう肉体や精神の健康状態を保持、改善する効果をもたらすことが広く認識されています。

また、近年では、利用効果の中でも「コミュニティ活動、参加活動の場」がもたらす人や地域をつなげる効果に着目して、それらの効果を「媒体効果」と呼ぶ場合があり[21]、具体的には、花壇の手入れに参加することによる生きがいづくりや、地域住民が参加、交流することによるコミュニティの形成や活性化等の効果が含まれます[22]。つまり媒体効果は、公園緑地が媒体となって、リンクワーカーのように、そこで行われているボランティア活動やサークル活動等の社会資源につなぐ効果のことであり、肉体や精神の健康状態だけではなく、社会的な健康状態に対しても良い影響をもたらすものと捉えることができます。

以上のように、公園緑地分野では、公園緑地は運動や休養、コミュニティ活動、参加活動の場であること、そして、そのような場として実際に利用されることで、肉体的、精神的、社会的な健康状態に対する良い効果が発揮されることが広く認識されています。課題は、これらの効果を、肉体的、精神的、社会的に何らかの問題を抱えている人々にどのようにして届け、享受してもらうかだといえます。

2 保健医療福祉分野

次に、保健医療福祉分野について見てみましょう。図13・6は、厚生労働省が市町村や都道府県ごとに構築を進めている「地域包括ケアシステム」の概念図です。地域包括ケアシステムとは、高齢者が住み慣れた地域で医療や介護、生活支援等のサービスが一体的に受けられる仕組みのことです[23]。概念図には、「病気になったら」病院等の「医療」サービスを、「介護が必要になったら」介護老人福祉施設等の「介護」サービスを利用しましょうということが示されています。しかし、誰も好んで医療や介護のお世話になる人はいないでしょう。高齢者にとって大切なのは「いつまでも元気に暮らす」ことであり、そのための「生活支援・介護予防」であるはずです。概念図の「病気になったら医療」「介護が必要になったら介護」には利用するサービスが列挙されていますが、肝心の「生活支援・介護予防」には書かれていません。しかし、書かれていなくてもイラストを見れば明らかです。高齢者がベンチに座っておしゃべりしたり、体操したり、花壇の前を散歩したり、老人クラブ・自治会・ボランティア・NPO等が活動したりする場はどこでしょうか。真っ先に思い浮かべるのが公園緑地ではないでしょうか。

介護が必要になる最大の原因は認知症です[24]。認知症に関して、政府は2019年に「共生」（認知症とともに生きる）と「予防」（認知症になるのを遅らせる）の施策からなる「認知症施策推進大綱」をまとめました（2024年には「認知症施策推進基本計画」を閣議決定）。大綱では、認知症予防の取り組みと

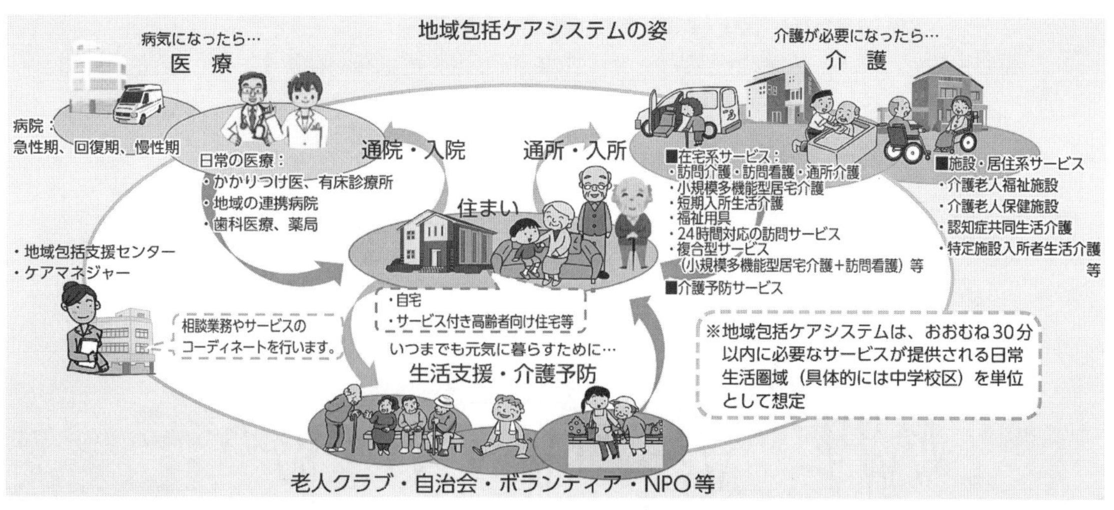

図 13･6　地域包括ケアシステムの概念図（出典：平成 27 年版厚生労働白書 [23]）

して、体操等の運動、茶話会等のサロン活動、社会参加等の活動を推進、支援していくこととしており、こうした高齢者等が身近に通える活動（通いの場）が行なわれる場所として公園緑地が明示されています [25]。

高齢者だけではありません。こども、特に幼児期や児童期における自然体験の欠乏が様々な問題（不注意や心身の病気等）を引き起こすことが指摘されるなか [26]、自己効力感や自発的、主体的に行動する力といった非認知能力を伸ばし、こどもの健やかな成長を育む自然体験の重要性が注目され [27]、自然保育等の取り組みが各地で進められています。このように、こどもの身近な自然体験の場としても、公園緑地の活用が期待されています。

また、WHO は、健康の保持増進に対する公園緑地の重要性をテーマにしたレポートを複数発表しています。なかでも 2017 年に発表された「Urban green spaces: a brief for action（都市緑地：実践のためのガイドブック）」は、都市住民の健康の保持増進に公園緑地をどう活用できるかを示す手引書になっています。この手引書の中で、WHO は公園緑地に関して次のように述べています。公園緑地は、都市住民の健康と同時に、その健康に対して影響を与える社会的、環境的な要因にも良い効果をもたらします。そして、これらの効果のすべてを発揮できる施設は公園緑地の他にないという点において、公園緑地は費用対効果に優れた重要な公共投資です [28]。

以上のように、保健医療福祉分野においても、公園緑地は健康に良い効果をもたらすことが認識されています。公園緑地分野と違うのは、もう一歩踏み込んで、介護や認知症の「予防」の場になると捉えられている点です。疾病生成論的にいえば、文字どおり病気を予防する場としての役割が、健康生成論的にいえば、「いつまでも元気に暮らす」「こどもたちが健やかに成長する」、つまり健康の極側に居続けられるようにうまく対処するための資源（汎抵抗資源）としての役割が公園緑地に期待されています。課題は、そのような役割が果たせるように公園緑地を保健医療福祉分野の施策にどのように組み込んでいくか。そして、「医療」には病院に医師や看護師が、「介護」には介護老人福祉施設に介護士が必要なように、「予防／いつまでも元気に暮らす／健やかに成長する」には公園緑地に予防または健康の極側へ

表 13･1　医療・介護・予防の場と担い手

サービス	場	担い手
医療	病院等	医師、看護師等
介護	介護老人福祉施設等	介護士
予防 いつまでも元気に暮らす 健やかに成長する	公園緑地	予防または健康の 極側へ導くガイド役

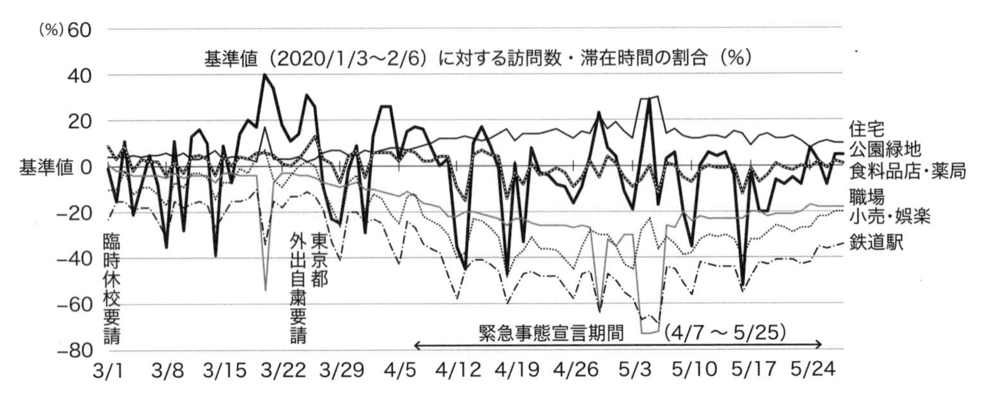

図 13･7　新型コロナウイルス感染症の影響による人々の移動の割合の変化
（出典：「Google COVID-19：コミュニティモビリティレポート」[29] より作成）

導くガイド役となる存在が重要であり、誰がそれを担うかだといえます（表 13･1）。

3 市民

最後に、市民は公園緑地をどのように捉えているか見てみましょう。図 13･7 は、新型コロナウイルス感染症の影響による日本国内における人々の移動（訪問数や滞在時間）の割合について、2020 年 3 月から 5 月までの変化をグラフにしたものです。外出自粛要請や緊急事態宣言を受けて、職場、小売･娯楽、鉄道駅への移動の割合は大きく低下したことがわかります。一方、公園緑地への移動の割合は、上下幅が大きいものの、平均すると、基準値付近を推移する食料品店・薬局のそれと同様に、低下していません。つまり市民は、公園緑地の利用を不要不急のものとは捉えておらず、むしろ公園緑地を、健康保持のために、生きるために必要不可欠な場（エッセンシャルスペース）と捉えているといえます。

4 公園緑地を役立てる仕組みづくり

地方公共団体の使命は住民の福祉の増進を図ることであり、都市公園等の公の施設はそのための施設であることは前述したとおりです。福祉の増進と健康づくりという日本全体の課題に対して、公共政策として公園緑地を活用してその解決に取り組む、特に官民連携手法を用いて公園緑地を役立てていくならば、民間事業者や指定管理者が公園緑地で行う取り組みをきちんと評価し、支援する仕組みが重要です。なぜなら、福祉の増進や健康づくりの効果がある、または期待できる取り組みかどうかをきちんと評価することによって、効果がある取り組みをさらに推進、拡大させるとともに、効果が低い取り組みに対しては改善点を示し、望ましい方向へ軌道修正することができるからです。逆に、取り組み内容をきちんと評価する仕組みが整っておらず、例えば公園全体の利用者数やイベント全体の参加者数等で評価する場合では、すでに運動に親しんでいる人を公園に集めているだけかもしれず、効果のある取り組み内容になっているか、運動習慣がない人や本当に健康づくりが必要な人に効果が届いているか等について評価することができません。

「健康・医療」をコンセプトに計画、整備された健都レールサイド公園及び吹田市立健都ライブラリー（大阪府吹田市）では、2019年及び2024年に実施された指定管理者の募集において、選定基準における評価項目に健康づくりの項目が盛り込まれていた[30)、31)]ほか、選定委員会のメンバーに国立循環器病研究センターの理学療法士が参画しており、保健医療福祉分野の立場から取り組みを評価できる体制が整えられていました[32)、33)]。

また、福祉の増進や健康づくりは公園緑地の利用だけで達成できるものではないため、公園緑地の福祉の増進や健康づくりに関する効果の度合い（貢献度）を正確に測ることは難しいでしょう。しかし一方で、地方公共団体が各種施策の進捗状況を検証するために独自に設定するKPI（Key Performance Indicator、重要業績評価指標）には、高齢者向けの体操教室の参加者数や認知症サポーター養成講座の受講者数[34)]、自然保育に取り組む施設数[35)]のように福祉の増進や健康づくりに関連した指標が見られます。まずは、こうした実際に設定されているKPIを活用して、公園緑地の福祉の増進や健康づくりに関する効果の度合い（貢献度）を測ることによって、取り組みを評価することができるようになると考えられます。

計画事例1 公園からの健康づくり

①活動の背景

米国の研究では、健康に対して医療行為が与える影響は1割程度にすぎず、最も大きな影響を与えているのは食事や運動といった個人の習慣や行動であると指摘しています[36)、37)]。公園は運動の場として認識されてはいるものの、すでに運動に親しんでいる人に場を提供しているにすぎず、運動習慣がない人や本当に健康づくりが必要な人を公園に招き入れることが十分にできていないのではないでしょうか。実際、運動する場所として道路、自宅に次いで公園が多く選ばれています[38)]が、そもそも運動習慣のある20歳以上の人は3割にとどまっています[39)]。

このような問題認識のもと、大阪府営及び大阪市営の都市公園の指定管理者、並びに国営淀川河川公園の管理業務受託者が、互いに連携して、健康増進のための総合支援に取り組むプロジェクト「大阪発、公園からの健康づくり」を2013年からスタートさせました。これは大阪府営公園、大阪市営の主要公園及び国営淀川河川公園を活用して、大阪府の人口約886万人（2012年）のうちこれら公園の周辺に暮らす約200万人に対して、公園や管理者が違っても質の揃った健康増進プログラムを提供し、生活習慣に直に働きかけようというポピュレーションアプローチの試みです。

②活動の内容と成果

主な活動内容には、健康づくりを始めるきっかけづくりと継続支援の2つがあります。

きっかけづくりでは、「運動はきつい」といった先入観を払拭し、「これならできる」「続けられる」と実感してもらうことを目的に、スロージョギングや太極拳といった中強度で誰もが手軽に楽しめる運動メニューの体験イベントを春・秋を中心に企画、開催しました（図13・8、13・9）。2013年度から始めて2016年度までの4年間で、10以上の事業者から賛同・協賛を得て11公園で36回開催し、延べ2万人以上の参加者がありました。スロージョギングを体験した参加者の中に普段は歩行補助杖を必要とする女性がいましたが、「大丈夫、これなら私もできる」と歩行補助杖を背中のリュックに挿して自分のペースで走っていました（図13・8、右端の女性）。これは、公園が予防または健康の極側へ導くガイド役、あるいは自分に合った運動へのつなぎ役（媒体）となった実例といえるでしょう。

継続支援では、スロージョギングやヨガ、フラダンスといった一人でも参加しやすく続けやすい運動メニューを定期的に行うプログラムを、年間通じて実施しました（図13・10）。2014年度から始めて2016年度までの3年間において、11公園で315回実施し、延べ4千人近くの参加者がありました。特に印象に残っているのは、スロージョギング教室に一人で参加された後期高齢の女性のことです。スロージョギングをしながら話しかけると、「一人暮らしで普段は人とほとんど話さない。今日は数週間ぶりに人とおしゃべりができて楽しい。思い切って参加して良かった！」と楽しそうに語ってくれました（図13・10、中央左端の女性）。まさに、公園がリンクワーカーのようなつなぎ役（媒体）となって、人と出会い、つながる機会を提供する効果が発揮された（必要とする人に届いた）実例といえるでしょう。

この女性のように人と話す機会がほとんどない人をはじめ、公園を訪れる様々な人に対して個別にアプローチする試みとして、2016年からパークトレーナーによる健康づくり相談の取り組みも始めました（図13・11）。パークトレーナーは、公園を予防またはいつまでも元気に暮らすための場として機能させるためのマンツーマンのガイド役であり、リンクワーカーのようなつなぎ役をめざしています。

このように公園の管理者の連携体制で始まった「大阪発、

図13・8　スロージョギングを楽しむ参加者（大阪府営山田池公園、2013年11月）

図13・9　太極拳を楽しむ参加者（大阪市営長居公園、2015年10月）

図13・10　スロージョギング教室（大阪府営浜寺公園、2014年8月）

図13・11　パークトレーナーによる健康づくり相談（国営淀川河川公園、2016年9月）

公園からの健康づくり」の取り組みは、活動4年目となる2016年11月に設立した一般社団法人公園からの健康づくりネットに引き継がれ、現在も継続しています。しかし、現時点では、一法人または公園の一指定管理者が自主的に取り組む事業にすぎず、公共政策に位置づけられない場合も多いため、取り組みを実施する上で公園の使用許可と使用料が必要となる場面も多く、収支面でのバランスを確保することが課題の1つとなっています。

計画事例2 公園処方箋（Park Prescriptions）

海外では、糖尿病や高血圧等のいわゆる生活習慣病の治療に自然や公園を活用する、つまり医師が生活習慣病患者に「自然の中に身を置くこと」「公園へ行くこと」を“処方”する非医療プログラムが実践されています。このプログラムは国や実践する主体によってNature Prescriptions（自然処方箋）、Park Prescriptions（公園処方箋）、Green Prescriptions（緑の処方箋）等と呼ばれています。ここでは、米国の首都ワシントンD. C.の医師が始めた公園処方箋（Park Prescriptions）の取り組みについて紹介します。

①背景と経緯

ワシントンD. C.の医療機関に勤める小児科医のロバート・ザール（Robert Zarr）医師は、糖尿病等を患うこどもに対して、大人と同様に、体への負担が大きな薬を処方するのではなく、こどもの体に優しい治療方法を考えていました。そのような中、「公園で遊ぶこと」を処方するというインスピレーションを得たザール医師は、ワシントンD. C.内の全342カ所の公園を1つひとつ調査して、清潔度、アクセスのしやすさ、身体活動レベルで評価しました。その結果を公園ごとに1枚のシート（1-page summary）にまとめ、位置情報から検索できるデータベースを作りました。2013年以降、小児患者の家族の協力を得て、このデータベースを使った公園処方箋の実施可能性を検証した結果、こどもが公園で過ごす日数や身体活動時間の増加が確認できたほか、小児肥満の減少を示すデータも取れ始めました。公園処方箋がこどもの屋外での身体活動を促進する効果的で効率的なツールとなることの確証を得たザール医師は、公園処方箋を全米の医療関係者と患者に提供するために、2017年、非政府組織「Park Rx America」を設立しました。

②公園処方箋の内容とこれから

公園処方箋の具体的な流れは次のとおりです。まず、診療室で小児患者とその家族に、壁に貼られたポスターを使って公園処方箋の説明を行います（図13･12）。そして、データベースから小児患者の自宅の近くの公園を検索して公園シートを呼び出し、どのような施設があるのかを確かめてから処方箋に書き込みます。

「パウエル公園で、土曜日の午前10時から11時まで、姉とテニスをすること」

公園処方箋を使用する登録医師は、Park Rx Americaの設立直後は50名ほどでしたが、2019年から2020年にかけて全米に1千名を超えるまでに広がり、年間1千人以上の患者に公園が処方され

図13･12　公園処方箋のポスターを使って説明するザール医師

るようになりました。公園を活用して身体活動量を増やすことで生活習慣病の改善や予防を目指す公園処方箋の取り組みは、医療に公園を組み込んだ実例であり、公園がその人の健康状態を健康の極側へ押し上げる働きをするという健康生成論的な考え方が根底にあります。Park Rx America が目指す次のステップは、公園処方箋を実務レベルの電子医療システムに組み込むことと、小児患者を受け入れる公園で様々な身体活動メニューを用意することだとザール医師は教えてくれました。

■ 演習問題 13 ■ 地域住民の福祉の増進や健康づくりに身近な公園を役立てる取り組みに関して、あなたはその公園を管理する責任者（マネージャー）になったつもりで、以下の項目について、あなたの考えを述べてください。

(1) 取り組みの対象者：WHO 憲章における健康の定義や SDH 等を参考にして、どのような問題を抱えている人たちを対象とするのか、自由に、できるだけ具体的に想定してください。

(2) 取り組みの内容：(1) で想定した対象者に対して、どのようなことに取り組むか、その理由や取り組み効果もあわせて、できるだけ詳しく述べてください。

参考文献

1) 総務省『統計トピックス No. 142　統計からみた我が国の高齢者』2024 年 9 月、pp.1-2
2) 厚生労働省『令和 5 年（2023）人口動態統計（確定数）を公表します』2024 年 9 月、p.1
3) 国立社会保障・人口問題研究所『日本の将来推計人口　令和 5 年推計』2023 年 8 月、表 1-8（J）出生、死亡及び自然増加の実数ならびに率（日本人人口）：出生中位（死亡中位）推計
4) 国立社会保障・人口問題研究所『令和 4 年度 社会保障費用統計』2024 年 7 月、pp.4-7
5) 閣議決定『防衛力整備計画』2022 年 12 月、p.30
6) 総務省『統計トピックス No. 141　我が国のこどもの数』2024 年 5 月、pp.1-3
7) 内閣「条約第一号 世界保健機関憲章」『官報』印刷庁、No. 7337、1951 年 6 月、p.618
8) 公益社団法人日本 WHO 協会ホームページ、健康の定義（https://japan-who.or.jp/about/who-what/identification-health/）2024 年 4 月 15 日閲覧
9) 世界保健機関『Milestones in Health Promotion : Statements from Global Conferences』2009、p.1
10) Richard Wilkinson・Michael Marmot 著、WHO 健康都市研究協力センター・日本健康都市学会・健康都市推進会議訳『健康の社会的決定要因　確かな事実の探究　第二版』2004、pp.10-29
11) 世界保健機関『Closing the gap in a generation: health equity through action on the social determinants of health: final report of the commission on social determinants of health』2008、p.1
12) 西智弘編著『社会的処方：孤立という病を地域のつながりで治す方法』学芸出版社、2020、pp.123-125
13) 英国保健・公的介護省 Office for Health Improvement and Disparities ホームページ、Guidance Social prescribing: applying All Our Health（https://www. gov. uk/government/publications/social-prescribing-applying-all-our-health/social-prescribing-applying-all-our-health）2024 年 4 月 15 日閲覧
14) 名張市地域包括支援センター『名張市かかりつけ医と専門医、保険者の協働による予防健康づくり事業』2023 年 2 月、pp.2-16
15) 閣議決定『自殺総合対策大綱』2022 年 10 月、p.17
16) アーロン・アントノフスキー著、山崎喜比古・吉井清子監訳『健康の謎を解く—ストレス対処と健康保持のメカニズム』有信堂高文社、2001、xix, pp.5-18
17) 山崎喜比古・戸ヶ里泰典・坂野純子編『ストレス対処力 SOC—健康を生成し健康に生きる力とその応用』有信堂高文社、2019 年、pp.6,40-43
18) 世界保健機関『Health Promotion Glossary of Terms 2021』2021、p.10
19) 閣議決定『新成長戦略（基本方針）』2009 年 12 月、p.28

20）一般社団法人日本公園緑地協会『公園緑地マニュアル　平成29年度版』2018年3月、pp.5-6
21）大阪府『みどりの大阪推進計画』2009年12月、p.9
22）国土交通省都市局公園緑地・景観課『都市公園のストック効果向上に向けた手引き』2016年5月、p.13
23）厚生労働省『平成27年版厚生労働白書』2015年10月、p.253
24）厚生労働省『2022（令和4）年国民生活基礎調査の概況』2023年7月、p.23
25）認知症施策推進関係閣僚会議『認知症施策推進大綱』2019年6月、pp.8-9,34
26）Richard Louv, *Last Child in the Woods: Saving Our Children From Nature-Deficit Disorder*, Algonqui Books, 2006, pp.34-35
27）内閣府・文部科学省・厚生労働省『幼保連携型認定こども園教育・保育要領解説』2018年3月、pp.45-64, 218-297
28）World Urban Parksジャパン『都市緑地：実践のためのガイドブック（日本語版）』2022年8月、pp.2-3, 20-21（原典：世界保健機関『Urban green spaces: a brief for action』2017年、pp.2-3, 20-21）
29）Google LLC "Google COVID-19 Community Mobility Reports"（https://www. google. com/covid19/mobility/）2024年4月15日閲覧
30）吹田市『健都レールサイド公園及び吹田市立健都ライブラリー指定管理者募集要項　資料4選定基準における評価項目及び配点』2019年5月
31）吹田市『健都レールサイド公園及び吹田市立健都ライブラリー指定管理者募集要項　資料4選定基準における評価項目及び配点』2024年5月
32）吹田市ホームページ、「健都レールサイド公園及び吹田市立健都ライブラリー」指定管理者の選定結果（https://www. city. suita. osaka. jp/shisei/1019064/1021200/1016035. html）2024年4月15日閲覧
33）吹田市ホームページ、「健都レールサイド公園及び吹田市立健都ライブラリー」指定管理者の選定結果（https://www.city. suita.osaka.jp/shisei/1019064/1021200/1036667.html）2024年12月11日閲覧
34）西宮市『西宮版総合戦略（第2期）』2020年、pp.16-18
35）鳥取県『鳥取県令和新時代創生戦略』2021年4月改訂、p.64
36）J.M.McGinnis, W.H.Forge, Actual Causes of Death in the United States, *The Journal of the American Medical Association*-American Medical Association, Vol.270, No.18、1993年12月、pp.2208-2209
37）J. M. McGinnis, P. Williams-Russo, J.R.Knickman, The Case For More Active Policy Attention To Health Promotion, *Health Affairs,* Project HOPE、Vol. 21、No. 2、2002年3月、p.78
38）スポーツ庁『令和5年度スポーツの実施状況等に関する世論調査』2024年3月、pp.24-25
39）厚生労働省『令和4年国民健康・栄養調査結果の概要』2024年8月、p.16

14 章 公園緑地の管理運営

1 公園緑地の管理運営に関わる社会的背景

1 社会・環境に関わる課題と公園緑地

気候変動や生物多様性の喪失のような地球規模での環境関連リスクが顕在化する中で、脱炭素や生物多様性の確保に向けた国際的な取り組みが進んでいます。また、2019 年以降、新型コロナウィルス感染症が流行し、市民の Well-being が希求されるようになりました。人口減少や少子高齢化が急速に進展するわが国の都市では、コンパクトな都市づくり、緑・農との共生、中心市街地での滞在快適性の向上、健康づくりやコミュニティ形成等が課題です。また、近年頻発している集中豪雨と水害に対する流域治水、近い将来の発生の切迫性が指摘される大規模地震とその被害への対応等を含む、防災・減災まちづくり等も重要な課題です。都市の公園緑地はこれらの課題解決に貢献することが求められます。

2 グリーンインフラとしての公園緑地

都市における公園緑地は、国・地方公共団体が所有・管理する公園緑地と、民間が所有・管理する公園緑地とに大別されます。前者に関わる最も代表的なものの 1 つが営造物公園としての都市公園です。また、後者の民有地に関わる公園緑地には、個人等が所有する樹林地・農地などを緑地として法的に担保する緑地（4 章参照、p.49 表 4･1 の「景観」「緑」に関する地域・地区等）があります。また、地域社会や環境への貢献の観点から、企業が所有・管理する土地を緑地として保全・整備・公開する事例、低未利用地を暫定的な緑地として整備・公開する事例等も多数みられるようになりました。現在の都市にはこれらの多様な公園緑地が混在しています

このような状況において、都市の公園緑地は、グリーンインフラとしての多面的な機能を有しています。例えば、二酸化炭素の吸収、ヒートアイランド現象の緩和と適応、野生生物の生息・生育環境の保全、延焼防止や災害時の避難場所、雨水の流出の抑制、身近な健康づくりの場の形成、自然とのふれあい、コミュニティの形成、美しい景観や地域固有の歴史文化の形成等です。

今後の都市づくりに向けては、公園緑地の諸機能を効果的に発揮させることが必要となります。

3 都市公園のストックの活用と管理運営

永続的な公園緑地として整備が進められてきた都市公園等の整備量は年々増加しています。都市公園等の箇所数、面積、一人当たり都市公園等面積は、昭和 35（1960）年度末の 4,511 カ所、約 14,388ha、約 2.1m^2 / 人から、約 60 年後の令和 4（2022）年度末には 114,707 カ所、約 130,531ha、10.8m^2 / 人へと

表 14･1　都市公園のストック効果

区分	項目	概要
安全・安心効果	防災性向上効果	災害発生時の避難地、防災拠点等となることによって都市の安全性を向上させる効果
生活の質の向上効果	環境維持・改善効果	生物多様性の確保、ヒートアイランドの解消等の都市環境の改善をもたらす効果
	健康・レクリエーション空間提供効果	健康運動、レクリエーションの場となり心身の健康増進等をもたらす効果
	景観形成効果	季節感を享受できる景観の提供、良好な街並みの形成効果
	文化伝承効果	地域の文化を伝承、発信する効果
	子育て・教育効果	子どもの健全な育成の場を提供する効果
	コミュニティ形成効果	地域のコミュニティ活動の拠点となる場、市民参画の場を提供する効果
生産拡大効果	観光振興効果	観光客の誘致等により地域の賑わい創出、活性化をもたらす効果
	経済活性化効果	企業立地の促進、雇用の創出等により経済を活性化させる効果

（出典：国土交通省ホームページ「都市公園のストック効果向上に向けた手引き」[1] の記述内容をもとに著者作成）

大幅に増加しました（図 14･1）。しかし、その一方で、都市公園に関わる様々な問題が顕在化しています。すなわち、高経年化した都市公園の増加と公園施設の老朽化、都市公園の整備や管理運営に関わる財政面等の制約、国民の価値観が多様化する中での新たなニーズへの対応などです。

このため、都市公園の計画的整備のみならず、適切な管理運営に基づいて、5 章の p.59 図 5･1 で説明した存在効果、利用効果、媒体効果を包含するストック効果をいかにして高めていくか、という視点がより一層求められるようになりました（表 14･1）。また、公園施設の設置や管理運営における民間事業者との連携、多様なニーズに対応できる柔軟な利用の実現、管理運営の担い手の発掘・育成・連携が求められています。

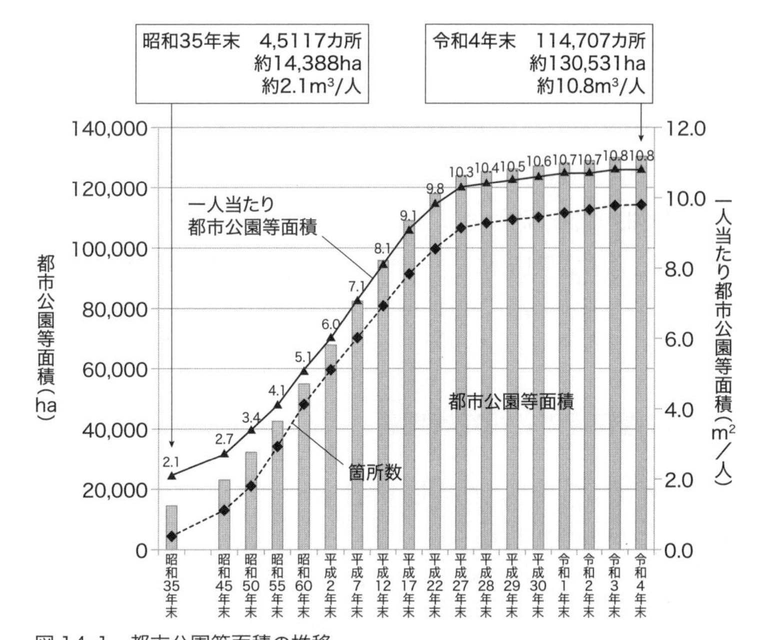

図 14･1　都市公園等面積の推移
（出典：国土交通省ホームページ「都市公園データベース」[2]）

2　都市公園の管理運営と官民連携に関わる諸制度

1　都市公園法の概要

都市公園の管理運営に関わる最も代表的な法律は、昭和 31（1956）年に制定された都市公園法であり、都市公園法施行令および同施行規則を含めて全体が構成されています。

都市公園法の目的は「都市公園の設置及び管理に関する基準等を定めて、都市公園の健全な発達を図

表 14･2　都市公園における行政事務の許可に関する役割分担

行政事務名		地方公共団体	指定管理者
都市公園法で定められている事務	設置管理許可	○	×
	占用許可	○	×
	監督処分	○	×
上記を除く事務	行為許可	○	○ （条例で規定）
	自らの収入とする料金収受	○	○ （条例で規定）
	自らの収入としない利用料金の収受	○	○ （利用料金の納付について条例で規定）
	事実行為（清掃、巡回等）	○	○ （条例で規定）

（出典：国土交通省ホームページ「官民連携による都市公園魅力向上ガイドライン」[3]）

り、もつて公共の福祉の増進に資すること」です。そのために必要な管理運営に関する規定には、都市公園の管理（公園管理者）、公園施設の設置基準と管理基準、公園管理者以外の者の公園施設の設置等、占用許可国が設置する都市公園での行為の禁止・許可等が含まれます。また、平成 29 年（2017）の法改正では、公募設置管理制度（Park-PFI）の創設、PFI 事業の設置管理許可期間の延伸、保育所等の占用物件への追加、公園の活性化に関する協議会の設置、都市公園の維持修繕基準の法令化が実施されました。

また、地方公共団体は、公園における行為の制限・禁止、有料の公園施設や使用料、許可等の申請書における記載事項等、公園管理に必要な事項について都市公園条例で規定しています。

2 公園管理者と指定管理者

都市公園は、地方公共団体が設置する都市公園は当該地方公共団体が、国が設置する都市公園は国土交通大臣が管理します。

一方、都市公園は、地方自治法において、地方公共団体が設置する公の施設の 1 つとして位置づけられています。このため、公園の管理運営については、民間事業者等への包括的な委任が可能な指定管理者制度が導入され、公園管理者との役割分担もなされています（表 14･2）。

指定管理者制度を導入する都市公園は増加し、その主体は従来からの公共的団体や第 3 セクター等はもとより、一般の民間企業、NPO 法人等を含む幅広い範囲に広がりました。これにより、民間事業者の人的資源やノウハウの活用、柔軟な利用サービスの提供コストの削減等が期待されます。

なお、指定管理者の選定に際しては、一般に、地方公共団体から募集要項や仕様書等に基づく公募が実施されます。応募した民間事業者等の審査を経た後、候補者が選定され、議会の議決により指定管理者が決定されます。

3 設置管理許可制度・公募設置管理許可制度と占用許可制度

都市公園の管理運営における官民連携手法は多様化しています。上述の指定管理者制度のほか、主な手法として挙げられるのが、公園施設を対象にした設置管理許可制度、公募設置管理許可制度および占

表 14・3　公園の管理運営に関わる主な官民連携の制度の概要

制度名	根拠法	特徴	事業期間の目安	民間事業者の業務範囲				施設所有者		行政		民間	
				設計	建設	維持管理	運営	公共	民間	収入	支出	収入	支出
指定管理者制度	地方自治法	民間事業者等の人的資源やノウハウを活用した施設の管理運営の効率化を主目的とし、一般的には施設整備を伴わず、都市公園全体の運営維持管理を実施。	3～5年程度			○	○	○		—	指定管理料	指定管理料利用料金等	維持管理・運営費
設置管理許可制度	都市公園法第5条	公園管理者以外の者に対し、都市公園内における公園施設の設置、管理を許可できる制度。民間事業者が飲食店・売店等を設置し、管理できる根拠となる規定。	10年（更新可）	○	○	○	○		○	許可使用料	—	利用料金等	設計・建設費 維持管理・運営費 許可使用料
公募設置管理制度 Park-PFI	都市公園法第5条の2～第5条の9	飲食店・売店等の公募対象公園施設の設置又は管理と、その周辺の園路、広場等の特定公園施設の整備、改修等を一体的に行う民間事業者を、公募により選定する制度。	20年以内	○	○	○	○		○	許可使用料	—	利用料金等	設計・建設費 維持管理・運営費 許可使用料
占用許可制度	都市公園法第6条	都市公園に設けることのできる占用物件を限定的に規定し、公園管理者の許可を受けて設置する制度。	施設により3月～10年（更新可）	○	○	○	○		○	許可使用料	—	利用料金等	設計・建設費 維持管理・運営費 許可使用料

（出典：（一社）日本公園緑地協会『都市公園における公募設置管理制度 Park-PFI 活用の手引き』[4]、pp.18-19 をもとに著者作成）

用物件を対象にした占用許可制度です（表 14・3）。

設置管理許可制度は、公園管理者以外の者に対し、都市公園内の公園施設の設置、管理を許可できる制度です。設置許可の期間は10年が上限ですが更新可能です。地方公共団体が自ら設置することが困難なもののほか、当該公園の機能の増進に資するものが要件に追加されました。この制度に基づき、民間事業者が自動販売機、売店、飲食店、その他の便益施設、教養施設、運動施設等を設置しています。

公募設置管理許可制度（P-PFI）は、飲食店、売店等の公園利用者の利便の向上に資する公募対象公園施設の設置と、当該施設から生ずる収益を活用して、その周辺の園路、広場等の一般の利用者が利用できる特定公園施設の整備・改修等を一体的に行う者を公募により選定する制度です（図 14・2）。この制度では、公園管理者の財政的な負担の軽減、民間事業者による優良な投資の誘導によって、公園および公園施設の質の向上、公園利用者の利便の向上等が期待されます。P-PFI では、民間事業者が公募対象公園施設の設置、管理、運営を容易かつ円滑にするために、設置管理許可期間の延長、建蔽率の緩和、占用物件の特例等の特例措置が設けられています。また、公園管理者に引き渡された特定公園管理施設の維持管理を、認定を受けた民間事業者が行うことを基本としており、公募対象公園施設と一体となった質の高い維持管理が期待されます。

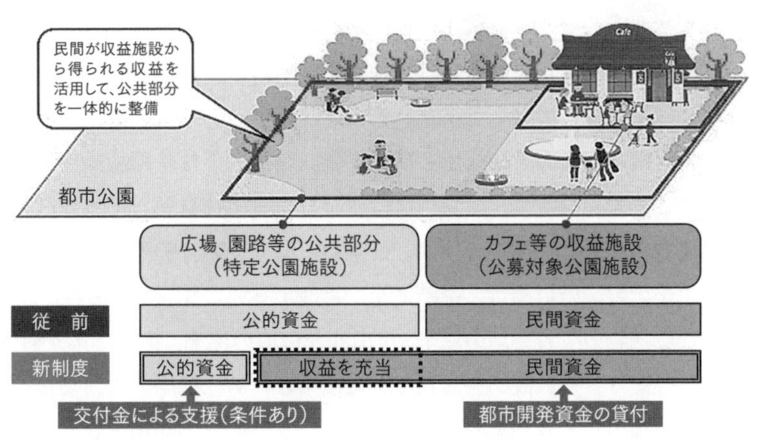

図 14・2　P-PFI のイメージ
（出典：国土交通省ホームページ「都市公園の質の向上に向けた Park-PFI 活用ガイドライン」[5]）

占用許可制度は、公園施設以外の工作物その他の物件又は施設を設けて都市公園を占用しようとするときに、公園管理者の許可を受ける制度です。電柱、電線類、管路、郵便差出箱、看板等が該当しますが、平成29年（2017）の都市公園法の改正で保育所その他の社会福祉施設について、一定の要件を満たせば、占用の許可が与えられることになりました。

なお、上記以外には、都市再生特別措置法の都市再生整備計画に定める滞在快適性向上区域内の都市公園のリノベーションを促進する公園施設設置管理協定制度（都市公園リノベーション協定制度）や、PFI法に基づくPFI事業等が挙げられます。

4 公園の管理運営に関わる協議会

公園管理者は、都市公園の利用者の利便の向上を図るために必要な協議を行うために、公園管理者、関係行政機関、関係地方公共団体、学識経験者、観光関係団体、商業関係団体、その他の都市公園の利便の向上に資する活動を行う者等から構成される協議会を設置できます。

協議会では、地域の実情や都市公園の特性等を踏まえ、地域の合意を得ながら、都市公園の整備・管理・活用を進めるための協議を行います。例えば、多主体が連携した地域の賑わいの創出のためのイベント実施に向けた情報共有や調整、地域の多様なニーズに応じた公園ごとの利用ルールの検討等です。

協議会は、個々の都市公園ごとに設置する場合、いくつかの都市公園のまとまりごとに設置する場合、地方公共団体に1つ設置する場合などがあります。

3 都市公園の管理運営の実際

1 管理運営業務の内容

都市公園の管理運営は、公の施設としての都市公園を適正に管理するとともに、都市公園が有する諸機能を発揮させて公園の価値を持続的に向上させるために実施します。近年では、公園の管理運営に関わる対象の多様化、水準の高度化、業務の効率化への対応に加え、公園施設の長寿命化、公園利用における安全・安心の確保、利用促進や活性化、市民参画や協働等も重要になっています。

公園管理者や指定管理者が行う公園の管理運営項目は多岐にわたりますが、一般に、維持管理、運営管理、法令管理に区分されます（表14･4）。

維持管理は、公園を構成する植物や施設の物的条件や環境条件を整えるために実施されます。公園を構成する施設や環境は、生物的な特性を有する生物材料とそれ以外に分けられますが、特に、前者の主要構成要素である植物の管理は、公園の環境、景観、利用等のあり方に影響する重要な業務であり、植物の生長と将来の目標像とを踏まえた管理が必要です（9章参照）。関連する業務として、ビオトープのような動植物の生育環境の保全、里山的な環境の保全、管理に伴う植物発生材の再資源化等も重要です。

運営管理は、質の高い公園利用を実現するために利用者を対象に行われる業務です。公園利用に関わる情報の提供、公園利用を送信するイベントの開催や利用プログラムの提供、利用指導・調整、その他公園施設の運営等が含まれます。また、公園における市民参画・協働が進展するなかで、市民活動の支

表 14･4　都市公園の管理運営の内容

区分	管理運営項目	管理運営内容
維持管理	植物管理	樹木、樹林、芝生、草花、草地、田畑、里山、ビオトープの管理、緑のリサイクルなど
	施設管理	建築物・工作物・設備の点検、施設修繕、安全管理、衛生管理など
	清掃	園地清掃、ごみ処理、建物清掃（トイレ、休憩所等）、工作物清掃（池・噴水等の洗浄、園路・広場の舗装部等の洗浄）など
運営管理	情報収集	利用情報（利用実態、利用満足度、ニーズ、要望･苦情･アイデア等）、管理情報、整備情報、周辺環境情報（気象・災害、交通機関、周辺施設等）、その他参考となる情報の収集
	情報提供	公園・公園施設へのアクセス、利用日時・方法・料金等の基本情報、イベント開催・季節の見所、開花情報、管理上の通知等の公園の利用促進や適正利用を図るための情報提供など
	イベント	利用促進（自然・スポーツ・文化等の集客イベント等）、地域コミュニティ活動支援（運動会、盆踊り、文化祭等の地域イベント）、行政と市民とのコミュニケーション（都市緑化の推進、防災意識等の普及･啓発等）に関わるイベントの企画・調整、制作・準備、実施、評価など
	利用プログラム	団体向け、自然体験・環境学習、農業体験・里山体験、スポーツ、健康づくり、文化・教養、子育て支援等のプログラムの企画・開発、準備・手配、実施、評価など
	公平・平等な利用の確保	園路、トイレ、遊具、ベンチ、水飲み等におけるバリアフリー、ユニバーサルデザイン対応、点字案内･音声案内、イベント・利用プログラムにおける障碍者等への対応、支援ボランティアの育成・配置など
	利用指導	公園保全に関する法令等での禁止行為（施設の損傷、動植物の採取、立入禁止区域への侵入等）、危険行為･迷惑行為（ゴルフ練習、犬の野放し、自動車等の乗り入れ、ごみの不法投棄、夜間騒音等）の注意、適正な利用方法の指導（プール、競技場、プレーパーク、キャンプ場等）など
	利用調整	利用申込み受付、利用規則等の制定等による快適な利用条件の確保、利用者間、利用者と周辺住民、利用者と管理者間の利害対立行為の調整など
	公園施設の運営	運動施設、キャンプ場、バーベキュー場、売店、飲食店、駐車場、貸し自転車、都市緑化植物園・植物園、動物園、水族館等の運営（予約・利用受付、用具等の提供、料金の徴収、解説・案内、安全・衛生管理等）
法令管理	財産管理	都市公園台帳、公園施設履歴書および健全度調査票の作成、保管、更新、活用など
	占用及び使用	行為の許可、設置・管理許可、占用許可やこれらに関わる監督指導、不法占用・使用への対応、使用料徴収や減免など

（出典：(一財)公園財団公園管理運営研究所「公園管理ガイドブック改訂版」[6]、pp.26-181 の記述内容をもとに著者作成）

援、条件整備や団体間の調整等も重要です。

法令管理は、都市公園法や都市公園条例等により定められている法律行為の遂行に関する業務です。都市公管理台帳、公園の管理運営に関わる行為、設置・管理、占用に関わる許可や指導、有料施設の使用料の徴収や減免等の業務が含まれます。

2 公園施設の長寿命化

公園施設に関わる建築物、工作物、設備等は、整備後の年数が経過するにつれて劣化が進行します。それにより、本来果たすべき諸機能を維持することが困難になり、安全で快適な利用を妨げるのみならず、事故につながる要因にもなります。また、その一方で、財政状況に鑑みながら、これまでに整備された公園施設のストックを有効に活用することが課題になっています。

従来の公園施設の管理では、維持保全（清掃・保守・修繕など）、日常点検、定期点検を実施した結果、劣化や損傷、異常、故障が確認され、求められる機能が確保できないと判断された時点で修繕・改築を行う事後保全型管理が行われてきました。しかし、今後は、公園施設の日常的な維持保全（清掃・保守・修繕など）に加え、日常点検、定期点検の場を活用した定期的な健全度調査を行い、公園施設の機能保全に支障となる劣化や損傷を未然に防止するために必要な計画的な補修・更新を行う予防保全型管理の強化が求められています。

3 公園の管理運営における安全・安心の確保

公園利用者の安全・安心な利用の確保は、公園の管理運営上の最も重要な課題の１つであり、事故の防止、防犯や防災に関わる対策が必要です。いずれも、計画・設計段階から管理運営段階に至るまでの各段階における対策がありますが、ここでは、維持管理や運営管理段階のものを中心に示します。

①公園施設に関わる事故の防止

公園での子どもの遊びにとって最も重要な施設に遊具がありますが、経年劣化等の問題があります。このため、維持管理では、点検手順に従った確実な安全点検、発見されたハザードの適切な処理、遊具履歴書の作成と保管等、事故への対応、事故に関する情報の収集と活用が重要です。また、運営管理では、遊具の利用状況の把握、安全管理の啓発と指導、子どもと保護者・地域住民との協働による楽しい遊び場づくりが重要です。

一方、都市公園の主要な構成要素である樹木に関しては、老齢化や大径木化が進展しています。したがって、樹木の健全育成や諸機能の発揮の視点はもとより、樹木の倒伏や落枝などによる事故の未然の防止にも留意する必要があります。巡視や立ち寄りによる日常点検、健全度判定等を含む定期点検、診断とその結果に基づく措置が重要です。

②公園における防犯対策

都市公園の立地は多様であり、同じ公園内でも、公園施設の配置、植栽形態等により、死角に入る場所や薄暗く不安に感じる場所があります。また、公園施設の破壊や落書き、ゴミの投棄等がみられる荒廃した公園も問題です。このように、犯罪を誘発する可能性があり、子どもたちを含む公園利用者に危険や不安を感じさせる状況にある場合は、適切な管理運営を通じて、改善を図る必要があります。

例えば、公園の見通しをよくするための植栽管理、照明灯の明るさの確保、防犯カメラの設置等の維持管理面での対応のほか、地域住民等による公園の利用や管理運営への参加促進、公園パトロール、行政の関係部局や警察等との連携強化など、公園を見守る環境づくりが重要です。

③公園における防災対策

地震災害を中心に、多様な災害の発生時に対応するために防災公園等の整備等が推進されています(12章参照)。また、住区基幹公園等の身近な公園でも、その立地や規模によりその種類や程度は異なるものの、一時避難場所、帰宅支援場所、身近な防災活動拠点としての機能を果たすことが期待されています。

公園の管理運営では、想定される災害の規模や種類、危険箇所の位置や内容等を想定し、平常時の防災関連施設の維持管理、防災に関わる学習機会の確保や防災訓練の実施等が重要です。すなわち、貯水槽、備蓄倉庫、防災トイレ、防災ベンチ等の定期的な点検・修理等や、それらを活用した消火や炊き出し等の実践的な防災訓練を、地域イベントとして行うことにより、災害時での円滑な対応が可能になります。また、公園管理者や指定管理者、行政の関係部署、病院・警察・消防等の関連機関、自治会等の地域団体の役割分担や連絡体制を予め決定し、災害時に、管理担当者が駐在しない場合でも、地域において自主的な対応を可能にすることが重要です。

なお、災害発生後は、被災状況調査や適切な情報提供が継続して求められる他、時間の経過に応じた管理運営業務に対応する必要があります。

4 市民参加・協働による管理運営

市民の公園の管理運営への参加や公園管理者、指定管理者等との協働は、利用しやすく魅力ある公園づくりに不可欠であり、公園の活性化のみならず、地域の活性化へとつながります。このような公園の管理運営に関わる市民の活動は多様です。

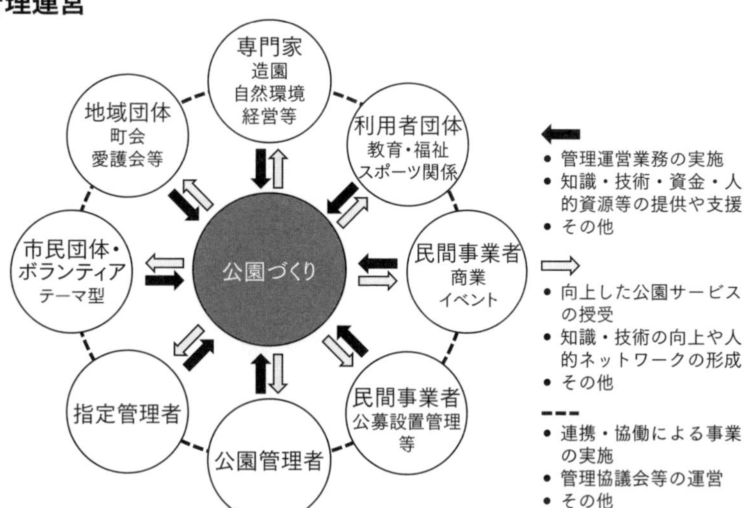

図 14・3　公園づくりにおける多主体の連携・協働のイメージ

例えば、自治会等の地域コミュニティに関わる団体から組織された公園愛護会等の活動は、街区公園や近隣公園のような身近な公園で、清掃、除草・草刈り、遊具の破損状況の連絡等の維持管理作業を中心として行われています。また、地元企業の社会貢献やエリアマネジメントの一環として行われる活動でも維持管理作業等の活動がみられます。さらに、特定のテーマに関わる市民団体・NPO から形成される公園ボランティア団体の活動もあります。この場合は、総合公園、広域公園等の比較的規模の大きい公園で、動植物種や生物多様性の保全、ビオトープ管理、里山管理、農作業・農業文化の保全継承、園芸療法、子どもの冒険遊び等に関わる維持管理作業、プログラム・イベント運営等が実施されています。なお、公園イベント等では、地域団体、市民団体・NPO、企業、個人経営の事業者等、行政関連部署など様々な主体を含む実行委員会が組織され、企画・運営がなされる例もみられます。

このような活動に対しては、公園管理者等から、活動拠点となる場所の確保、設備・用具・機材の提供や貸与、具体の活動内容に関わる知識・技術、組織運営、イベント広報や団体の PR 活動に関わるアドバイスや支援等を実施することが重要です。

近年では、指定管理者も含め、公園の管理運営に関わる主体がより一層多様化する中で、公園管理者と管理運営に参加する団体・組織との関係性も一対一の連携・協働から、多主体の連携・協働へと進展しています（図 14・3）。また、行政担当部署、市民団体・NPO、地域のステークホルダー、専門家等から構成される公園管理運営協議会を組織し、公園全体の魅力向上等を目指した管理運営計画（パークマネジメントプラン）の策定と実践に取り組む事例もみられるようになりました。

4 パークマネジメントへの展開

1 パークマネジメントの基本的な考え方

近年の都市公園の管理運営では、パークマネジメントの考え方が普及・定着し、そのためのプランの策定と実践を伴うようになってきました。

パークマネジメントの目的は、公園の資源を活用し、公園利用者の満足度を高め、公園価値を向上させるとともに、地域社会や様々な人々をつなぐ場として、都市環境や地域における課題を解決し、地域の価値を高める起点になることにあります。

また、そのために、将来のあるべき公園像を明確にし、公園に係わる資源（空間、人材、地域等）を発掘・活用しながら、公園の魅力を顕在化させ、利用者の満足度等を高めていく取り組みです。

そこでは、経済的効率の確保や付加価値の提供、公園の管理運営に関わる目標設定、計画、実施、評価、見直し等のプロセスに基づく継続的な改善などの経営的視点が導入されます。

従来の公園管理者である国・地方公共団体の関係部署のみならず、新たな主体としての公園利用者、地域住民・団体、市民活動団体・NPO、民間企業等が、参画と協働の担い手として位置づけられ、情報の公開と社会的なコンセンサスのもとでパークマネジメントが実施されることになります。

2 パークマネジメントプランの策定

パークマネジメントを実践する上では、パークマネジメントプランの策定が重要であり、その意義・

表 14･5　パークマネジメントプランの構成例

区分	項目	記述内容・留意事項
基本的事項	計画の意義と目的	・継続したマネジメントの実施、公園づくりの方向性に関わる意志の表明、コミュニティの参画の促進等の計画の意義・目的　等
	計画の位置づけ	・総合計画、緑の基本計画、パークマネジメントマスタープランとの関連性　等
	計画期間	・パークマネジメントプラン全体の計画期間（中長期） ・アクションプラン（重点的な取り組み）等の計画期間（短期）　等
	計画の構成	・計画の全体像と構成
公園・周辺地域の現状と動向	公園の概況	・公園の立地（位置、面積、アクセス、周辺環境等） ・公園の設置経緯、自然・歴史・文化・社会的条件等 ・公園の空間構成、公園施設の配置状況等 ・公園の特徴（長所および短所）　等
	公園の管理運営の現状	・管理運営のための組織・体制および財源 ・管理運営の対象と管理運営項目・内容（維持管理、運営管理、法令管理における詳細） ・年間スケジュールと管理運営水準　等
	利用者等のニーズ	・公園利用者、近隣住民からの要望、アンケート調査の結果 ・公園愛護会、ボランティア等への意見聴取結果 ・公園づくりワークショップの結果　等
	周辺地域のまちづくり	・公園周辺の地域特性やまちづくりの動向 ・自治会、市民団体・NPO、学校、民間事業者、エリアマネジメント組織等の活動状況　等
計画	公園づくりの理念・将来像	・公園・周辺地域の現状や将来動向に基づく公園の理念・将来像 ・まちづくりの起点となる公園づくりのためのビジョンの明確化　等
	公園づくりの目標とテーマ	・公園づくりのための目標設定 ・目標達成のための基本テーマ（複数）の設定 ・基本テーマごとの原則と方針の設定　等
	取り組み内容	・基本テーマと整合した具体的な取り組みの項目の設定 ・取り組み項目の基本的な考え方、内容、対象、期間（中長期）等の概要に関する整理　等
	アクションプラン（重点的取り組み）	・重点的な取り組みの選定と基本的な考え方の設定 ・重点的な取り組みの内容、対象範囲（公園内のゾーン・場所・施設や活動分野等）、期間・スケジュール（短期）、実施・参加主体、財源等の設定　等
進行管理		・ステークホルダーの特定、コミュニケーションの手段、地域参画のプロセス・手法、役割分担等の設定 ・計画の進行管理（PDCA）の考え方、評価・見直しの主体・手法・項目および時期の設定　等

目的は多面的です。すなわち、プランの策定により、パークマネジメントの目的・目標を明確にし、目指すべき将来像の実現に向けて要求される事項を特定することができます。公園管理者等にとっては、公園に関する情勢が変化するなかで、将来にわたって一貫し継続したマネジメントを確実に行うためのガイドとなります。また、地域住民、公園利用者、市民団体・NPO、民間企業等の利害関係者に対して、どのような考え方や方針で公園を魅力あるものにするかを表明することになります。特に、プランの策定プロセスへの多様な主体や関係者の参画は、公園への関心を高め、パークマネジメントへの積極的な参画を後押しするものになります。

パークマネジメントプランは、計画期間と対象、公園づくりのためのビジョン、基本方針、個別のテーマ、テーマごとの目的・原則・方針、アクションプランなどから構成されます。また、アクションプランの項目ごとに、対象範囲（公園内の各ゾーンや場所、活動分野など）、優先度（高・中・低）、タイムスケジュール、必要な予算・財源、実施主体などが設定されることもあります（表14･5）。

近年では、各地でパークマネジメントプランの策定が広がりつつあります。例えば、東京都では、他の自治体に先駆け、平成16年（2004）、都立公園全体を対象にしたパークマネジメントマスタープランを策定し、適宜改定を進める一方、個別の都立公園のパークマネジメントプランの策定を進めています。また、公園管理者のみならず、行政の担当部署、市民団体・NPO、専門家、その他公園の管理運営に関わる地域の利害関係者等で組織された協議会組織が、プランを策定する事例もあります。

なお、平成30年（2018）には、市区町村が策定する緑の基本計画の内容に、都市公園の管理方針が追加され、パークマネジメントプランに関わる内容を計画する事例もみられるようになりました。

3 パークマネジメントの評価

パークマネジメントプランに基づいて、公園における様々な取り組みが実践されますが、その取り組みを評価し、見直しを行うというプロセスが有効になります。公園の評価は、調査・計画、設計・施工、管理運営の様々な段階で実施されますが、パークマネジメントにおいては、管理運営の評価が中心となります。評価の主体の観点では、公園管理者や指定管理者等が実施する自己点検評価と、外部の機関や専門家が実施する第三者評価とがあります。一般的には、前者の実施を前提にして、後者の評価が実施されます。また、評価には様々な調査データが用いられます。とりわけ、公園利用者の数や満足度評価は、重要な項目になっています。

計画事例 新宿中央公園（東京都新宿区）

①新宿中央公園の整備と管理運営

新宿中央公園は、新宿駅西口から徒歩約10分の場所にあり、公園の東側にはオフィス街、公園の西側には中高層建築物を含む住宅地が立地しています。この公園は、昭和43年（1968）に開園し、都立公園として管理されていました。昭和50年（1975）には、新宿区に管理が移管され、再整備を経て現在の状況に至っています。公園面積は約8.8ha、北エリア（水の広場、芝生広場、区民の森等）、西エリア（遊具、ちびっ子広場、ジャブジャブ池等)、東エリア（フットサルコート、バスケットボールコート等）等から構成されています。平成 25（2013）年度から、指定管理者による管理運営が進められています。

②問題・課題

新宿中央公園に、指定管理者制度が導入された当初は、公園施設の老朽化に加え、園内起居者の存在、ゴミの投棄、ペットの放し飼い、無許可行為等の不適切利用が大きな問題になっていました。また、公園資源の活用や周辺地域の主体との連携による公園の賑わいづくりや、多様化する公園ニーズへの対応が求められていました。

③指定管理者によるパークマネジメントの実践

指定管理者である新宿中央公園パークアップ共同体（代表:(一財）公園財団）は、平成 25 年（2013）以降、「公園のポテンシャルを最大限に引き出す」「価値向上を図り日本を代表する都市公園を目指す」ことを目標に、パークマネジメントを実践してきました。具体的には、景観向上のための施設清掃、ゴミの不法投棄への対応、植栽管理の適正化、園内起居者の自立支援、ペットマナーの講習会、多様なプログラムやイベントの開催、地域の多様な主体との連携・協働に基づく取り組み等です。

④パークマネジメントプランとしての「新宿中央公園魅力向上推進プラン」の策定

平成 29 年（2017）には、新宿区が「新宿中央公園魅力向上推進プラン」を策定しました。このプランでは、公園の将来像として、「だれもが誇りと愛着をもてる“憩い”と“賑わい”のセントラルパーク」が示されています。また、この将来像の実現に向けた基本的な考え方として、「ひと」「まち」「みどり」「しくみ」の 4 つのテーマが掲げられ、その各々について基本的な方針が示されています。さらに、空間別の展開イメージとして、公園のゾーン区分ごとに具体的な取り組みと、「重点的な取り組み」が示されています。なお、計画の実現に向けたスケジュールでは、「重点的な取り組み」の中から、西新宿のまちの魅力の活用や公民連携等により、公園の魅力づくりを効果的に進められる事業や、費用対効果が高い事業について「早期実現を目指す取り組み」と位置づけてスケジュールのイメーシを作成しています。

⑤実践と計画の効果

指定管理者の継続的なパークマネジメントや、その後のパークマネジメントプランの策定と実践は、公園施設のリニューアルや新規整備を促しました。例えば、芝生広場の再整備と樹木管理、子どもを見守りながら利用できる休憩コーナーの設置、オフィスワーカー等の昼食利用を促進するためのランチコーナーの設置、遊具のリニューアル（図 14･4)、西新宿の高層ビルを眺める「眺望のもり」の整備、ネーミングライツによるトイレの再整備等が相次いでいます（図 14･5)。また、令和 2 年（2020）には、Park-PFI に基づき、交流拠点施設「SHUKUNOVA」が開業しました（図 14･6)。この施設は、公募対象公園施設のレストラン、カフェ、スポーツクラブの他、特定公園施設としてオープンテラス、エントランスホールから構成されています。

図 14･4　リニューアルされた遊具（新宿中央公園）

また、適切な利用や賑わいづくりのためのイベント等も実施されてきました。例えば、飼い犬のマナー向上のためのイベント、夏まつりや防災フェアのような地域イベント、アウトドア体験やスポーツイベント等です。また、西新宿の高層ビル群の夜景やオフィスワーカーの利用を意図したイベント（イルミネーションやキャンドル、映画の上映、音楽ライブ、飲食やバー等）等も特徴的です。

さらに、主として住民により構成される地域団体（町会、小学校、青少年育成委員会）、公園の利用者・ボランティア団体、新宿区の関連部署・組織、西新宿地区の企業やそれらを中心に構成されるエリアマネジメント組織「新宿副都心エリア環境改善委員会」等との連携・協働が促進されました。

これらを通じたより一層の公園の価値の向上はもとより、公園を起点とした地域づくりへの展開が期待されます。

図 14・5　ネーミングライツが導入されたトイレ（新宿中央公園）

図 14・6　Park-PFI によるレストラン・カフェ等の設置（新宿中央公園）

■ 演習問題 14 ■　都市公園１カ所を事例として取り上げ、以下の（1）～（3）について、インターネット、文献資料、現地調査、関係者へのインタビュー等を通じて調べて、考察してください。

（1）当該都市公園のパークマネジメントに係わる計画および実践的な取り組みの概要

（2）上記の計画および取り組みが当該都市公園の価値の向上に果たした役割

（3）当該都市公園の周辺のまちづくりを主導するためのパークマネジメントの課題

参考文献

1）国土交通省ホームページ「都市公園のストック効果向上に向けた手引き」、https://www.mlit.go.jp/common/001135262.pdf

2）国土交通省ホームページ「都市公園データベース」、https://www.mlit.go.jp/toshi/park/content/01_R04.pdf

3）国土交通省ホームページ「官民連携による都市公園魅力向上ガイドライン」、https://www.mlit.go.jp/common/001136186. pdf

4）「都市公園における公募設置管理制度 Park-PFI の手引き」検討委員会監修・一般社団法人日本公園緑地協会編集・発行『都市公園における公募設置管理制度 Park-PFI の手引き』2018、pp.5-44

5）国土交通省ホームページ「都市公園の質の向上に向けた Park － PFI 活用ガイドライン」、https://www.mlit.go.jp/common/001197545.pdf

6）（一財）公園財団公園管理運営研究所編集・発行『公園管理ガイドブック改訂版–公園管理運営のための必携書』2016、pp.1-384

15章
多様な主体の参画と協働

1 公園緑地の公共性の変遷と協働の考え方

1 公園緑地に関わる公共性の変遷

わが国の公園緑地は、3章にあるように名所や賑わいの場から成り立ち、様々な主体によって管理されていました。近代化に伴って都市公園法をはじめとする法制度が整備され、行政が公共空間として公園緑地を管理することが増えるにつれて、計画、整備から管理運営まですべて行政主体で行われるようになりました。この公共（Public）＝公的な（Official）時代が長く続いたことは、政策によって公園緑地の量的拡大が進む一方で、画一的な公園整備や、公園緑地への地域住民の関わりを希薄にする一面も生み出しました。

この状況が大きく変わったのは、1995年に発生した阪神・淡路大震災からの復興です。人々は、一時避難地にもなった身近な公園緑地の大切さを実感し、日常時から使いこなすことが非日常時の安全・安心を支えることを認識しました。防災機能も兼ね備えた都市公園を再整備するにあたり、ワークショップを通じて地域住民の意見が出され、整備後の使い方や管理運営にも地域住民が関わるようになったのです。NPO元年ともいわれたこの時期に、公共（Public）＝公的な（Official）＋共通の（Common）という認識が拡がり、まちづくり的に公園緑地の計画、整備、管理運営が始まりました。

まちづくり的な公園緑地の管理運営が増える中、全体をみれば禁止看板や苦情など、トラブルはなかなか減らない状況があります。多様な主体の参画と協働が行われている公園緑地でも、管理運営に関わる人が固定化してくると、管理者と利用者に二分されてしまう状況があります。公園緑地の公共性を担保するためには、公共（Public）＝公的な（Official）＋共通の（Common）＋開かれた（Open）という認識（図15･1）が必要で、いつでもどこでも誰でも、管理者になることもあれば利用者にもなるという、地域の自由空間としての管理運営を考える必要があります。

2 協働の考え方

この公共性の変遷と並行して、協働の考え方も発展してきました（表15･1）。公共（Public）＝公的な

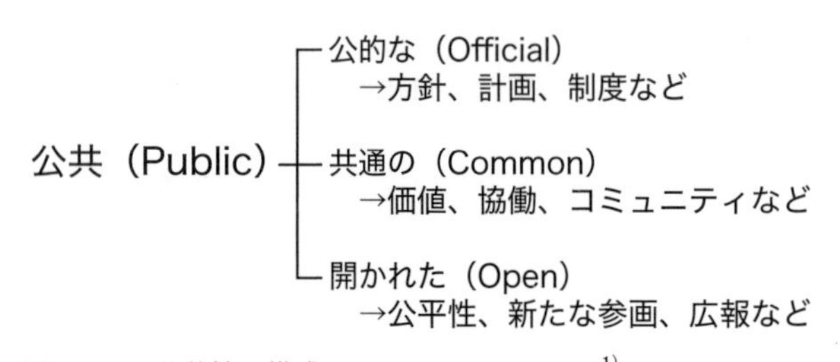

図15･1　公共性の構成（出典：齋藤純一『公共性』[1] を参考に著者作成）

表15･1　共同・協同・協働の考え方

	目的	活動	立場
共同	同	同	同
協同	同	同	異
協働	同	異	異

（出典：近畿大学・久隆浩教授の整理を著者が清書）

（Official）の時代では、「共同」という言葉が使われていました。これは、同じ目的で、同じ立場で、同じ活動をすることを意味します。例えば、楽しい公園をつくるために（同じ目的）、市の公園ボランティアに登録して（同じ立場）、市が行っていた花壇づくりをする（同じ活動）というイメージです。

これが公共（Public）＝公的な（Official）＋共通の（Common）の時代になると、「協同」が使われることが増えました。同じ目的の花壇づくり活動でも、例えば子ども会（異なる立場）として公園に関わることが増えました。

近年の公共（Public）＝公的な（Official）＋共通の（Common）＋開かれた（Open）の時代では、目的が同じならば、異なる立場や活動を許容し、新たな価値を生み出す「協働」が一般的になりました。楽しい公園という目標のために、例えば子育てサークルの女性たちがバザーをしてもよいし、近隣農家の方々がファーマーズマーケットをしてもよいのです。

このように、多様な主体の多様な価値観、多様な活動を組み合わせ、公園の価値を高める管理運営が求められます。

2 公園緑地の管理主体と制度

1 公園緑地の管理主体と利用主体

公園緑地に関わる管理主体は、大きく分けて官・民・市民（団体）の3つがあります。官は、国や市町村といった自治体を指し、その外郭団体である公益財団法人を含む場合もあります。公園緑地の設置者でもある官は、公園緑地に関する法制度を運用する役割を唯一担いつつ、同時に管理者でもあることが基本です。民は企業や営利型一般社団法人などの営利法人を指します。指定管理者制度によって管理者の役割を代行することがありますが、公園でイベントやプログラムを実施する利用主体として活性化を担うこともあります。市民（団体）は、地域住民そのものや、地域住民がつくる任意団体を指し、NPOなどの非営利組織も含む場合があります。多くは利用主体として公園に関わりますが、管理主体の一翼として市民ニーズを反映する役割を担うこともあります。このように現在では、官・民・市民（団体）が管理者と利用者の役割をまたいで協働しています。

公園緑地の利用主体には、様々な種類があり、それに応じた位置づけやサービスの提供が求められます（図15･2）。最も多いのは、一般来園者による利用です。一般来園者には、中小規模の住区基幹公園では、朝は散歩やジョギング、午後から夕方の子どもの遊びといった時間利用ピークの傾向があります。公園緑地全般では、土日の休日利用ピーク、春秋の季節利用ピークもあり、それに合わせたサービスを提供することもあります。例えば、高齢者の朝の利用に合わせた足立区の「パークで筋トレ」事業（図15･3）は、高齢者が多い地域性やその時間利用ピークに合わせたサービスです。これらのピーク以外の平日昼間や夏冬にも、学校団体やサークルなどの一般団体の利用があります。一時的で場所を占有しないものとして、公園が提供するガイド型やセルフガイド型のプログラムに申し込み体験する、展示館などの利用料金施設を見学するなどの利用があります。特定の時間に特定の場所を利用するまたは占有する場合は、行為許可や占有許可を得た許可団体として公園を利用します。中規模公園で幼稚園や保育園

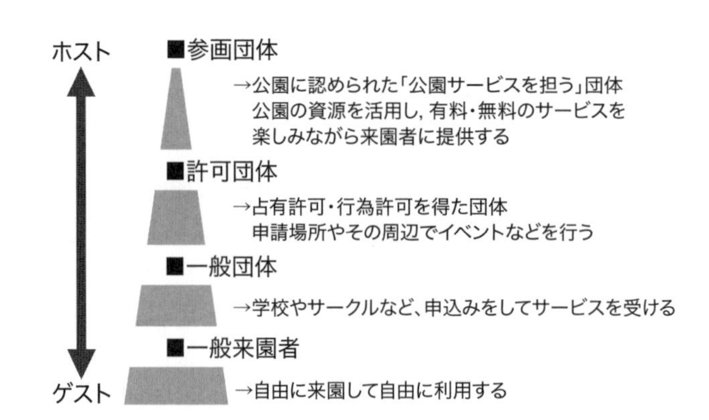

図 15･2　利用主体の種類

図 15･3　パークで筋トレ事業（東京都足立区）
(出典：足立区ホームページ[2])

図 15･4　占有許可による幼稚園の運動会（尼崎市・西武庫公園）

が運動会を催す（図 15･4)、飲食や遊びのブースが並ぶイベントの利用などが見られます。さらに、自らが楽しみながらホストになってプログラムを実施するといった、参画団体による公園利用も多くみられるようになりました。個人講師によるヨガ教室、スポーツ団体による大会開催、子育てサークルによるバザー、近隣農家によるファーマーズマーケットなど、許可団体と似ていますが、公式かつ継続的に公園のホスト側にまわった状態です。

2 公園緑地の管理運営に各種主体が関わるための制度

公園緑地全体に管理者として関わるための制度としては、14 章で解説した指定管理者制度があります。この指定管理者制度には、大きく分けて公益財団法人や非営利型一般社団法人、NPO などの非営利組織が指定管理者になる場合と、民間企業など営利組織が指定管理者になる場合があります。前者は公的な信頼を元に、地域組織と協力して事業を展開し、寄付などで事業費を賄うことに優位性があります。後者は民間ノウハウを活かし、利用促進事業や商行為による利益で経営を安定させることに優位性があります。近年では、それぞれの優位性を重ねあわせ、官民市民（団体）が一体となった体制で指定管理者となる事例が増えています。これらの状況をふまえて、公募設置管理制度（Park-PFI）と組み合わせ、

15年から20年の長期指定管理を導入する公園緑地もみられます。

2017年の都市緑地法などの改正によって創設された市民緑地認定制度は、緑地やオープンスペースが不足している地域において、営利法人や個人が所有する土地を有効活用し、民の力により公的な機能を有する緑地空間を創出する制度です。代表事例としては、名古屋市のノリタケの森（図15･5）があります。設置管理者となる民や市民（団体）は、緑の基本計画で定めた緑化重点地区内において市民緑地設置管理計画を作成し、5年以上の管理を担うことになります。みどり法人として認定されれば、税制措置の特例や施設整備への支援を受けられるなど、公的な管理主体として扱われることになります。大規模なものは営利組織の関わりが多いですが、数百平米の小規模なものはNPOや自治会など非営利組織が管理することもあります。一方、市民緑地契約制度は、地方公共団体または緑地保全・緑化推進法人（みどり法人）といった公的機関が、土地等の所有者と契約を締結し、市民緑地を設置管理する制度です。土地所有者には管理負担の軽減や税制優遇のメリットがあり、公的機関には民有地を公的な利用に供することができるメリットがあります。

図15･5　市民緑地認定制度の代表例：ノリタケの森（名古屋市）

緑地協定制度は、都市緑地法に基づいて、土地所有者等の合意によって緑地の保全や緑化に関する協定を締結するものです。明確に区域を設定し、民や市民（団体）による運営委員会などが管理主体となって緑化活動や管理作業を行うため、長期に渡って緑と活動が維持されます。市町村によっては、独自の助成措置に設けて活動を支援することもあり、自立的に緑地の管理が行われます。一方、管理協定制度は、特別緑地保全地区等の土地所有者と地方公共団体などが協定を結ぶことにより、官が土地所有者に代わって緑地の管理を行う制度です。土地所有者の管理の負担を軽減するために、地方公共団体または緑地保全・緑化推進法人（みどり法人）といった公的機関が管理主体となり、緑地計画上で重要な民地の保全を担います。

3　管理運営における参画と協働

1　大規模公園の管理運営の体制

大規模な国営公園や都道府県立公園では、行政または指定管理者制度による管理者と、管理運営協議会などの協議体、各種団体といった活動体の3つの構成で、管理運営を構成することが多く見られます。管理者は、経営部門、利用促進部門、維持管理部門を基本とし、公園の特色や利用者層のバランスを考慮した体制を組むことになります。管理運営協議会などの協議体は、例えば有馬富士公園の開園当初のように、多様な主体から構成される協議会、必要に応じてテーマごとに分かれて協議する部会から構成されます（章末事例のp.185図15･11）。各種団体といった活動体は、例えば有馬富士公園の夢プログラム（p.184図15･10）のように登録制にするか、尼崎の森中央緑地のように任意で集まるゆるやかなネットワークにするか（p.185 図 15･12）、管理運営の目標に応じて構成されます。

2 中小規模公園の管理運営の体制

近隣公園や街区公園といった中小規模の住区基幹公園は、管理者が現地に常駐しておらず、指定管理者制度を導入するほど管理費もないため、多くは行政が直営で管理しています。この場合、公園愛護会などの地元組織に個々の公園の清掃や草刈りを依頼していることも多く、行政による施設管理と役割分担をしています。丁寧に管理されている公園がある一方で、特定の住民に負担が集中している状況もあり、効率的な管理運営が求められています。

1993 年の都市公園法施行令の改正によって、児童の利用に供する「児童公園」が街区内の居住者のための「街区公園」に名称変更された後も、施設構成や利用が変わらなかった地方公共団体が多くを占めて

番号	公園名	公園開設年	種別（面積）	面積	主な公園施設	活動団体名
①	打瀬第 1 公園	1995 年	街区公園	0.74ha	遊具・便所・花壇・ベンチ	
②	打瀬第 2 公園	1995 年	街区公園	0.30ha	ベンチ	
③	打瀬第 1 緑地	1995 年	都市緑地	0.23ha	花壇・ベンチ	グリーンサム
④	打瀬第 5 公園	2001 年	街区公園	0.91ha	遊具・ベンチ・花壇・便所	
⑤	打瀬第 6 公園	2002 年	街区公園	0.26ha	遊具・ベンチ	
⑥	打瀬 1 丁目公園	2000 年	近隣公園	1.18ha	遊具・ベンチ	
⑦	打瀬 2 丁目公園	1999 年	近隣公園	1.16ha	花壇・遊具・ベンチ・便所	菜の花クラブ
⑧	打瀬第 2 緑地	2004 年	都市緑地	0.20ha		
⑨	打瀬第 4 公園	2004 年	街区公園	0.56ha	ベンチ	
⑩	打瀬ふれあい緑地	2001 年	都市緑地	0.25ha	花壇・ベンチ	エコパークを作る会
⑪	打瀬 3 丁目公園	2004 年	近隣公園	221 ha	野球場・テニスコート・便所・倉庫・花壇・池	3 丁目公園管理運営委員会
⑫	打瀬 1 丁目緑地	2008 年	都市緑地	1.27ha		
⑬	打瀬 3 丁目緑地	2008 年	都市緑地	0.48ha		
⑭	打瀬第 3 公園	2008 年	街区公園	0.52ha	遊具・便所・ベンチ	風のガーデン

図 15･6　幕張ベイタウンの地区単位での公園管理（出典：山崎雄弘・柳井重人・秋田典子『ランドスケープ研究』74(5)[3]）

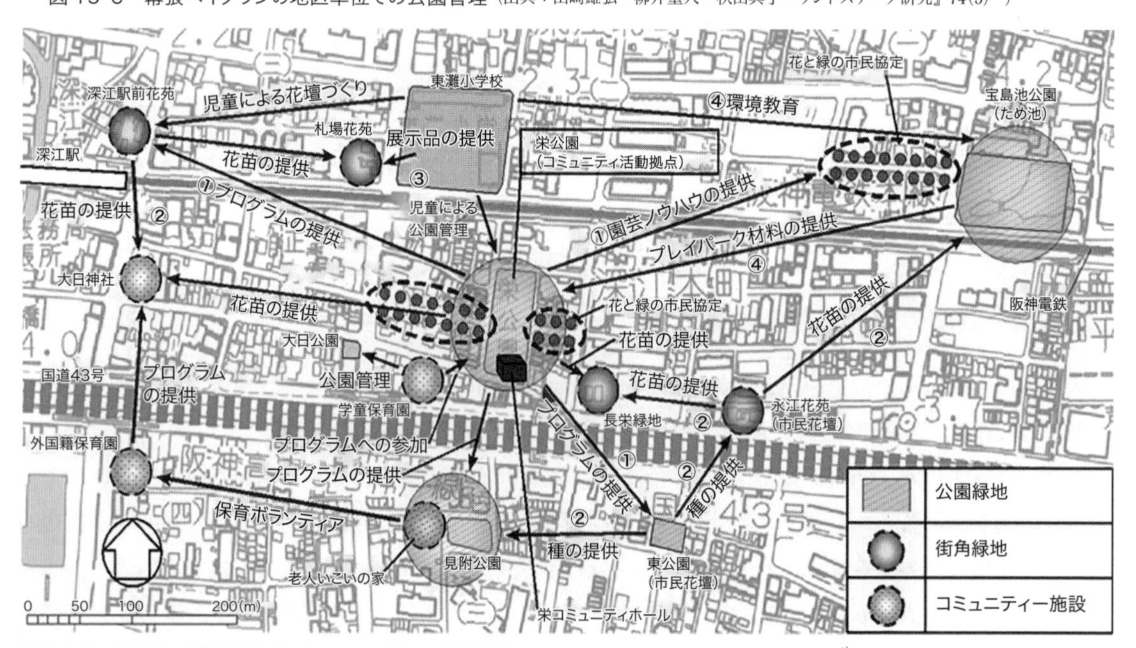

図 15･7　神戸市東灘区深江地区のまちづくりと公園緑地（出典：田中康『ランドスケープ研究』68(3)[4]）

います。一部の連合自治会やまちづくり協議会では、複数の公園緑地をまとめて管理している事例があり、街区公園の使い分けや特色化、利用に対応した多様な管理主体が見られています（図15･6、15･7）。複数の住区基幹公園の一括管理は、近年では広範囲に渡る指定管理者制度の導入まで拡がってきています。西東京市では、54公園に一括して指定管理者制度を導入し、営利団体とNPOからなる管理組織が地域住民と対話を重ね、公園群を管理しながら将来の公園再配置計画の推進につなげようとしています。

4 公園緑地のルールとマナー

1 公園緑地のルール

公園の管理運営に関する行為の禁止事項は、地方公共団体が定める都市公園条例において規定されています（表15･2）。都市公園法にも書かれている竹木伐採や植物採取については、植物は財産とみなされるため都市公園条例でも原則禁止されていますが、昆虫や動物については取り扱いが記載されていない都市公園条例も多くあります。たき火の禁止や風紀の乱れについても同様で、ボール遊びやベーベキューの禁止が条例で一律に記載されていることは少ない状況です。

多様な主体が公園緑地の管理運営を行うに際しては、まず各自治体の都市公園条例を参照し、法制度に基づいて必ず守らねばならないルールを共有することから始まります。その後、都市公園条例に記載されていない曖昧な部分や、個別に規定されていない公園ごとの定めるべき内容について、利用主体の合意形成による公園ごとのローカルルールづくりが必要です。公園管理運営協議会が設置されている場合は、これがローカルルールづくりの主な場になります。

2 公園緑地のマナー

前述したルールは、どのような主体でも「してはいけないこと」を新たに規定する、もしくは規定され

表15･2　都市公園条例における行為の禁止（雛形より抜粋）

第二章 都市公園の管理
（行為の禁止）
第五条 都市公園においては、次の各号に掲げる行為をしてはならない。ただし、法第五条第二項、法第六条第一項若しくは第三項又は第三条第一項若しくは第三項の許可に係るものについては、この限りでない。
一 都市公園を損傷し、又は汚損すること。
二 竹木を伐採し、又は植物を採取すること。
三 土地の形質を変更すること。
四 鳥獣類を捕獲し、又は殺傷すること。
五 はり紙若しくははり札をし、又は広告を表示すること。
六 立入禁止区域に立ち入ること。
七 指定された場所以外の場所へ車馬を乗り入れ、又はとめておくこと。
八 都市公園をその用途外に使用すること。

図 15･8　芦屋市で検討した公園利用のおすすめ看板（出典：㈱ヘッズ作成）

図 15･9　平等（EQUALITY）と公平（EQUITY）
（出典：Interaction Institute for Social Change[5]）

たことを解除することが主な内容となります。一方で、各公園の立地や環境、利用状況を鑑みた場合、規定ではなく規範として示す内容がある場合があります。例えば、遊具は順番に使おう、生き物は観察した後に自然に戻してあげよう、住宅の近くでは騒がないようにしようなどの配慮事項（マナー）です。

公園緑地には社会性の獲得や社会的包摂など、他者への配慮を学ぶ場としての機能があります。特に子どもからこれらの機会を奪うことは、大きな社会的損失です。何も知らずにトラブルとなり、禁止事項が増えてしまわないために、公園ごとの配慮事項（マナー）を共有することも重要です。例えば、時間帯ごとのおすすめ利用を掲示することは、直接的には利用のすみ分けを促し、間接的には他者の利用を尊重することにつながります（図 15･8）。

ルールは、どのような主体でも必ず守らないといけない「平等」の考え方で捉えられます。マナーは、弱い存在に配慮した「公平」の考え方で捉えられます（図 15･9）。多様な主体が利用するために、平等と公平のバランスを考慮した管理運営が求められます。

計画事例 1　兵庫県立有馬富士公園（兵庫県三田市）

兵庫県立有馬富士公園は、計画人口約 14 万人のニュータウン「神戸三田国際公園都市」に隣接する広域公園として計画されました。人と自然が共生するライフスタイルの実現の場として、活動的な出会いのゾーン、有馬富士を中心とした自然のシンボルゾーン、大芝生広場を中心とした休養ゾーンで構成される、175ha（第 1 期区域）の県下最大の都市公園です。周辺人口の多くがニュータウン居住者のため、公園も利用者も新しく、確実な利用、確実な管理運営が想定しにくいことが課題でした。

2001 年の一部開園に向けて、管理運営計画が策定されました。「つくり続ける公園」をコンセプトに、参画と協働を基軸とした管理運営の考

県立有馬富士公園「夢プログラム」募集

～「ゲスト」ではなく「ホスト」として
公園の一役を担ってみませんか～

県立有馬富士公園は、三田市の里山のシンボル有馬富士の山すそに広がる計画面積416㌶の大規模な都市公園です。

同公園は、全国的にも珍しい、県民が計画から運営までかかわる「県民参画・協働型の公園」を目指しています。兵庫県、県立人と自然の博物館、三田市、兵庫県園芸・公園協会が連携して、県民の皆さんとのパートナーシップによる公園づくりをしていきます。

いま同公園では、手づくりのイベント「夢プログラム」を企画・実施してくれる住民グループを募集しています。これは、公園を活用して子どもたちに遊びや創作活動を提供していこう、というもの。募集対象は、プログラムを企画し、責任を持って実施できる2人以上のグループです。詳細は、下記へお問い合わせください。

問い合わせ／県立有馬富士公園パークセンター
☎0795(62)3040　ファクス0795(62)0084
三田市立有馬富士自然学習センター
☎0795(69)7747　ファクス0795(69)7737

県立有馬富士公園パークセンター

国際シンポジウムの開催

自然・環境活動の先進国であるアメリカやイギリスから講師を呼び、実践的に公園づくり、遊び場づくりをレクチャーしてもらいます。自然・環境活動の団体・専門家から、公園で遊ぶ一般の方まで、みんなで楽しく環境づくりを考える場にします。

●講演、パネルディスカッション
日時／9月29日午前10時～
場所／県立人と自然の博物館
参加費／無料

●ワークショップ
日時／9月30日午前10時～
場所／県立有馬富士公園
参加費／無料

申し込み・問い合わせ／県立有馬富士公園　運営・計画協議会・シンポ実行委員会 ☎0795(59)2025

図 15･10　有馬富士公園開園時の「夢プログラム」募集

え方が公式に整理されたのは、この規模の都市公園では全国初かもしれません。開園にあわせて、管理者が行う利用促進事業とは別に、市民向けに「夢プログラム」が募集されました（図15･10）。「ゲスト」ではなく「ホスト」として公園の一役を担ってみませんか、をキャッチコピーに、市民とのパートナーシップによる公園づくりを目指しました。経験経済の考え方を取り込み、サービスを享受するゲストに留まらず、自己実現の場として公園緑地を活用することでホストとなり、新たなサービスを提供するに至るという考え方です。

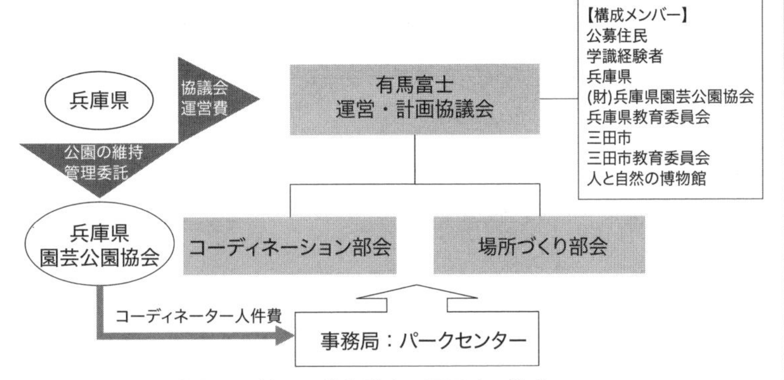

図 15.11　有馬富士公園管理運営協議会の開園時の構成

また、管理運営協議会を先駆的に設置したことでも有名です。市民がやりたい夢プログラムを実現するための仕組みとして、管理主体から利用主体までが一同に会し、対等な立場で協議する場として機能しています（図15･11）。

計画事例 2　尼崎の森中央緑地（兵庫県尼崎市）

兵庫県尼崎市は、阪神工業地帯を構成する工業都市で、臨海部を中心に市域の30％近くを工業地域と工業専用地域が占めています。工場の海外移転が続く中、兵庫県は2002年にこの臨海部を対象区域として、水と緑豊かな自然環境の創出による環境共生型のまちを目指し、既存の工場や各種団体と協働でエリアの環境を形成していく都市づくりのルールや仕組み、参加・分権型の計画プロセスを内包した「尼崎21世紀の森構想」を策定しました。その拠点地区として、尼崎の森中央緑地（以下、「中央緑地」）が工場跡地に計画されました。

周りが工場専用地域のため居住者がほぼおらず、一般的な公園緑地の管理運営において想定される管理主体や利用主体が、中央緑地では考えにくい状況にありました。また、生物多様性に遺伝子レベルで配慮した森づくりとして、10年間で20万本の高木を植栽し管理していく事業スケールも、大きな課題としてありました。

一方で、工業専用地域のため周辺に交雑の原因となる類似の自然がないという立地を活かして、本来尼崎にあるべき生物多様性を遺伝子レベルで再生するという基本方針は、中央緑地の整備から管理運営に至るまで、新たな管理主体や利用主体を呼び込

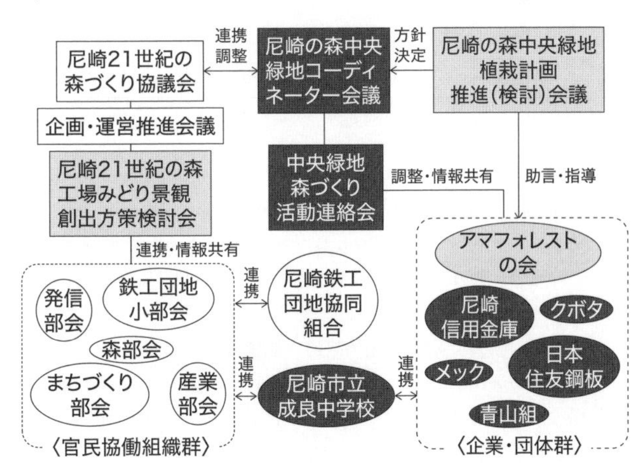

図 15･12　尼崎の森中央緑地の整備・管理の協働体制（整備当初）
（出典：赤澤宏樹・藤本真里・上田萌子・澤木昌典『ランドスケープ研究』77(5)[6]）

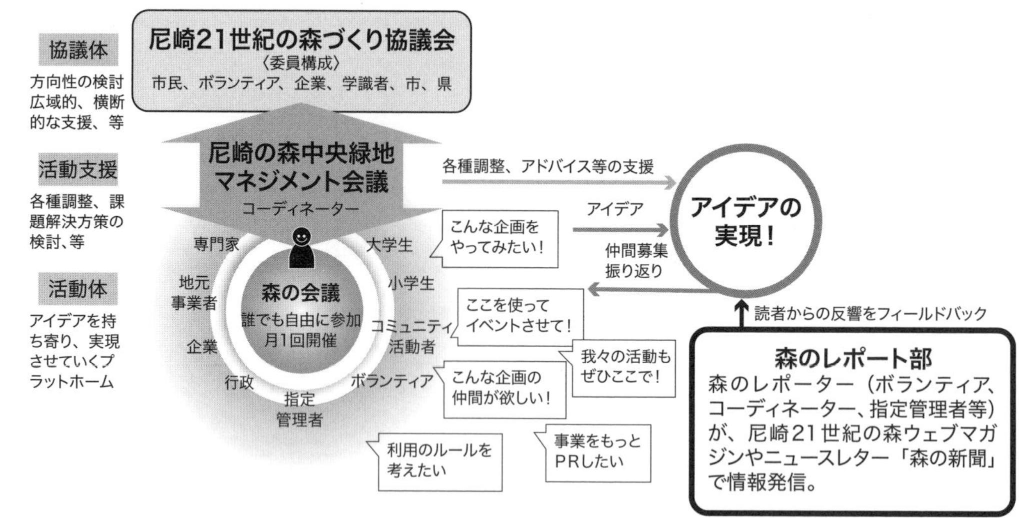

図 15･13　尼崎の森中央緑地の「森の会議」（出典：赤澤宏樹『LANDSCAPE DESIGN』108[7]）

む要因となりました。顧客に地域性種苗の里親になってもらい植樹から管理まで大規模に担う地元信用金庫、屋上に地域性種苗の育成圃場を整備した区域内の工場、環境学習の一貫として一定のエリア管理を担う地元高校、それらを技術的に支える団体「アマフォレストの会」など、一般的な公園緑地ではみられない管理主体が現れました（図 15･12）。また、利用主体としては、誰もが参加できやりたいことを提案できる場「森の会議」が毎月開催されるようになり、官民市民（団体）様々な主体が対等な立場でゆるやかに連携する状況が生まれています（図 15･13）。

■ 演習問題 15 ■

(1) あなたが行ったことがある公園を 1 つ選び、立地や環境の特色、住民ニーズなどを分析した上で、「経営」「利用促進」「維持管理」の方策を提案してください。また、それぞれによる相乗効果について考察してください。

(2) あなたが行ったことがある公園を 1 つ選び、関わる可能性がある主体を、管理主体、利用主体別にできるだけ多くあげてください。また、それらの協働の方法について提案してください。

(3) 静かな住環境を求める層と、子どもで賑わう地域を求める層が対立している公園を想定し、必要なルールとマナー、その他の方策を考えてください。

参考文献

1) 齋藤純一『公共性』岩波書店、2000、p.120
2) 足立区ホームページ、https://www.city.adachi.tokyo.jp/sports/fukushi-kenko/kenko/kenkozukuri-park.html
3) 山崎雄弘・柳井重人・秋田典子「幕張ベイタウンにおける住民参加型都市公園管理の地区全域での展開に向けた課題」『ランドスケープ研究』74（5）、2011、pp.575-580
4) 田中康「復興まちづくりを契機に「地域力」を育ててきた緑のコミュニティ」『ランドスケープ研究』68（3）、2005、pp.224-224
5) Interaction Institute for Social Change, https://interactioninstitute.org/illustrating-equality-vs-equity/
6) 赤澤宏樹・藤本真里・上田萌子・澤木昌典「尼崎 21 世紀の森構想における官民協働による緑の創出」『ランドスケープ研究』77（5）、2014、pp.707-712
7) 赤澤宏樹「尼崎の森中央緑地 地域を育てる森～公園からのまちづくり～」『LANDSCAPE DESIGN』108、2016、pp.40-47

おわりに

～これからを生きる皆さんへ～

都市や地域の社会基盤としてグレーインフラが整備されてきた時代から、公園緑地によるグリーンインフラへと重点がシフトしてきています。拠点としての公園緑地に加え、緑のネットワーク化が重要であり、グリーンインフラが都市や地域の構造を規定する時代になってきました。

本書の４章（都市計画と公園緑地）では、コンパクトシティの考え方を解説しました。少子高齢化・人口減少社会において、市街地をコンパクトにし、地域の活力を維持しながら医療・福祉・商業等の生活機能を確保していくという考え方です。コンパクトシティを実現していくためには、これまでの市街地を縮退することになりますが、縮退エリアには住民や、地権者、事業者等がおり、容易なことではありません。国土交通省は縮退エリアの土地利用について明確には示していません。縮退エリアを今後どのように利用していくかは、我われが考えなければならないようです。皆さんは、大学や学校で、造園学、農学、土木工学、建築学、都市・社会工学、観光学、環境学などを学んでいます。公園や緑地の分野からまちづくりを考えていきましょう。

１章で紹介した本多静六博士は、日本の造園学の創始者であるだけでなく、蓄財家としても知られています。苦しい家計の中で「収入の四分の一の天引き法」を実践し続けました。蓄財家といっても自分の財産を増やすためではなく、社会や事業に投資したのです。

本多博士は、生涯に、専門書や人生などに関する書籍370冊以上を残しました（写真）。多くの著作の中から、これからを生きる皆さんに、本多静六の人生訓のいくつかを紹介し、本書の結びとします。

本多静六の著作（本多静六記念館の展示物）

本多静六の人生訓

人を批判するときは必ず代案をだせ

左手で本業をおさえ、右手で好機をつかむ

施した恩はあてにするな、受けた恩は忘れるな

仕事の面白さは努力の質と量に正比例する

人生の最大の幸福は職業の道楽化にある

人生すなわち努力、努力すなわち幸福

幸福の尺度を固定してはならない

森田 哲夫　木下 剛　赤澤 宏樹　塚田 伸也

索　引

著者略歴

■編著者

森田哲夫（もりた・てつお／担当：はじめに、1章、4章、おわりに）
前橋工科大学工学部環境・デザイン領域（土木・環境プログラム主担当）教授。1991年、早稲田大学大学院理工学研究科建設工学専攻（都市計画分野）博士前期課程修了。博士（工学）。（財）計量計画研究所、群馬工業高等専門学校、東北工業大学勤務を経て、2016年より現職。編著書に『図説わかる交通計画』『図説わかる都市計画』『図説わかる土木計画』（いずれも学芸出版社）など。

木下剛（きのした・たけし／担当：7章、おわりに）
千葉大学大学院園芸学研究院ランドスケープ・経済学講座教授。1996年、千葉大学大学院自然科学研究科環境科学専攻修了。博士（学術）。千葉大学園芸学部助手、助教授、准教授を経て現職。この間、文部科学省在外研究員としてエディンバラ・カレッジ・オブ・アートに留学、英国の計画制度について研究。共著書に『市民ランドスケープの展開』（環境コミュニケーションズ）、『ランドスケープ批評宣言』（LIXIL出版）など。

赤澤宏樹（あかざわ・ひろき／担当：15章、おわりに）
兵庫県立大学自然・環境科学研究所教授、兵庫県立人と自然の博物館主任研究員。1997年大阪府立大学農学研究科農業工学専攻修了。兵庫県立人と自然の博物館研究員、兵庫県立大学講師・准教授を経て現職。専門はパークマネジメント。共著に『造園学概論』（朝倉書店）、『パークマネジメントがひらくまちづくりの未来』（マルモ出版）、『パークマネジメント 地域で活かされる公園づくり』（学芸出版社）など。

塚田伸也（つかだ・しんや／担当：5章、おわりに）
前橋市都市計画部都市計画課長。前橋高等職業訓練校造園科講師。前橋工科大学客員教授。博士（工学）、技術士（建設部門）。1992年、日本大学卒業。2003年、前橋工科大学大学院工学研究科建設工学専攻（都市計画分野）修士課程修了。1992年、前橋市に入所し現職。共著書に『群馬から発信する交通・まちづくり』（上毛新聞社）、『図説わかる都市計画』（学芸出版社）など。

■著者

武田史朗（たけだ・しろう／担当：2章）
千葉大学大学院園芸学研究院教授。東京大学工学部建築学科卒業、ハーバード大学GSD（MLA）修了、大阪府立大学大学院生命環境科学研究科博士後期課程修了。内井昭蔵建築設計事務所、オンサイト計画設計事務所、立命館大学理工学部教授等を経て、2021年より現職。Studio314主宰。共著書に『テキストランドスケープデザインの歴史』（学芸出版社）など。

小野良平（おの・りょうへい／担当：3章）
立教大学観光学部観光学科教授。東京大学大学院農学系研究科林学専攻修了。博士（農学）。日建設計、東京大学大学院農学生命科学研究科助手、准教授を経て、2015年より現職。専門は、風景計画、景観保全、造園史。著書に『公園の誕生』（吉川弘文館）、『造園学概論』『造園大百科事典』（共著、朝倉書店）など。

村上暁信（むらかみ・あきのぶ／4章）
筑波大学システム情報系教授。東京大学大学院農学生命科学研究科生産・環境生物学専攻修了。博士（農学）。東京大学大学院新領域創成科学研究科助手、ハーバード大学デザイン大学院客員研究員、東京工業大学大学院総合理工学研究科講師などを経て、2016年より現職。著書に『テキストランドスケープデザインの歴史』（共著、学芸出版社）など。

加我宏之（かが・ひろゆき／担当：6章）
大阪公立大学大学院農学研究科緑地環境科学専攻教授。1994年大阪府立大学大学院農学研究科農業工学専攻修了。博士（農学）。（株）市浦都市開発建築コンサルタンツ、大阪府立大学助手、准教授を経て、2018年より現職（2024年大阪公立大学に改組）。専門は緑地計画学。共著書に『図説都市計画』（学芸出版社）、『造園大百科事典』（朝倉書店）など。

福岡孝則（ふくおか・たかのり／担当：8章）
東京農業大学地域環境科学部造園科学科教授。ペンシルバニア大学大学院ランドスケープ専攻修了後、米国・ドイツのコンサルタントでランドスケープ・都市デザインの実務に取り組む。神戸大学大学院特命准教授を経て、2024年より現職。編著書に『Livable Cityをつくる』（マルモ出版）、『海外で建築を仕事にする2　都市・ランドスケープ編』（学芸出版社）など。

水庭千鶴子（みずにわ・ちずこ／担当：9章）
東京農業大学地域環境科学部造園科学科教授。千葉大学大学院自然科学研究科環境科学専攻博士課程修了。博士（学術）。東京農業大学助手、講師、准教授を経て、2018年より現職。専門はランドスケープ資源・植物分野。共編著に『造園用語辞典』（彰国社）、共著に『造園大百科事典』（朝倉書店）など。

武正憲（たけ・まさのり／担当：10章）
東洋大学国際観光学部国際観光学科教授、博士（環境学）。東京大学大学院新領域創成科学研究科自然環境学専攻修了。東京大学大学院客員共同研究員、筑波大学芸術系助教、准教授等を経て、2022年より現職。共著書『自然保護学入門－ひとと自然をつなぐ－』（筑波大学出版会）など。2020年度環境情報科学センター賞（学術論文賞）受賞。

丸谷耕太（まるや・こうた／担当：11章）
金沢大学融合研究域融合科学系准教授、博士（工学）。東京工業大学大学院社会理工学研究科社会工学専攻博士課程修了。九州産業大学景観研究センター博士研究員、立教大学観光学部観光学科助教を経て、金沢大学に勤務、2021年より現職。共著書に『「復興のエンジン」としての観光―「自然災害に強い観光地」とは―』（創成社）など。

村上修一（むらかみ・しゅういち／担当：12章）
滋賀県立大学環境科学部環境建築デザイン学科教授。京都大学大学院農学研究科林学専攻修士課程、ハーバード大学デザイン研究科ランドスケープアーキテクチャ学科修士課程修了。㈱長谷工コーポレーション、京都大学大学院地球環境学堂助手を経て、2004年より現職。研究室の「風景の新しい見方を生み出す」「未来の風景を描く」活動をHPで発信中。

竹田和真（たけだ・かずま／担当：13章）
大阪産業大学デザイン工学部環境理工学科准教授。大阪府立大学大学院生命環境科学研究科緑地環境科学専攻博士後期課程修了。建設省、国土交通省、内閣府国民生活局、（一財）大阪府公園協会、（株）東京ランドスケープ研究所を経て、2022年より現職。共著書に『パークマネジメントがひらくまちづくりの未来』（マルモ出版）など。

柳井重人（やない・しげと／担当：14章）
千葉大学大学院園芸学研究院園芸環境科学講座教授。千葉大学園芸学研究科環境緑地学専攻修了。博士（農学）。1992年より千葉大学園芸学部助手・講師・准教授を経て、2021年より現職。専門は緑地環境管理学。共著書に『造園学大百科事典』『造園実務必携』（朝倉書店）、『ランドスケープ計画・設計論』（技報堂出版）など。

＊略歴は初版発行時のものである

図説 わかる公園緑地計画

2025年3月25日 第1版第1刷発行

編著者　森田哲夫、木下剛、赤澤宏樹、塚田伸也
著　者　武田史朗、小野良平、村上暁信、加我宏之、福岡孝則、水庭千鶴子、武正憲、丸谷耕太、村上修一、竹田和真、柳井重人

発行者　井口夏実
発行所　株式会社 学芸出版社
京都市下京区木津屋橋通西洞院東入
〒600-8216　電話075-343-0811
http://www.gakugei-pub.jp/
E-mail info@gakugei-pub.jp

編集担当　神谷彬大、越智和子

DTP　梁川智子
装　丁　KOTO DESIGN Inc.　山本剛史
印　刷　創栄図書印刷
製　本　新生製本

ISBN978-4-7615-3309-0　Printed in Japan

*最新の正誤情報などは下記の学芸出版社ウェブサイトをご確認ください。
https://book.gakugei-pub.co.jp/gakugei-book/9784761533090/